实时嵌入式系统

[美] 王加存（Jiacun Wang）著

樊卫华 译

Real-Time Embedded Systems

机械工业出版社
China Machine Press

图书在版编目（CIP）数据

实时嵌入式系统 /（美）王加存（Jiacun Wang）著；樊卫华译．—北京：机械工业出版社，2019.9

（计算机科学丛书）

书名原文：Real-Time Embedded Systems

ISBN 978-7-111-63733-2

I. 实…　II. ① 王…　② 樊…　III. 微型计算机 – 软件设计　IV. TP360.21

中国版本图书馆 CIP 数据核字（2019）第 203445 号

本书版权登记号：图字　01-2018-2513

本书对实时嵌入式系统调度、资源访问控制、软件设计与开发以及高级系统建模、分析与验证等方面进行了综合讲解。首先概述基本概念，之后深入研究硬件组件的细节，包括处理器、内存、I/O 设备和架构、通信结构、外围设备，然后介绍实时操作系统的特性。后面的章节致力于介绍实时任务调度算法和资源访问控制策略，以及优先级反转控制和死锁避免，同时还介绍了实时系统的并行系统编程和 POSIX 编程，以及有限状态机和时间 Petri 网。再接下来是软件工程师特别感兴趣的模型检查（其中讨论了时序逻辑和 NuSMV 模型检查工具），以及使用 UML 进行实时系统设计。最后探讨了软件可靠性、老化、重启、安全以及电源管理等实际问题。

出版发行：机械工业出版社（北京市西城区百万庄大街 22 号　邮政编码：100037）

责任编辑：梁华杰　　责任校对：李秋荣

印　　刷：大厂回族自治县益利印刷有限公司　　版　　次：2019 年 10 月第 1 版第 1 次印刷

开　　本：185mm × 260mm　1/16　　印　　张：14.25

书　　号：ISBN 978-7-111-63733-2　　定　　价：79.00 元

客服电话：（010）88361066　88379833　68326294　　投稿热线：（010）88379604

华章网站：www.hzbook.com　　读者信箱：hzjsj@hzbook.com

文艺复兴以来，源远流长的科学精神和逐步形成的学术规范，使西方国家在自然科学的各个领域取得了垄断性的优势；也正是这样的优势，使美国在信息技术发展的六十多年间名家辈出、独领风骚。在商业化的进程中，美国的产业界与教育界越来越紧密地结合，计算机学科中的许多泰山北斗同时身处科研和教学的最前线，由此而产生的经典科学著作，不仅擘划了研究的范畴，还揭示了学术的源变，既遵循学术规范，又自有学者个性，其价值并不会因年月的流逝而减退。

近年，在全球信息化大潮的推动下，我国的计算机产业发展迅猛，对专业人才的需求日益迫切。这对计算机教育界和出版界都既是机遇，也是挑战；而专业教材的建设在教育战略上显得举足轻重。在我国信息技术发展时间较短的现状下，美国等发达国家在其计算机科学发展的几十年间积淀和发展的经典教材仍有许多值得借鉴之处。因此，引进一批国外优秀计算机教材将对我国计算机教育事业的发展起到积极的推动作用，也是与世界接轨、建设真正的世界一流大学的必由之路。

机械工业出版社华章公司较早意识到“出版要为教育服务”。自1998年开始，我们就将工作重点放在了遴选、移译国外优秀教材上。经过多年的不懈努力，我们与Pearson、McGraw-Hill、Elsevier、MIT、John Wiley & Sons、Cengage等世界著名出版公司建立了良好的合作关系，从它们现有的数百种教材中甄选出Andrew S. Tanenbaum、Bjarne Stroustrup、Brian W. Kernighan、Dennis Ritchie、Jim Gray、Afred V. Aho、John E. Hopcroft、Jeffrey D. Ullman、Abraham Silberschatz、William Stallings、Donald E. Knuth、John L. Hennessy、Larry L. Peterson等大师名家的一批经典作品，以“计算机科学丛书”为总称出版，供读者学习、研究及珍藏。大理石纹理的封面，也正体现了这套丛书的品位和格调。

“计算机科学丛书”的出版工作得到了国内外学者的鼎力相助，国内的专家不仅提供了中肯的选题指导，还不辞劳苦地担任了翻译和审校的工作；而原书的作者也相当关注其作品在中国的传播，有的还专门为其书的中译本作序。迄今，“计算机科学丛书”已经出版了近500个品种，这些书籍在读者中树立了良好的口碑，并被许多高校采用为正式教材和参考书籍。其影印版“经典原版书库”作为姊妹篇也被越来越多实施双语教学的学校所采用。

权威的作者、经典的教材、一流的译者、严格的审校、精细的编辑，这些因素使我们的图书有了质量的保证。随着计算机科学与技术专业学科建设的不断完善和教材改革的逐渐深化，教育界对国外计算机教材的需求和应用都将步入一个新的阶段，我们的目标是尽善尽美，而反馈的意见正是我们达到这一终极目标的重要帮助。华章公司欢迎老师和读者对我们的工作提出建议或给予指正，我们的联系方法如下：

华章网站：www.hzbook.com
电子邮件：hzjsj@hzbook.com
联系电话：（010）88379604
联系地址：北京市西城区百万庄南街1号
邮政编码：100037

华章科技图书出版中心

译者序

Real-Time Embedded Systems

近年来，随着微电子技术和通信技术的飞速发展，基于微处理器的嵌入式系统应用范围迅速扩大。嵌入式系统藏身于各种设备和装置中，小到电子手表、电子体温计、复读机、智能手机，大到空调、电冰箱、电视机，甚至马路上红绿灯的控制器、飞行器中的飞控系统、自动导航设备、汽车中的燃油控制、汽车雷达、ABS 等。若按实时性要求对嵌入式系统进行分类，大多数嵌入式系统均属于实时系统，因而称之为实时嵌入式系统。这类系统不仅需要对外部环境的变化、用户输入做出准确的响应，而且对反应的时间具有严格的要求。开发实时嵌入式系统，要求开发者具备低层的硬件、交叉编译技术、交叉调试技术、实时操作系统原理、多任务及多线程、调度及资源共享等多种知识。特别是实时嵌入式系统的软件开发技术与通用计算机系统的软件开发技术存在较大的差异，它不仅需要软件工程方面的知识和经验，还需要硬件知识以及与实时嵌入式系统相连接的被控对象 / 环境的先验知识，这使得许多具有良好软件开发经验的人在实时嵌入式系统开发方面也感到困难。而随着实时嵌入式系统的应用领域和市场规模不断扩大，对实时嵌入式系统开发人员的需求在不断增加，我国目前这方面的专业人才并不能满足当前社会的需求。

本书从实时嵌入式系统的基本概念出发，系统地介绍了实时嵌入式系统的基本组成、硬件组件、基础知识、任务及任务调度、资源共享与访问控制、并发编程、实时系统建模与模型检查，最后总结了实时嵌入式系统实践中的若干问题，基本上涵盖了开发实时嵌入式系统软件所需要的各方面知识。因此，本书不仅可以作为计算机工程、软件工程、嵌入式系统、物联网工程等专业本科生和研究生嵌入式系统课程的教材，也适合从事实时与嵌入式系统软件研发相关工作的工程师和从业者阅读。

市售嵌入式系统技术方面的教材，大多数从嵌入式系统的基本概念出发，以某款嵌入式微处理器为基础，介绍嵌入式微处理器的接口技术，再兼顾嵌入式系统软件设计、嵌入式操作系统等知识，而甚少谈及嵌入式系统在实时性方面的要求、设计技术。另外，市售嵌入式系统教材多以实践为主，对系统建模及模型验证等理论少有涉猎。实际上，目前嵌入式系统设计的主流方法——软硬件协同设计，不同于传统设计方法之处在于，系统设计初期需要对系统行为和特性进行准确而详细的建模和评估，否则会对后续的设计工作有致命的影响。本书中对 UML（统一建模语言）、有限状态机以及 Petri 网建模技术的介绍正弥补了这方面的缺陷。

本书的作者王加存教授先后在南京理工大学、美国北电网络公司和美国蒙莫斯大学任职，长期从事软件设计和研究工作，具有丰富的实时嵌入式系统软件设计经验。为帮助读者尽快掌握实际系统软件开发的技巧，本书第 11 章从作者自身研究和实践所得出发，分析、总结了实时嵌入式系统软件开发中常见的实际问题，并给出了可行的解决方案，这也是市售教材中缺失的部分，对于读者而言是弥足珍贵的。

受限于时间和本人的水平，翻译中难免存在一些不尽如人意之处，还请读者不吝批评指正。考虑到一些英文的专业术语在中文中还没有统一和规范，因此译文中对这些术语尽量保留了英文名，对于缩写也进行了必要的注释，便于读者参阅。

最后感谢作者和出版社的信任，翻译此书是一个愉快的学习过程，拓宽了本人的知识面，也加深了本人对实时嵌入式系统软件设计的理解。

樊卫华
2019 年 7 月 16 日
于南京理工大学自动化学院

前　言

Real-Time Embedded Systems

实时嵌入式系统在我们的日常生活中扮演着重要的角色。它们存在于汽车、手机和家用电器中。工业过程控制、电信、信号处理、车辆导航、空中交通控制及空间探索等都依赖于实时嵌入式系统技术。随着近年来信息与通信的发展及物联网、普适计算的出现，实时嵌入式应用市场发展到一个新的高度。相关企业对于计算机科学家和软件工程师，特别是具备实时嵌入式系统硬件和软件研发能力的工程师的需求持续增长。本教材为学生提供了对上述挑战的基础知识和技能。

本书介绍了实时嵌入式系统的特性、典型的嵌入式硬件组件、实时操作系统基本特性、常见的实时任务调度算法及主流资源访问控制协议。此外，还介绍了几种用于实时嵌入式系统设计、建模、分析与关键特性验证的方法。通过阅读本书，有志于从事实时软件开发的人可掌握进行并发编程和实时任务实现所需的技能。

章节安排

本书可分为四个部分。第一部分包含第 1～3 章，主要介绍实时嵌入式系统的基本概念和特性、嵌入式系统硬件基础、通用操作系统和实时操作系统，并以汽车防抱死制动系统为例，介绍了实际实时嵌入式系统的组成和特性。

第二部分包括第 4～6 章，主要讲述实时系统调度、任务分配、资源访问控制以及实时嵌入式系统的编程。第 4 章讨论了时钟驱动和基于优先级的调度协议，以及一些任务分配算法。第 5 章介绍了资源共享问题及可以解决优先级反转和死锁问题的资源访问控制协议。第 6 章详细介绍了实时任务实现、任务间同步和通信以及并发编程技术。

第三部分包括第 7～10 章，主要介绍实时嵌入式系统的建模和分析技术。其中，第 7 章介绍了逻辑电路与软件设计的传统计算模型——有限状态机。第 8 章介绍的 UML 状态机在传统的有限状态机的基础上扩展了层次结构和正交结构，且引入了丰富的图形元素。Petri 网是一种高层模型，是事件驱动系统建模和分析的强有力工具。时间 Petri 网允许用户验证系统的时序约束。第 9 章介绍了 Petri 网和时间 Petri 网的理论及应用。模型检查指利用软件工具和模型验证系统特性的技术。第 10 章介绍了模型检查原理、模型检查工具 NuSMV 及其时序逻辑和描述语言。

第 11 章为本书最后一部分，该章简要介绍了实时嵌入式系统设计和开发中需要考虑的一些实际问题，包括软件可靠性、老化、安全性以及能耗等。

阅读建议

本书可用作计算机工程、软件工程、计算机科学、信息技术等专业本科生及研究生嵌入式和实时系统课程的教材。对于对计算机编程、操作系统和计算机体系结构有一定基础的学生，本书将把他们的知识和技能扩展到对日常生活质量有深远影响的实时嵌入式计算领域。

本书的部分内容可用作本科生计算机工程、计算机科学和软件工程核心课程的阅读材料，或作为在实时嵌入式系统领域进行研究的学生的参考书。

本书也适合从事实时和嵌入式软件设计和开发工作的从业者阅读。

致谢

本项目得到墨西哥 CONACYT 项目“Estancias Sabáticas en México para Extranjeros para la Consolidación de Investigación”的部分资助。第 9 章由墨西哥 CINVESTAV-IPN 李晓鸥（Xiaoou Li）教授编写。在编写本书过程中，有 20 年友谊的伙伴——蒙莫斯（Monmouth）大学 Willian Tepfenhart 教授提供了热心帮助。他和我讨论了第 6～8 章的内容，他的观点对这三章内容的组织和撰写有着不可磨灭的影响。得克萨斯南方大学陈学敏（Xuemin Chen）教授帮助校对了本书的前两章，并对本书的内容体系提出了有益的建议。西安邮电大学陈丽君（Lijun Chen）教授审阅了第 6 章初稿，并给出了中肯的意见。蒙莫斯大学硕士生胡斌（Bin Hu）先生测试了本书中所有的代码。在此感谢大家的无私帮助。

蒙莫斯大学
新泽西州西朗布兰奇
2017 年 1 月 15 日

目　录

Real-Time Embedded Systems

第1章
Real-Time Embedded Systems

实时嵌入式系统简介

实时嵌入式系统已经相当普及，它们用在汽车、手机、个人数字助理（PDA）、手表、电视以及家用电器设备中。除此之外，还有很多大型的复杂实时嵌入式系统，包括空中交通控制系统、工业过程控制系统、网络化多媒体系统以及实时数据库应用等。2006年9月的一篇报道称：一辆配置完全的雷克萨斯（Lexus）LS-460汽车装载有超过100个嵌入式微处理器。据估计，大约98%的微处理器被应用于嵌入式系统领域。实际上，我们的日常生活已经越来越离不开实时嵌入式系统。本章主要讲述嵌入式系统和实时系统的概念、实时嵌入式系统的基本特性、硬实时系统和软实时系统的定义。本章剖析了一个嵌入式系统的实际案例——汽车防抱死制动系统，以帮助读者理解上述概念。

1.1 实时嵌入式系统

嵌入式系统是一个具有专门用途的、嵌入大型系统内的微型计算机系统。它作为部件嵌入通常具有硬件和机械组件的成套设备中。在我们的家用电器设备中就有这些控制器。大多数嵌入式系统有实时计算要求，因此被称为实时嵌入式系统。嵌入式系统通常专注于特定的任务，而通用计算机系统具有更多的功能扩展。例如，嵌入式气囊控制系统只需检测冲撞并在必要的时候给气囊充气，空调的嵌入式控制器只需要监测和调节室内的温度。

通用计算系统和嵌入式系统另一个明显的区别是通用计算系统需要一个完整的操作系统支持，而嵌入式系统可能并不需要操作系统支持。许多小型的嵌入式系统只需要完成少数简单的任务，因而并不需要操作系统。

实际上嵌入式系统是反应式系统。嵌入式系统通常被设计为根据连接在某个输入引脚上的传感器或用户的输入信号去调节物理量。例如，颗粒焙烧嵌入式系统的目标是通过调节注入熔炉内的燃料量来调节炉内的温度。这种调节或控制作用依赖于期望温度和温度传感器检测到的实际温度之间的偏差。

根据系统的复杂程度和性能，嵌入式系统可以分成小型、中型和大型三类。小型系统功能简单，一般基于低端的8位或16位微处理器或微控制器。小型嵌入式系统的软件开发工具通常包括编辑器、编译器、交叉编译器和集成开发环境（IDE）。鼠标和TV遥控器就是小型嵌入式系统。它们通常用电池供电，不具备操作系统。

中型系统的软件和硬件相对复杂，它们通常采用16位或32位微处理器或微控制器。中型嵌入式系统的软件开发工具主要有C、C++、Java、Visual C++、调试器、源代码工程工具、仿真器以及IDE。它们通常具有操作系统支持。自动售货机和洗衣机就是中型嵌入式系统。

大型、复杂嵌入式系统具有比较庞大、复杂的硬件和软件，基于32位或64位微处理器或微控制器以及一系列高速集成电路。它们用于需要硬件和软件协同设计的高端应用领域。飞机起落架系统、汽车刹车系统和军事应用就是大型嵌入式系统。

嵌入式系统可以是非实时的或实时的。对于非实时系统，若该系统在接收到外部激励或内部触发的信号时，能够以满意的服务质量（QoS）提供相应的功能，则认为该系统已正确设计与开发。例如，电视遥控器和计算器。

然而，实时系统必须在规定的时间内完成计算并给出正确的结果。换句话说，实时系统的工作具有硬截止期或软截止期。如果超出硬截止期，即使正确的结果也是无效的。以汽车的安全气囊为例，安全气囊应该在汽车正面碰撞后充气。由于在碰撞中汽车速度变化很快，安全气囊应立即充气以降低对汽车内部人员的冲撞风险。通常从撞车发生到气囊调整和充气的过程只有0.04s，极限响应时间是0.1s。

非实时嵌入式系统也可能有时间约束。假设你的电视遥控器需要5s以上的时间才能发送控制信号到电视机，然后电视机内的嵌入式设备还需要5s时间为你切换频道，你当然会抱怨。电视响应遥控信号的时间在1s内是合理的。然而，这种时间的约束仅仅是对系统性能的衡量。

传统的实时嵌入式系统的应用包括汽车、航空电子设备、工业过程控制、数字信号处理、多媒体和实时数据库等。然而，随着信息与通信技术的不断发展，以及物联网和普适计算的出现，实时嵌入式应用将会在任何一种需要智能的设备中出现。

1.2　示例：汽车防抱死制动系统

实时嵌入式系统在汽车领域的应用十分广泛。汽车的嵌入式系统用于控制引擎、自动变速器、转向、制动、悬架、排气等，也用于车身电子，如仪表板、钥匙、门、窗、照明、安全气囊、座椅套。本节介绍汽车防抱死制动系统（ABS）。

ABS是汽车安全系统的一部分。该系统用来防止汽车轮在刹车踩下后被抱死，这种抱死的情形可能发生在紧急刹车或者短距离刹车时。轮子突然抱死可能导致移动中的汽车在地面上发生漂移或打滑。为此，ABS又被称为防滑刹车系统。ABS最主要的用途是在极端的急刹车情形下保持车身方向。

1.2.1　侧滑率和制动力

在驾驶中踩下刹车板，车轮转速（轮胎表面切向速度）降低，汽车减速。然而，汽车速度并不与轮子同步减速。因为汽车的制动力取决于汽车的重量以及轮胎和地面的摩擦系数，当轮胎和地面的摩擦力达到最大时，再踩刹车也不会增大制动力。因此，汽车速度会高于轮子的速度，轮胎开始打滑。轮胎侧滑率 s 定义为

$$s = \frac{V - \omega R}{V}$$

其中 V、ω 和 R 分别是汽车速度、轮子角速度和轮子半径。在正常的驾驶条件下，$V = \omega R$，因此 $s = 0$。当急速制动时，通常有 $\omega = 0, V > 0$，因而有 $s = 1$，即车轮抱死。

图 1-1 描述了侧滑率、制动力与侧偏力的关系。图中实线描述了侧滑率和制动力的关系。由图，当侧滑率在 10% 到 20% 之间时，制动力最大。在此侧偏率下，制动距离最短。当侧滑率上升，制动力下降，导致制动距离变长。虚线描述了侧滑率与侧偏力的关系。侧偏力存在于汽车转弯过程中，作用于汽车前轮产生转向力，作用于汽车后轮以保持车身稳定。侧偏力随着侧滑率的上升而下降。在车轮抱死时，侧偏力为 0，转向力消失。

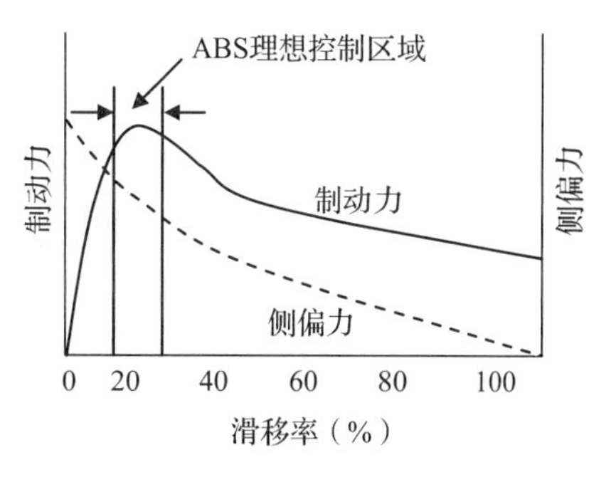

图 1-1 侧滑率、制动力与侧偏力的关系

1.2.2 ABS 部件

ABS 系统有四个主要部件，即速度传感器、阀门、泵和电控单元（ECU）。阀门和泵通常在液压控制单元（HCU）中。

1. 传感器

ABS 系统需要使用多种传感器。车轮速度传感器是用于读取汽车车轮转速的变送器。该设备是如图 1-2 所示的电磁铁。当传感器的转子转动时，电磁铁线圈产生交变的感应电压。当传感器转子的转速上升时，感应电压的幅值和频率随之增大。

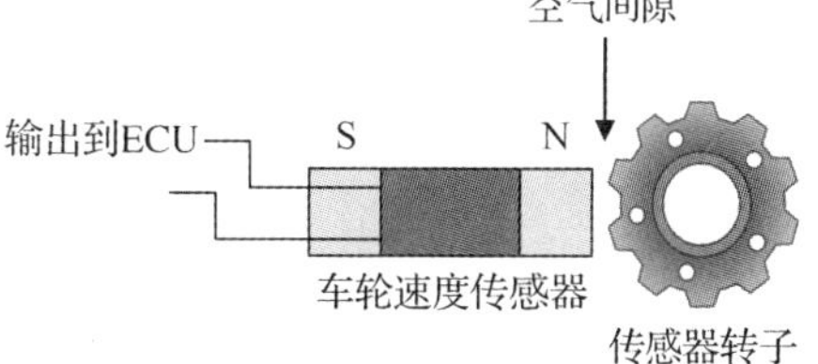

图 1-2 车轮速度传感器

减速传感器（deceleration sensor）测量汽车的减速速率，是一种基于光敏晶体管的开关型传感器。每个减速传感器含有两个发光二极管（LED），这两个 LED 对准两个被狭缝板隔离开的光敏晶体管。当车轮的减速速率改变时，狭缝板沿着车身前后方向晃动。LED 的光透过狭缝板的缝隙照射到光敏晶体管上，使得光敏晶体管随着狭缝板的晃动不停地在 ON 和 OFF 之间切换。两个光敏晶体管的 ON 或 OFF 的状态组合可以表示减速速率的四个层次，并被传输给 ABS 的 ECU。

转角传感器（Steering Angle Sensor，SAS）测量转向轮的角位置和转向速率，安装于转向柱的传感器簇中。为实现冗余，保证数据的可靠性，传感器簇中安装有不止一个转角传感器。ECU 模块必须接收两个传感器信号以确定转向轮的角度。这些传感器信号经常不同。SAS 通过 ABS 控制模块指示车辆向哪个方向转弯，而车身运动传感器则给出车体响应的信息。

偏航角速率传感器（yaw-rate sensor）是一个测量汽车车身绕垂直轴线转动的角速度的陀螺仪。车头角度和车实际行进方向之间的角度偏差称为侧滑角，该角度与偏航角相关。

刹车压力传感器（brake pressure sensor）负责捕获实际刹车期间刹车板和轮子表面的动态压力分布情况。

2. 阀门和泵

汽车刹车通常是液压系统。当刹车踏板被踩下时，制动器主缸产生流体压力。在标准的 ABS 系统中，HCU 含有电动液压控制电磁阀（solenoid valve），控制着指定车轮制动回路的制动压力。电磁阀是一种电动开启和关闭的柱塞阀。给电磁阀加电时，激励磁线圈控制柱塞移动。

HCU 中有很多液压回路（hydraulic circuit），每个液压回路控制一对电磁阀：一个隔离阀（isolation valve）和一个自卸阀（dump valve）。这些阀门有三种操作模式：应用（apply）、保持（hold）和释放（release）。在应用模式下，两个阀门都会打开，使得刹车液经由 HCU 控制回路流向指定的刹车回路，如图 1-3 所示。在这个模式中，驾驶员可以通过制动器主缸完全控制刹车。

在保持模式下，两个阀门都处于闭合状态，隔离了主缸与刹车回路。这时任由驾驶员再怎么用力踩刹车，制动器的压力也不会再上升。刹车片对车轮的压力将保持到电磁阀的位置改变为止。图 1-4 说明了该模式的工作原理。

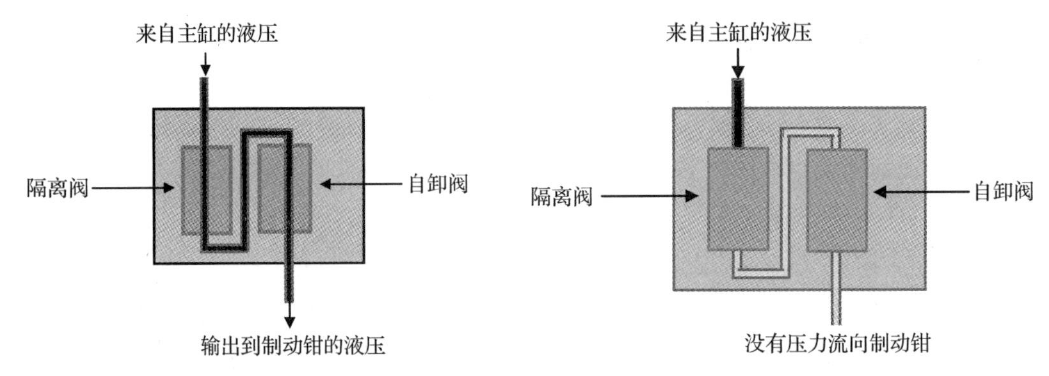

图 1-3 应用模式下的阀门动作

图 1-4 保持模式下的阀门动作

在释放模式下，隔离电磁阀关闭，但自卸阀打开，释放部分刹车的压力，允许车轮再次开始转动。自卸阀打开回蓄能器的通道，蓄能器里存储的制动液将会保存到它被电动泵泵回主缸储液器。图 1-5 说明了该模式的工作原理。

泵是 ABS 的核心部件。防抱死制动离不开液压 ABS 泵。当检测到急刹下车轮打滑时，HCU 中的泵将刹车液送回主缸，将一个或两个活塞推回缸中。控制器调节泵的状态以提供所需的压力量，减少打滑。

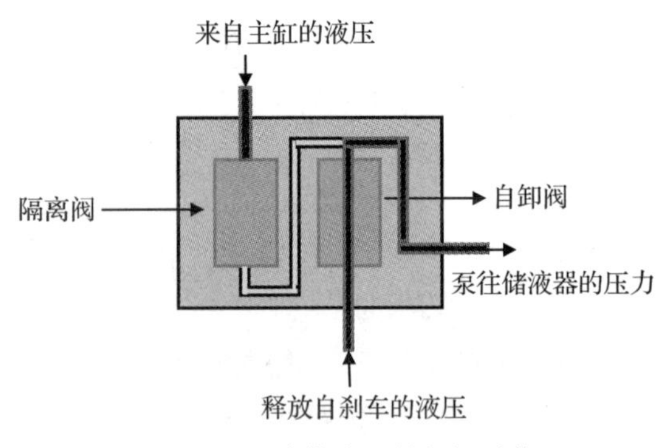

图 1-5 释放模式下的阀门动作

普通刹车时所有阀门都是开着的。当一个轮子被锁死，输送至该车轮的刹车压力应该降低，直到这个轮子重新转动。ABS 液压单元通过关闭通向锁定的车轮的电磁阀来减少车轮接收的制动力，从而将车轮的减速速率降低至安全的范围。一旦到达安全范围，电磁阀再次打开以执行其正常功能。

3. 电控单元

电控单元（ECU）是 ABS 的决策单元，是汽车里的一个计算机。它检测所有连接的传感器信息，控制着阀门和泵，如图 1-6 所示。简单地说，如果任意一个车轮的 ABS

传感器检测到抱死动作，ABS 将在毫秒级的时间内调节相应轮子的刹车压力，以防止该轮子被抱死，从而保证了可操纵性、稳定性以及最短刹车距离。

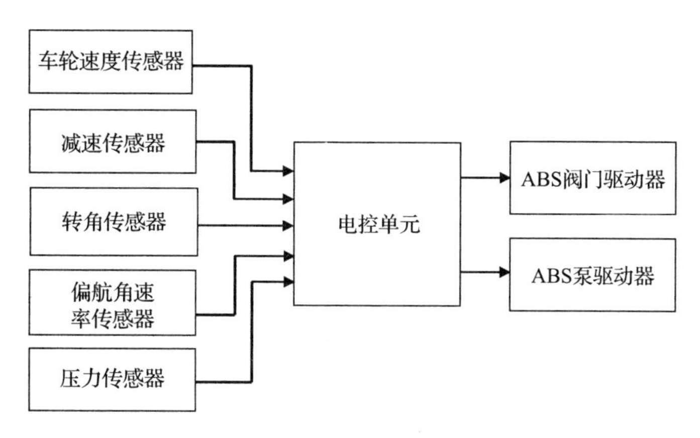

图 1-6　电控单元

ECU 周期性地检测传感器信息并诊断是否有车轮存在非正常的减速。在理想的情况下，一辆汽车从 60mile/h（1mile=1609.3m）到完全停止通常需要 5s 时间，但如果车轮被抱死，转速能在 1s 以内降至 0。因此可以通过检测是否存在快速的减速来判断是否发生了车轮抱死。当检测到快速的减速时，ECU 发送控制信号至 HCU 以降低刹车的压力。当轮子加速时，它增加压力直到重新检测到减速为止。在阀门快速打开和闭合时，减速 - 加速频繁更替，直至车轮速度降至与车速相同。部分 ABS 的工作频率可达每秒 16 次。

1.2.3 ABS 控制

设计 ABS 制动控制器是一项极具挑战的工作，主要的困难在于 ABS 系统的被控对象具有很强的非线性特性和不确定性。首先，轮胎和路面之间的相互作用是非常复杂和难以理解的。现有的摩擦模型基本上都是在实验的基础上近似得到的，具有很强的非线性特性。汽车的动力学特性也是非线性的，且具有时变性。此外，ABS 执行器是离散的，而控制精度只能通过电磁阀的三种工作状态（建立压力、保持压力和释放压力）来保证。

目前，ABS 的控制方法已有许多种，而且研究工作仍在继续进行。早期 ABS 的控制方法是一种类似于开关（bang-bang）控制的阈值控制，将车轮加速度和打滑作为控制变量。一旦车轮加速度或打滑超出了阈值，刹车压力将会相应地增大、保持或减小。由于刹车压力的变化仅依赖于输入变量是否超过阈值这种二值化状态而周期性地变化，车轮速度存在振荡，可控性较差。

图 1-7 给出了一种基于串级闭环控制的先进控制方法。外环为速度环，通过汽车的速度估计值（V_v）与期望的侧滑值产生车轮转速控制环的指令信号（V_{wd}）。内环控制采用已有的控制方法，例如 PID 控制器等。PID 指比例 - 积分 - 微分，是一种在工业控制系统中广泛应用的闭环控制律。PID 控制器不停地计算期望设定值与过程变量测量值之

间的偏差，它由三种控制策略组合而成。比例控制（P）的输出与误差成正比，本例中误差是V_{wd}。积分控制（I）的输出与误差的累计时间成正比，主要作用是消除稳态误差。微分控制（D）的输出与误差的变化率成正比，可以减小响应时间。已有研究结果表明：即便面对复杂和变化的轮胎表面，传统的PID控制策略也可以获得良好的控制效果。近年来，传统的PID控制器与鲁棒控制、自整定，或其他对非线性具有自适应能力的控制方法相结合，极大地改善了ABS的性能。

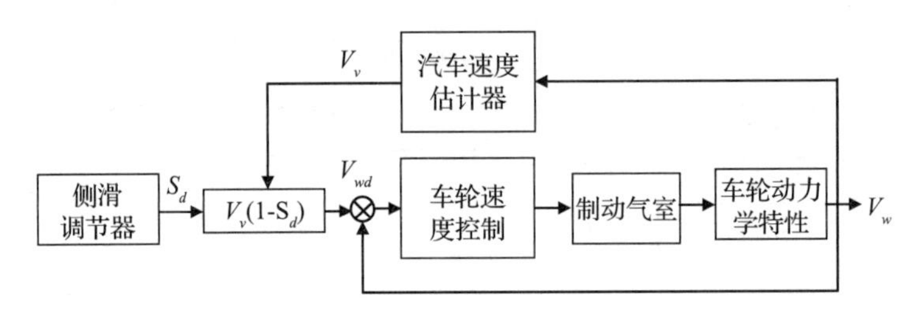

图1-7 ABS的串级控制结构

无论采用哪种控制律，闭环反馈控制总可采用无限周期循环实现：

```
set timer to interrupt periodically with period T;
DO FOREVER
 wait for interrupt;
 read sensor data;
 compute control value u;
 output u;
ENDDO;
```

其中，周期T在绝大多数应用中是一个常数。周期T是一个重要的工程参数。如果T过大，控制量无法得到足够快速的调整；若过小，则会导致过度计算。

1.3 实时嵌入式系统的特性

从ABS示例中，我们不难发现实时嵌入式系统的一些特征，以及它是如何与其嵌入的大系统进行交互并完成指定功能的。本节将讨论实时嵌入式系统的一般特性。

1.3.1 系统结构

实时嵌入式系统持续地、实时地与环境进行交互。为了从它控制或监控的对象读取数据，系统必须具有传感器，例如ABS具有包括车轮速度传感器、减速传感器和刹车压力传感器在内的多种传感器。然而在实际系统中，大多数的数据是模拟信号。模拟量需要转换成数字量，这样微处理器才能读取、理解和处理。因此，在传感器和微处理器之间需要模拟数字转换器（ADC）。

嵌入式系统的核心是控制器，是一个包含一个或多个微处理器、存储器、周边设备和实时软件的嵌入式计算机。嵌入式系统的软件通常由若干并发运行的实时任务组成，是否需要实时操作系统的支持则取决于嵌入式系统的复杂度。

控制器通过执行器作用于目标系统。执行器可能是液压、电、热、磁或者机械的。ABS的执行器是HCU，包括阀门和泵。微处理器的输出是数字信号，而执行器是一个物理设备，只能响应模拟信号。因此，需要数字模拟转换器（DAC）将微处理器的输出转换成执行器所能处理的模拟信号。图 1-8 给出了系统部件之间的相互关系。

1.3.2 实时响应

实时系统或应用必须在规定的时间内完成指定的任务，这是区分实时系统和非实时系统的依据。ABS 是一个典型的实时系统。当传感器检测到车轮急速减速时，系统必须及时响应以避免车轮被抱死；否则灾难就会发生。此外，控制律的计算也是实时的，在下一个循环到来之前，传感器数据的处理、控制量的计算必须完成，否则需要处理的数据就会堆积。如果一个导弹制导系统不能及时地修正导弹的姿态，导弹有可能击中错误的目标。如果 GPS 不能保证高精度的授时，位置计算就会出错。

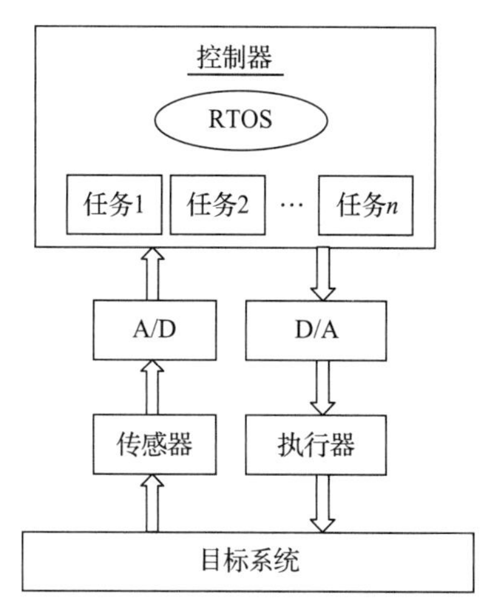

图 1-8　实时嵌入式系统的结构

实时任务的截止期通常取决于传感器、执行器和被控对象的响应要求。实时系统通常应在所有任务的截止期前执行完这些任务。然而“实时”并不意味着“快”或“越快越好”。以心脏起搏器为例，若它不能在合适的时间产生通过心脏肌肉的电流，病人的心脏会产生房颤。然而，如果它产生的电流频率超出了一般心脏跳动的节奏，也会出问题。

1.3.3 高度制约的环境

实时嵌入式系统通常工作在资源高度受限的环境中，这也使得系统设计极具挑战性。尽管有些嵌入式系统，如空中交通管制系统和无线移动通信系统，具有功能强大的处理器，但大多数的嵌入式系统只配备了 8 位处理器，例如洗碗机、微波炉、咖啡机和数字手表内的嵌入式系统。大多数嵌入式系统的处理器速度、存储器容量和用户接口都受到限制。很多嵌入式系统运行于一个不可控的恶劣环境中，需要克服高温、潮湿、振动、冲击，甚至腐蚀。ABS 和用于控制点火装置、燃烧和悬架的汽车嵌入式系统就是典型的例子。因此，嵌入式系统必须在满足计算环境和完成任务的前提下优化尺寸、重量、可靠性、性能、成本和能耗等方面的设计。因此，嵌入式系统比标准桌面系统需要更多的优化设计。

1.3.4 并发性

并发性（concurrence）是指在一个系统中将多个计算同时执行并潜在地交互的特性。嵌入式系统从设计开始就与它们的物理环境密切交互。从 ABS 系统的分析中就可以看到这个特性。物理环境具有天然的并发性，多个任务同时发生。例如，ABS 系统中下列事件会同时出现：

- 车轮速度传感器事件
- 减速传感器事件

- 刹车板事件
- 电磁阀动作
- 泵动作

上述所有事件的响应时间都有严格的约束，且所有的期限必须满足。

由于存在多个控制任务，且每个任务可能具有不同的控制频率，许多实时嵌入式系统是多速率系统。例如，实时监控系统需要同时处理音频和视频输入，但它们的处理速率是不同的。

1.3.5 可预测性

实时系统在时序要求上必须是可预测的。例如，一个特定的任务是否能在给定的截止期内完成，在数学上必须是可预测的。这里需要计算的因素有系统负载、处理器的计算能力、实时操作系统支持、进程和线程优先级、调度算法、通信基础设施等。实时系统，例如 ABS 系统或飞机的飞行控制系统，必须 100% 可预测，否则乘客的生命得不到保障。

不同的实时嵌入式系统具有不同类型的计算资源、存储器、总线系统、操作系统，以及利用全球通信系统实现的分布式计算。在这些系统中，延迟和抖动是不可避免的。因此，相关的约束必须明确并强化，否则这些系统将变得不可预测。

与可预测性类似的一个词语是确定性，指确保应用的执行不被外界不可预知的事件干扰而导致不可预测的一种能力。换句话说，保证应用系统的功能、性能和响应时间在运行的全过程中都不会有问题。

1.3.6 安全性和可靠性

某些实时嵌入式系统是安全至上且必须具有高度的可靠性，如心脏起搏器和飞行控制系统。安全性（safety）的含义是“远离事故和损失”，关注于没有故障以及在单点故障情况下的安全。而可靠性（reliability）指一个系统或者部件在给定时间和给定条件下实现要求功能的能力，可靠性定义为随机度量的系统提供服务的时间百分比。嵌入式系统经常安装于机械装置内部，需要无故障地连续运行多年。某些系统，例如航天系统和海底电缆，甚至无法修复故障。因此，嵌入式系统软件和硬件的设计与测试通常比通用计算系统更为仔细。

可靠性有时用每百万运行小时的故障次数来衡量。例如，汽车微控制器的可靠性一般要求为 0.12 次故障 / 百万小时，汽车油泵的要求为 37.3 次故障 / 百万小时。失效可能由机械磨损、软件缺陷或累积运行时故障所导致。

1.4 硬实时嵌入式系统和软实时嵌入式系统

实时系统可分为硬实时系统和软实时系统。硬实时系统的绝大多数时间约束是硬性的，而软实时系统的绝大多数时间约束是柔性的。

硬实时约束指系统必须满足的时间约束。超出时间期限将导致系统失效或该项服务无效。而软实时约束是系统需要满足的时间约束，但偶尔出现的超限不会导致灾难性后果，且所提供的服务在一定程度上仍然可用。

通常，硬实时约束使用确定性的表述方式。例如，ABS 的约束条件表述为：

- 车轮速度传感器必须在 15ms 内更新。
- 每个循环内，车轮速度控制律的计算必须在 20ms 内完成。
- 每个循环内，对车轮速度的预测必须在 10ms 内完成。

这些约束是硬性的，因为传感器数据、控制量和车轮速度预测值对于 ABS 功能的正确性而言都是关键性的。同时由于这些事件都是周期性的，一旦一个循环超出期限，下一个循环立即启动，这样上一周期的结果就无用了。

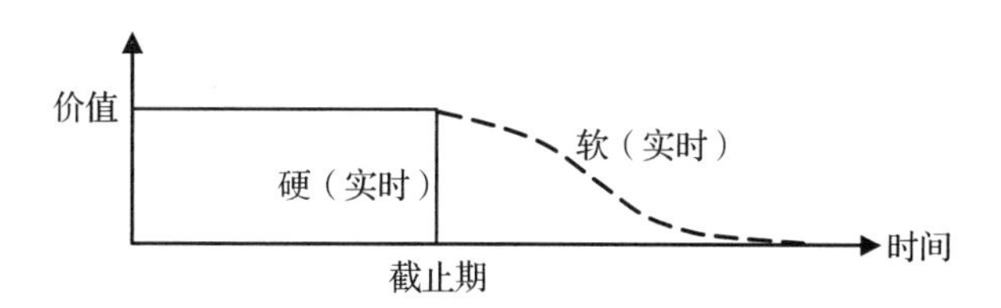

图 1-9 超出期限时硬实时和软实时任务的价值

软实时约束经常表述为随机性的。例如 ATM 的约束条件为：

- 在信用卡或借记卡插入后，ATM 在 1s 内给出密码输入界面的可能性不应低于 95%。
- 当接收到卡所在银行的正确响应后，ATM 在 3s 内点清所需现金的概率应不低于 90%。

上述两个约束的时间期限是柔性的，因为部分超出期限并不会导致严重的伤害，仅仅是用户的满意度受到了影响。

图 1-9 给出了实时任务在响应时间方面的价值函数。对于一个具有硬截止期的任务，它的价值在超出截止期后将变为 0。而一个具有软截止期的任务价值会下降，但并不会立即变为 0。

许多硬实时系统也具有软约束，反之亦然。当存在硬实时约束指标时，系统需要更为严格的验证。

习题

1. 给出一个实时数据库系统的例子，判断它是硬实时系统还是软实时系统，请给出你的理由。
2. 汽车引擎管理系统（EMS）是一个实时嵌入式系统。阅读相关在线资料，列出系统主要的元器件，并分析它们是如何相互作用以保证最佳引擎性能的。
3. 请举出一个响应早于预期时间和晚于预期时间都会导致不良后果的实时嵌入式系统的例子。
4. 请举出一个既有硬实时约束又有软实时约束的实时嵌入式系统的例子。

阅读建议

Shin 和 Ramanathan[1] 介绍了实时系统设计的基本概念和关键问题。Axer 等 [2] 总结了设计时间可预测的嵌入式系统的最新研究进展。参考文献 [3] 给出了 ABS 控制律综述。

参考文献

1 Shin, K. and Ramanathan, P. (1994) Real-time computing: a new discipline of computer science and engineering. *Proceedings of the IEEE*, **82** (1), 6–25.
2 Axer, P., Ernst, R., Falk, H. *et al.* (2012) *Building Timing Predictable Embedded Systems, ACM Transactions on Embedded Computing Systems.*
3 Aly, A., Zeidan, E., Hamed, A., and Salem, F. (2011) An antilock-braking systems (ABS) control: a technical review. *Intelligent Control and Automation*, **2**, 186–195.

第 2 章

Real-Time Embedded Systems

硬件组件

本章介绍实时嵌入式系统的硬件组件。实时嵌入式系统覆盖了从小型设备（如咖啡机和数字手表）到大型的复杂设备（如铁路控制系统和移动通信交换机），其硬件组件存在很大的差别。图 2-1 给出了嵌入式系统硬件的典型组件。

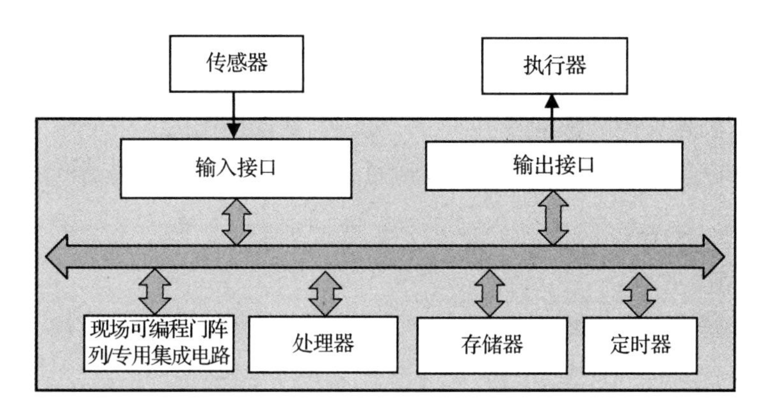

图 2-1　实时嵌入式系统的硬件组件

2.1　处理器

嵌入式系统所使用的处理器随着不同的嵌入式应用对计算能力的需求而不同。然而，它们可以粗略地分为两大类。一类是通用微处理器，另一类是专用处理器。微控制器和专用集成电路（ASIC）是应用最广泛的专用处理器。

2.1.1　微处理器

许多实时嵌入式系统采用通用微处理器。微处理器是由集成电路构成的计算机处理器。它具有全部或绝大部分中央处理单元（CPU）的功能。图 2-2 给出了微处理器执行操作所必需的组成部分。

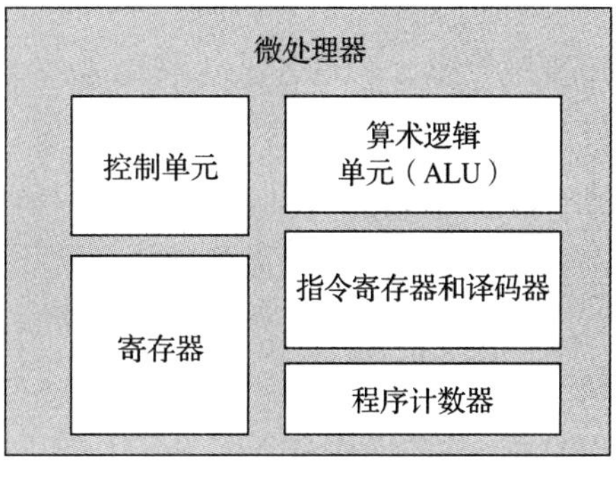

微处理器
控制单元
算术逻辑单元（ALU）
寄存器
指令寄存器和译码器
程序计数器

图 2-2　微处理器部件

微处理器被设计为执行算术和逻辑操作，这些操作需要使用少量的被称为寄存器的存储器。它具有一个控制单元，该单元负责引导处理器执行存储的程序指令。它可以与算术逻辑单元（ALU）和存储器进行通信。所有从存储器读取的指令以二进制的形式存储在指令寄存器中。指令译码器读取指令并告诉 ALU 激活哪些计算电路以完成指令功能。ALU 执行整数计算和位逻辑操作。这些操作是指令执行的结果，属于微处理器设计工作的一部分。

程序计数器存储下一条需要执行的指令的地址。微处理器对二进制数字系统中的数字和符号进行操作。

第一个商业化的微处理器 Intel 4004 是 Federico Faggin 和他的合作者于 20 世纪 70 年代早期发明的。Intel 4004 是一款 Intel 公司发布的 4 位 CPU。此前，小型计算机是由具有若干块中型和小型集成电路（IC）的电路板通过层架方式构建的。微处理器将这些电路板集成在一块或少数几块大规模集成电路中。这种 CPU 的实现方法很快超越了其他中央处理单元的实现方法。尽管 128 位的微处理器已经出现，但绝大多数现代微处理器是 32 位、64 位的。通用微处理器的代表包括 Intel 80x86、SPARC 和摩托罗拉 68HCxxx。

微处理器适用于非特定任务的场合。例如，它们可以用于开发软件、游戏、网站，编辑照片，或者创建文档。在上述应用中，输入和输出间的关系并非事先定义的。它们需要大量的资源，如 RAM、ROM 和 I/O 端口。嵌入式软件可以根据嵌入式系统特定的任务进行设计。

2.1.2　微控制器

与通用微处理器相比，微控制器是一个独立的系统，具有周边设备、存储器及一个为完成特定任务而设计的处理器。微控制器适用于输入和输出关系预先设定的系统。例如计算机鼠标、洗衣机、数码相机、微波炉、汽车、手机和数字手表。由于面向专门的应用，它们对于如 RAM、ROM 和 I/O 端口等资源的需求不大，因而可以和处理器集成于一个芯片上。这当然会减小尺寸和降低成本。微控制器是一种廉价的解决方案，而微处理器则会有 10 倍以上的开销。此外，微控制器一般采用互补金属氧化物半导体（CMOS）技术生产。该技术是一个有竞争力的制造技术，消耗的功率更少，且比其他技术具有更强的抵抗功率尖峰的能力。

在中等规模的嵌入式系统中，常用的 16 位微控制器代表是 PIC24 系列、Z16F 系列和 IA188 系列。这些微控制器通常具有 1.5KB、2KB、4KB、8KB、16KB 和 32KB 的 RAM。

2.1.3　专用集成电路

ASIC（专用集成电路）是一种高度专用的设备，是为专门应用构造的，用于替代通用逻辑电路。它将若干功能集成于一个芯片，减少了总体电路的数量。由于金属互连掩模组及其固有的研发成本十分昂贵，ASIC 的生产成本很高，且一旦生产就无法进行改进。若需要改变指令集或类似的东西，必须修改实际的硅 IC 布局。可编程性的缺失和高成本使得 ASIC 并不适用于系统设计的原型阶段。

ASIC 广泛应用于通信、医疗、网络和多媒体系统，如手机、网络路由器和游戏手柄。绝大多数的 SoC（System on Chip）也是 ASIC。微控制器也可被视为一种运行程序及处理一般事情的 ASIC。对于确定的应用，ASIC 解决方案的效率通常高于基于微处理器的软件运行解决方案的效率。

2.1.4 现场可编程门阵列

FPGA（现场可编程门阵列）是一种可编程的 ASIC，包含了一个可快速进行重新配置的逻辑单元网格，便于快速实现嵌入式系统原型。为获得更高性能和更低成本，FPGA 常在系统设计过程中广泛使用，但在产品定型后由常规电路（如 ASIC 芯片）替代。但如果实时嵌入式系统需要具备可重新配置的功能，则 FPGA 将出现在最终产品中。

最早的商业化 FPGA 是 Xilinx 公司 1985 年开发的。现代 FPGA 采用最先进的技术制造，并能实现非常高的性能。例如，2014 年 5 月发布的最新 Xilinx Virtex UltraScale 由 20nm 技术制造，采用 3D 或堆叠架构，包含多达 440 万个逻辑单元。

FPGA 可用于任何需要解决计算能力问题的场合，其特殊应用包括数字信号处理、软件定义无线电、ASIC 原型、医学成像、计算机视觉、语音识别、密码学、生物信息学、计算机硬件仿真、射电天文学、金属探测等，而且应用领域日趋扩大。2013 年 FPGA 的市场额为 54 亿美元，预计 2020 年时达到 98 亿美元。

2.1.5 数字信号处理器

DSP（数字信号处理器）是为高速数据计算而设计的，用硬件实现算法，并可在重复和数值密集的任务中获得高性能。在诸如音频、视频和通信等数字处理应用领域，DSP 比通用微处理器快 2～3 倍。

DSP 的缺点是价格高。最近的研究表明，许多商用 DSP 仍缺乏合适的编译器支持。

2.1.6 专用指令集处理器

ASIP（专用指令集处理器）是一种介于 ASIC 和可编程处理器之间的新兴设计模式。通常，ASIP 由针对特定应用程序的专用指令集集成的自定义集成电路组合而成。这种专用核心在通用处理器的灵活性和 ASIC 的性能之间取得折中。

ASIP 的优点包括高性能和设计灵活性，因为后续的设计修改可以通过更新运行于 ASIP 中的应用软件得以实现。

2.1.7 多核处理器

由于处理器时钟速度与集成于芯片中的晶体管数量密切相关，当晶体管的体积缩小减慢时，处理器速度的提升也随之减缓。这还存在一个能源墙问题，即随着处理器集成的晶体管增多，能耗和产生的热将急剧上升。因此，多核处理器已成为主流趋势，绝大多数的新系统都采用多核处理器。多核处理器是一个具有两个或两个以上处理器的集成电路，以提升性能、降低功耗，并提高多任务的同步处理性能。

多核处理器中多个处理器内核共享内存，同时每一个内核具有自己私有的缓存。不同内核上运行的线程是同步运行的，但同一个内核上运行的线程是时分复用的。

2.1.8 冯·诺依曼结构和哈佛结构

目前，有两种基本的计算机体系结构，分别是冯·诺依曼结构和哈佛结构。它们都采用存储程序机制，将程序指令和数据保存在随机存取存储器（RAM）中。不同的是，冯·诺依曼结构使用同一个存储器存放指令和数据，这样指令读取和数据操作不能同时进行，因为它们共用一个总线。哈佛结构将指令的存储和数据存储分开，这样 CPU 可以同时读取指令和处理数据存储器的访问。这两种结构如图 2-3 所示。

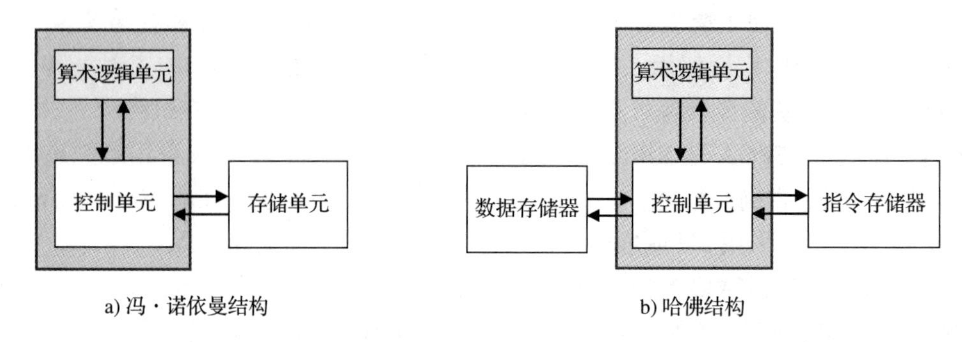

图 2-3　两种基本的计算机结构

冯·诺依曼结构中指令和数据共享总线，使得其性能低于哈佛结构的，这通常被称为冯·诺依曼瓶颈。可以利用缓存等方法来解决冯·诺依曼瓶颈问题。此外，由于数据和指令存储于同一个物理存储器芯片中，冯·诺依曼结构还会出现程序存储器的意外崩溃问题。对于哈佛结构，由于数据和指令存储于不同的地方，不会发生程序存储器的意外崩溃问题。

绝大多数的 DSP 采用哈佛结构来获得更大的、可预测的存储器带宽给流数据。

2.1.9 复杂指令集计算机和精简指令集计算机

指令集是所有能够输入处理器的指令的组合。这些指令以数据操作的形式指挥处理器。一条指令通常包含一个指明要执行操作的操作码（例如将存储器的内容加到寄存器），零或多个操作数说明符用于指明寄存器、存储器地址或文本数据。指令集是编程人员和硬件之间的接口，为处理器响应所有的用户指令做好准备。

目前有两种主流的指令集架构：复杂指令集计算机（CISC）和精简指令集计算机（RISC）。CISC 处理器运行复杂指令，一条指令可能包含了数个底层操作。CISC 架构的基本目标是用最少的汇编指令完成一个任务。例如完成两个数的乘法，在 CISC 处理器中具有特定的指令：MULT。在执行该指令时，处理器首先从存储器中将两个数读入两个寄存器，在执行单元中将两者相乘，然后将结果存储于合适的寄存器或送回存储器。这样两个数相乘可以用如下一条指令完成：

```
MULT A, B
```

MULT 是一个复杂的指令，它直接对计算机存储器操作，不需要程序设计人员另外调用读取或存储功能。执行这条复杂指令需要多个时钟周期。

相反，RISC 处理器使用可以在一个时钟周期就可以执行的简单指令。为完成乘法，需要如下简单的指令：

```
LOAD R1, A      ; load A into register R1
LOAD R2, B      ; load B into register R2
PROD R1, R2     ; multiply A and B, product saved in R1
STOR R1, A      ; store A*B into a memory location
```

典型的 CISC 处理器有 Intel x86 和 SHARC，典型的 RISC 处理器有 ARM 7 和 ARM 9。

2.2 存储器和高速缓存

存储器是嵌入式系统最基本的组件之一。存储器最基本的构成是存储器单元。存储器单元是存储一位二进制信息的电子电路，置位后存储的是逻辑 1（高电平），复位后存储的是逻辑 0（低电平）。该信息将会保持到下一次置位或复位处理。存储器可以用来存放指令和数据。

存储器可视为由若干位组成的矩阵，其中每行的长度就是存储器可以寻址的范围。总行数代表着存储器的容量。每行的数据均可放入寄存器并具有唯一的地址。存储器的地址一般起始于 0 并向上增长，且通常是按照字节编址，即每个地址包含 8 位。某些系统可以同时处理 32 位，并可存放 32 位寄存器的数据，此时称为 32 位字编址。

2.2.1 只读存储器

ROM（只读存储器）用于存储程序。当程序运行时，程序存储器中的数据是不会改变的。ROM 通常是非易失性存储器，当 ROM 掉电时存储的程序也不会丢失。ROM 是硬件配置的，出厂后数据无法修改。

PPROM（可编程只读存储器）与 ROM 类似，但它可编程。可以购买一片空白的 PROM 和 PROM 编程器来写入我们的数据，但一旦写入，PROM 的数据也将无法修改。

EPROM（可擦写只读存储器）也是一种非易失性存储器。有别于 ROM 和 PROM 的是，EPROM 在编程后可以通过暴露在强紫外线环境中擦除其中的数据，并可重新编程。

EEPROM（电可擦写只读存储器）类似于个人计算机中的硬盘，存储偶尔需要更改的设置参数，这些参数需要保存到下次电脑启动。它可以写入、电擦除、电重写，且不需要专门的手段擦除数据。

Flash 是当今嵌入式系统中最流行和最新的 ROM。Flash 存储器是一种电子的（固态）非易失性存储介质，可电擦除和重新编程。Flash 存储器得名于可高速擦除芯片中所有的数据。

2.2.2 随机访问存储器

RAM（随机访问存储器）是最常见、最简单的数据存储介质，RAM 中数据项的读取和写入时间与位置无关。不同于 ROM，RAM 是易失性的存储介质，掉电后所有的数据都会丢失。现在广泛使用的 RAM 有两种类型：静态 RAM（SRAM）和动态 RAM（DRAM）。两者存储数据的技术不相同，SRAM 存储一位数据需要 6 个晶体管，而 DRAM 只需要 1 个晶体管，因此 SRAM 的生产成本较高。然而，SRAM 的单元是一个典型的触发器电路，通常使用具有高输入阻抗的场效应晶体管来实现，不访问时只消耗很低的电量。

DRAM 使用电容式存储。电容保持高或低电荷（分别为 1 或 0），晶体管则是一个开关器件，允许芯片的控制电路读取或改变电容器的状态。由于电容会漏电，DRAM 需要周期性地刷新，这使得DRAM更复杂和耗能。然而，相比SRAM，DRAM的成本更低，因而占据了嵌入式系统存储器的主要市场。

SDRAM（同步DRAM）是一种与系统总线同步的DRAM，是多种类型DRAM的总称，它与微处理器优化的时钟速度同步。SDRAM可以在一个时钟周期内接收一个命令并传输一个字的数据，它可以运行在133MHz这样一个典型的时钟频率上。

2.2.3　高速缓存

近些年，处理器的速度得到了明显的提升，但存储器在存储密度方面的提升远高于数据传输速度的提升，单位体积可以存储的数据更多了。当一个高速处理器与一个低速存储器配合工作时，整体速度不会提高，因为不管处理器能运行多快，系统实际的速度受制于存储器数据传输的速度。因此，一个更快的处理器仅仅意味着它具有更多的休眠时间。

解决上述问题的一项技术就是高速缓存技术。缓存是一种RAM，微处理器访问高速缓存的速度比访问常规RAM快得多。高速缓存通常集成于处理器芯片中，或者置于一个单独芯片中，但独享一个与处理器互连的总线。高速缓存用于存储软件运行过程中经常重新引用的程序指令，而使用频率较低的数据则存储于大型的低速存储器中。当处理器需要处理数据时，首先在高速缓存中进行搜索。若能够在缓存中找到该指令，则处理器无须花费大量的时间从常规存储器中读取这些数据；否则，主存中固定长度的一块数据将会读入缓存，然后传输给处理器。该块中其他的数据由于引用的局部现象可能不久之后也会被读入。这样的设计使得软件执行的整体速度得以提升，该思路如图2-4所示。

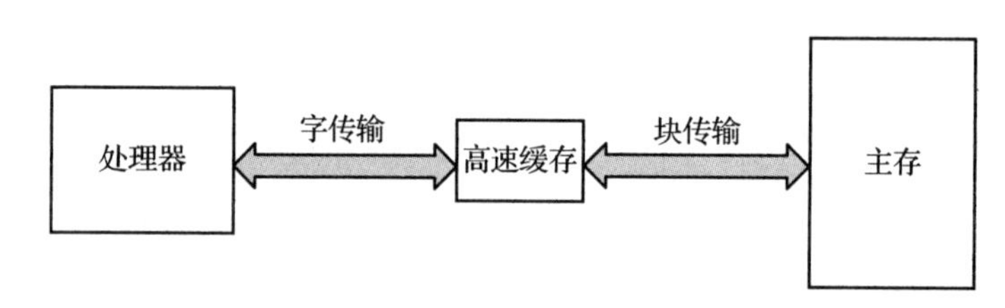

图2-4　高速缓存

部分CPU具有多级高速缓存，一般称第一级为L1，第二级为L2，第三级为L3，以此类推。CPU可直接访问L1高速缓存，L1高速缓存的目的是保证CPU在每个执行周期都有数据。通常L1高速缓存速度快，但容量较小，且集成于处理器芯片。L1高速缓存一般使用高速SRAM，容量为8～64KB。L2高速缓存每隔若干个处理器周期向L1缓存填充数据，而L3高速缓存则以更低的频率向L2高速缓存填充数据。三级缓存根据CPU的需要与存储器交换数据。图2-5给出了一个具有两级高速缓存的双核处理器结构。每个处理器内核具有一个私有的L1高速缓存，两个内核共享L2高速缓存和主存。

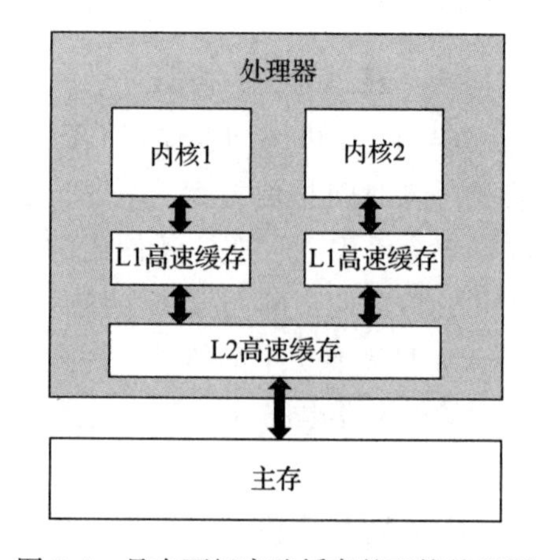

图2-5　具有两级高速缓存的双核处理器

2.3 I/O 接口

嵌入式处理器通过 I/O 接口与外界通信。对于设计人员而言，I/O 接口是一种电气设备，是芯片的引脚，一端连接处理器，另一端连接输入 / 输出设备。例如，微波炉的键盘就是一种用户与微波炉交互的电气设备。在键盘和嵌入式微控制器之间有一种特殊的接口电路。当按键被用户按下时，电路将该事件转化为一个统一的可被处理器识别的二进制值，然后传输给处理器的 I/O 接口。处理器读到该接口的数值后，按照其含义执行对应的处理流程。

对于 ABS 示例中的模拟 I/O，A/D 转换器（ADC）用于将模拟输入（一般是电压）转化为一个数字量（一般是 8 位或 16 位），当然也需要用 D/A 转换器（DAC）将数字输出转换为相应的模拟量。记 V_{RefL} 和 V_{RefH} 分别为 ADC 可以识别的电压的下界和上界。ADC 将所有位于 $[V_{\text{RefL}},V_{\text{RefH}}]$ 之间的可能输入转换为 00 到 FF（8 位）或 0000 到 FFFF（16 位）之间的数值。数值的位数决定了转换的精度，即量化误差的大小。例如，一个 8 位精度的 ADC 可以将模拟输入编码为 256 个不同的数值。

ADC 的精度也可以用电压表示，我们将引起输出编码变化的最小电压变化称为最低有效位（LSB）电压。ADC 的精度 Q 等于 LSB 电压，最大量化误差是 LSB 电压的一半。

例 2-1 ADC 精度和量化误差

设某 16 位 ADC 的输入电压范围为 0～5V。

- 量化水平：$L=2^{16}=65\,536$
- 量化间隔：$I=N-1=65\,535$
- 精度：$Q=\dfrac{V_{\text{RefH}}-V_{\text{RefL}}}{I}=\dfrac{5}{65\,535}=0.000\,076\text{V}$
- 最大量化误差：$E=\dfrac{Q}{2}=0.000\,038\text{V}$

通常，有许多 I/O 外设通过 I/O 接口连接到嵌入式处理器。每个外设具有唯一的地址。当处理器执行 I/O 相关的指令时，它会发出一个包含了目标外设地址的命令。这样，每个 I/O 接口必须解析地址，以确定命令是否是自己的。

当采用处理器、主存储器和外设共享总线的设计方案时，有两种 I/O 映射方式：端口映射 I/O（独占式 I/O）和存储器映射 I/O。端口映射 I/O 使用与主存储器不同的地址空间，由 CPU 额外的 I/O 引脚或专用总线连接外设。I/O 设备的访问采用专用的微处理器指令集完成。由于 I/O 的地址空间独立于主存储器，所以有时候称之为独占式 I/O。

存储器映射 I/O 意味着 I/O 外设的存储器映射到主存储器的空间，即在处理器的存储空间中部分地址并非指向 RAM，而是外设的存储器。与端口映射 I/O 相比，存储器映射 I/O 更容易设计，因为端口映射 I/O 需要额外的处理器引脚或一个完全独立的总线，而存储器映射 I/O 并不需要这些。

存储器映射 I/O 也比端口映射 I/O 高效。端口映射 I/O 指令的功能十分有限，经常只能提供 CPU 寄存器和 I/O 端口之间数据的简单读取和存储操作。因此，将一个常数添加到端口映射设备寄存器需要三个指令：将端口数据读入CPU寄存器，将常数与该寄存器相加，将相加的结果写回端口。然而，由于常规的存储器指令也可以用于访问存储器映射I/O设备，所有的CPU寻址模式均可用于I/O设备，同时在存储器操作数上直接执行ALU操作的指令也可以用于I/O设备寄存器。

2.4　传感器和执行器

传感器是嵌入式系统的一种输入设备。它是一种将能量从一种形式转化为另一种形式的变换器，用于测量或控制。例如，超声波传感器将超声波转换为电信号，加速度计将加速度转换为电压，摄像机是一种将光子能量转化成图像阵列中每个元素光子通量电荷的传感器。传感器的种类很多，其中最为常用的有位移传感器、压力传感器、湿度传感器、加速度传感器、陀螺仪传感器、温度传感器和光传感器。好的传感器必须对测量的量敏感，但不能干扰它。回顾第1章中所介绍的ABS车轮转速传感器。该传感器的输入是传感器转子的转速，输出是AC电压，其电压幅值和频率正比于转速。

实际上，可以为任意一种物理和化学量设计传感器，包括重量、速度、加速度、电流、电压、温度和化学成分。许多物理效应用于传感器的制造。例如，汽车车轮速度传感器使用了磁电感应效应，即磁场与电路相互作用时产生电动势。汽车安全气囊传感器的设计是基于压电效应，即某些材料响应所施加的机械力而产生电荷。

传感器分为主动传感器和被动传感器。主动传感器需要额外的能源才能运行，例如雷达、声呐、GPS和X射线。而被动传感器仅仅是检测并对物理环境产生的某种输入产生响应。例如，车轮转速传感器就是一种被动传感器，它检测车轮转速，但并不发送任何信号或传输任何能量给车轮。温度传感器也是一种被动传感器。

传感器的性能主要包含如下参数：

- 测量的物理量的范围
- 测量的物理量的精度
- 感知频率
- 测量精度
- 尺寸
- 工作温度和环境条件
- 使用寿命小时数或运行周期数

当然，成本也是选择传感器的一种因素。

执行器是一种将电子能量转换成某种其他形式能量（例如运动、温度、光、声音）的变换器，以驱动或控制某个系统。它用于给许多自然的和人造设备提供驱动力。例如，第1章中所介绍的ABS液压控制单元就是一种执行器，它根据ECU输出信号生成、保持或降低制动力。传统的执行器包括液动、气动和电动三大类。液动执行器由气缸或液压马达组成，利用液压动力来使得机械装置运行。气动执行器将由真空或压缩空气在高压下形成的能量转换成线性或旋转运动。电动执行器是一种电磁执行器，它将电信号转换成磁场并产生线性运动。电动执行器在ABS液压控制单元中用于驱动阀门。

一些最新出现的执行器，如压电、形状记忆合金和磁致伸缩器件，都是基于形变材料的，并得到了越来越广泛的应用。例如，压电材料执行器是一种将电能转化为高分辨率直线运动的高速精密陶瓷执行器。这些执行器已广泛应用于许多现代高科技领域，如显微镜、生物技术、天文学和航天技术。

不同的执行器表现出不同的特性。尽管如此，执行器的性能可以主要表征为如下参数：

- 在持续运行中对系统施加的最大力
- 运行速度
- 运行温度和环境条件
- 使用寿命小时数或运行周期数

2.5 定时器和计数器

定时功能是实时嵌入式系统的关键。定时器是用于测量时间间隔的特殊时钟，而计数器用于计量在其引脚发生的外部事件的数量。当事件是时钟脉冲时，定时器和计数器本质上是相同的。因此，在很多情况下，这两个术语互换使用。

定时器的主要部件是一个可自由运行的二进制计数器。该计数器在时钟脉冲到来时自增。由于它是自由运行的，在处理器执行主程序时，它可以对时钟脉冲等输入信号计数。如果输入脉冲以一个固定的速率到来，则脉冲数精确地测量了时间间隔。例如，若输入脉冲的频率为1MHz，计数器记录了1000个脉冲，则时间过去了1000μs。计数器溢出将产生一个输出信号。溢出信号触发一个处理器中断或者置位一个处理器可以读取的位。图2-6给出了以时钟周期为输入的16位计数器。

图 2-6　16 位计数器的结构

计数器的输入脉冲可以和时钟脉冲不同。此时，会用预分频器来产生脉冲，预分频器是一个可编程的时钟分频电路，它将基础时钟频率按照事先确定的值分频后输出给计数器。利用预分频器，我们可以令计数器以希望的频率计数。例如，若我们将预分频器设置为将1MHz的时钟频率降低8倍，则定时器的新频率将是$\frac{10^6}{8}$=125kHz，这样一个16位的定时器在溢出前可以记录65 535×8=524 280ms的时间。

计数器常和捕获寄存器相连接，如图2-7所示。捕获寄存器可以自动地对某个事件如一个输入引脚的信号进行计数，并将该计数值赋给处理器可见的寄存器，从而产生一个输出信号。具有捕获要求的定时器的一个用法是测量两个脉冲上升沿之间的时间间隔。通过读取捕获寄存器的值，并将其与之前读取的值比较，软件就可以得到经过多少时钟周期。

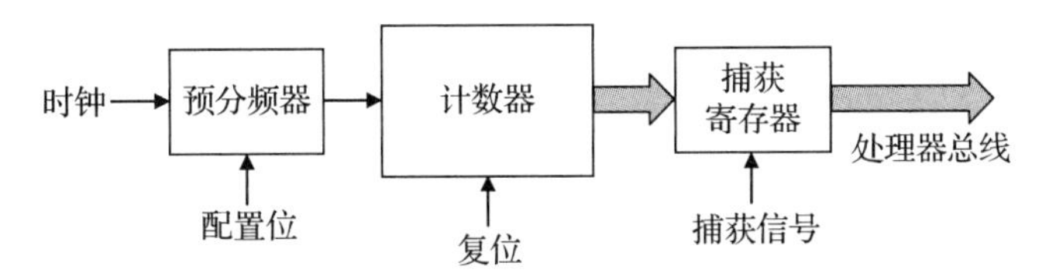

图 2-7　具有预分频器和捕获寄存器的定时器

例 2-2　定时事件

设定时器具有一个预分频器，该预分频器的配置位为3位，计数器的字长为16位。定时器的时钟频率为8MHz。设来自处理器的捕获信号锁存了一个十六进制数304D。我们想知道从计数器上次复位以来经过了多少时间。

首先，我们将十六进制数304D转换成十进制数，即12 365。

由于预分频器可以由3位配置，它将时钟频率降低2^3倍。因此，输入计数器的信号频率为$8\times10^6/2^3$ Hz或1MHz。因此，经过的时间是：

$$\frac{12\,365}{10^6}=0.123\,65\text{s}=12\,365\text{ms}$$

习题

1. 设有1MB内存。
   (a) 若该内存是按字节编址的，最低和最高的地址值是多少？
   (b) 若该内存是32位字编址的，最低和最高的地址值是多少？
2. 解释端口映射I/O和存储器映射I/O之间的区别。
3. 试比较冯·诺依曼结构和哈佛结构。
4. 若一个16位精度的A/D转换器的满量程范围为–5～+5V。该转换器有多少量化等级？最大量化误差是多少？
5. 设定时器的预分频器的配置位为4位，计数器为16位，且具有一个捕获寄存器。输入时钟频率为33MHz，来自处理器的捕获信号锁存了一个十六进制数C17E。请问从计数器上次复位以来经过了多少时间？

阅读建议

一般的指令集架构和Intel x86体系结构在参考文献[1]中有详细讨论。SPARC RISC架构的细节在参考文献[2]中有介绍。ARM RISC架构和32位指令集在参考文献[3]中有介绍。不同微控制器产品及其在嵌入式系统设计中的应用可阅读相应的参考文献，如Mckinlay [4]介绍Intel 8051，Valvano[5]介绍TI的MSP432，Wilmshurst [6]介绍Microchip PIC系列产品。参考文献[7]和[8]对传感器和执行器进行了全面的介绍。如你有兴趣构建自己的嵌入式系统，Catsoulis[9]是一本很好的参考书。

参考文献

1 Shanley, T. (2010) *x86 Instruction Set Architecture*, MindShare Press.
2 Paul, R. (1999) *SPARC Architecture, Assembly Language Programming, and C*, 2nd edn, Pearson.
3 Mazidi, M.A. (2016) *ARM Assembly Language Programming & Architecture*, Kindle edn, Micro Digital Ed.
4 McKinlay, M. (2007) *The 8051 Microcontrollers & Embedded Systems*, Pearson.

5 Valvano, J.W. (2015) *Embedded Systems: Introduction to the MSP432 Microcontroller*, CreateSpace Independent Publishing Platform.
6 Wilmshurst, T. (2009) Designing Embedded Systems with PIC Microcontrollers, Principles and Applications, 2nd edn, Newnes.
7 Ida, N. (2013) *Sensors, Actuators, and Their Interfaces: A Multidisciplinary Introduction*, SciTech Publishing.
8 de Silva, C.W. (2015) *Sensors and Actuators: Engineering System Instrumentation*, 2nd edn, CRC Press.
9 Catsoulis, J. (2005) *Designing Embedded Hardware: Create New Computers and Devices*, 2nd edn, O'Reilly Media.

实时操作系统

大多数嵌入式计算机系统的核心是实时操作系统（RTOS）。实时操作系统除了提供逻辑上正确的计算结果外，还须支持构建满足实时约束的应用程序。实时操作系统提供实时任务调度、资源管理和任务间通信的机制和服务。本章中，我们将简要回顾通用操作系统的主要功能，然后就 RTOS 内核的特性进行讨论。最后，我们将介绍几种主流的 RTOS 产品。

3.1 通用操作系统的主要功能

操作系统（OS）是位于计算机硬件和应用软件之间的软件。OS 负责资源的分配和管理，它管理计算机的硬件资源，并将硬件操作的细节隐藏起来，以使用户更方便地使用计算机系统。计算机的硬件资源主要有处理器、存储器、I/O 控制器、硬盘及终端和网络等其他设备。

操作系统同时又负责策略实施，定义了应用程序和资源之间的交互规则，控制应用程序的执行以避免错误和不当使用。

操作系统由若干软件组件构成，其核心组件被称为内核。内核提供了绝大多数计算机硬件设备的底层控制。OS 的内核始终运行于系统模式，而其他部分和所有的应用程序运行于用户模式。内核功能以保护机制实现，这样它们不会被运行于用户空间的软件动作所改变。

OS 还提供了应用编程接口（API），定义了应用程序使用 OS 特性以及与硬件和其他应用软件通信的规则和接口。用户进程可以通过系统调用或消息传递请求内核服务。在系统调用方法中，用户进程调用 OS 例程中的软件陷阱以确定调用哪个函数，将处理器切换到系统模式，并调用该函数，然后在该函数执行完成后将处理器切换回用户模式，并将控制权交给用户进程。在消息传递方法中，用户进程构造一个可以描述所需请求服务的消息，然后使用发送函数将其传递给 OS 进程。发送函数检查消息中所请求的服务，将处理器模式切换至系统模式，并将该消息发送给处理器以完成该服务。同时，用户进程使用消息接收机制等待服务结果的返回。当服务结束时，OS 进程将一个消息发送回用户进程。

在下面各小节中，我们将简要介绍典型通用 OS 的一些主要功能。

3.1.1 进程管理

进程是运行中的程序实例，是系统的基本工作单元。程序是静态的实体而进程是活动的实体。进程需要资源，包括 CPU、内存、I/O 设备和文件，以完成它的任务。一个应用程序的执行涉及由 OS 内核建立一个进程，分配内存空间和其他资源，在多任务系统中还包括分配一个优先级给该进程，将程序二进制代码读入内存，以及为该应用程序的执行完成初始化，然后该进程开始与用户和其他硬件设备进行交互。当进程终止时，所有可再利用的资源将会被释放并归还给 OS。

启动一个新的进程对于 OS 来说是一个重活，需要完成分配内存、建立数据结构和拷贝代码等工作。

线程是进程内的执行路径，也是操作系统分配处理器时间的基本单元。进程可以是单线程的也可以是多线程的。理论上，进程可以做的事情，线程都可以做。进程和线程的基本区别是两者所需要完成的工作不同，线程通常完成小的任务，而进程通常完成许多重量级的任务，例如应用软件的执行。因此，线程又被称为轻量级进程。

同一进程中的多个线程共享相同的地址空间，而不同进程的线程并不这样。多个线程还共享全局和静态变量、文件描述符、信号标记、代码区和堆栈。这使得多个线程可以对相同的数据结构和变量进行读写，并在线程之间方便地通信。因此，多线程对资源的需求远少于多进程。然而，同一进程的每个线程具有独立的线程状态、程序计数器、寄存器和堆栈，如图 3-1 所示。

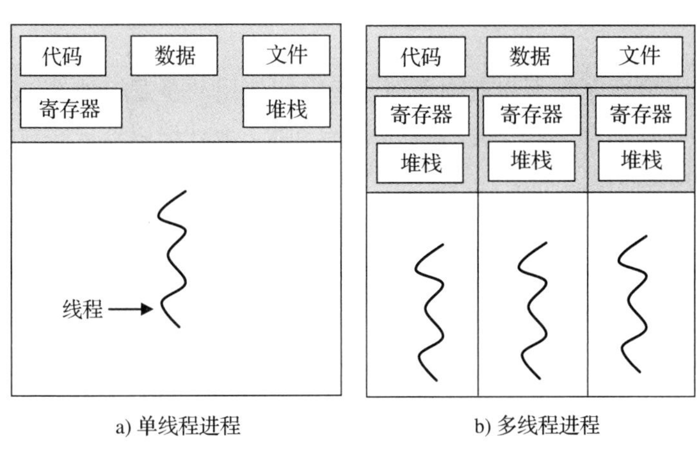

图 3-1

线程是 OS 调度器可管理的最小独立工作单元。在 RTOS 中，任务一词经常用于描述线程或单线程进程，如 VxWorks 和 MicroC/OS-III。本书中，进程（线程）和任务会交替使用。

进程可通过合适的系统调用创建其他进程，例如分叉（fork）或派生（spawn）。创建其他进程的进程称为它所创建进程的父进程，所创建的进程称为它的子进程。在进程创建时，都会被赋予一个独一无二的整数标识符，称为进程标识符，简写为 PID。进程创建时参数并不是必需的。父进程通常可控制它的子进程，可以进行的操作包括临时停止子进程、终止子进程、发送消息、查看其内存等。子进程可能接收到其父进程部分共享资源。

进程可以通过调用 exit() 终止其自身的执行。系统还可以出于各种原因终止进程，例如系统无法提供必要的系统资源，或者响应 kill 命令或其他未处理的进程中断。当进程终止时，将释放其所有系统资源，并刷新和关闭打开的文件。

进程也可能由于很多原因被挂起。它可能因交换而挂起，OS 需要释放足够的主内存给另一个已经准备好执行的进程；它也可能因时序而挂起，周期性执行的进程会挂起以等待下一个执行的时刻。父进程也可能希望挂起子进程的执行以检查或修改该子进程，或者为协调其他激活的子进程而挂起某个子进程。

有时，进程在运行过程中需要和其他进程通信，这被称为进程间通信（IPC）。OS 提供了支持 IPC 的机制，常见的 IPC 机制有文件、套接字、消息队列、管道、命名管道、信号量、共享内存及消息传递等。

3.1.2　内存管理

就程序运行的速度而言，主内存是计算机系统最关键的资源。OS 的内核管理着被程序使用的所有系统内存。内存中存储的是数据和指令。

每个内存位置都有一个物理地址。绝大多数的计算机体系结构中，内存是按字节编址的，不管数据和地址总线的带宽如何，每次可以访问 8 位数据。内存地址是一串固定长度的数字。通常只有系统软件如基本输入 / 输出系统（BIOS）和 OS 才能对物理内存编址。

绝大多数的应用程序并不知道物理地址，它们使用的是逻辑地址。逻辑地址是正在执行的应用程序看到的存储器位置所在的地址。由于地址编码器或映射操作，逻辑地址可能与物理地址并不相同。

在支持虚拟内存的计算机中，物理地址主要用于区分虚拟地址。实际上，在使用内存管理单元（MMU）转换内存地址的计算机中，MMU 转换前和转换后的虚拟地址和物理地址分别指向一个地址。使用虚拟内存主要有几个原因，包括内存保护。如果两个或两个以上进程在同一时间运行，并使用直接地址，某个进程中的内存错误（例如，读取一个错误的指针）将破坏正被其他进程使用的内存，从而造成多个进程崩溃。另一方面，虚拟内存技术可以保证每个进程在自身独立的地址空间运行。

在程序被加载程序（OS 的一部分）加载到内存之前，必须将其转换为加载模块并存储到磁盘上。为创建加载模块，源代码必须被编译器编译成目标代码模块。目标代码模块包含：一个头文件，用于记录后面每个部分的大小；一个机器代码部分，包含由编译器编译的可执行指令；一个初始化数据部分，包含需要初始化的程序使用的所有数据；一个符号表部分，包含程序中使用的所有外部符号。一些外部符号在目标代码模块中定义并指向其他模块，还有一些外部符号在本模块中使用但在其他目标代码模块中定义。链接器使用重定位信息将多个目标代码模块组合到加载模块中。图 3-2 给出了目标代码模块的结构。

当一个进程开始时，OS 分配内存给该进程，然后将磁盘上的加载模块装载到该内存空间。在加载过程中，可执行代码和初始化数据被从加载模块复制到该进程的内存。此外，内存还会分配给未初始化数据和运行时堆栈，这些堆栈用于保存每次程序调用所需存放的信息。加载程序有一个默认的堆栈空间大小，当该堆栈空间在运行过程中全部被占用时，只要没有超出预先定义的最大空间，就可以分配额外的空间给它。

许多编程语言支持在程序运行时申请内存空间。例如，C++ 和 Java 语言调用 new 申请内存空间，C 语言中则调用 malloc。这些内存空间来自称为堆或者空闲存储的大型内存池。任何时候，一部分堆已经被使用，其余部分是空闲的，为未来的分配做准备。图 3-3 给出了一个正在运行的进程的内存空间，其中堆空间在运行过程中由进程分配。

图 3-2　目标代码模块的结构

进程的内存

进程的内存
可执行代码
初始化数据
未初始化数据
堆
栈

图 3-3　进程的内存空间

为避免大型的可执行文件加载进内存，现代 OS 提供了两种服务：动态加载和动态链接。在动态加载中，程序的例程（库或其他二进制模块）在程序调用之前不会被加载。所有例程都以可重定位的加载格式保存在磁盘上。主程序被加载到内存中并执行，其他例程方法或模块根据需要加载。动态加载的内存空间利用率较高，未用的例程不会被加载。动态加载可用于需要不定期加载大量代码的场合。

在动态链接中，库函数在运行时链接。与此相对的是静态链接，库函数在编译时链接，这样会造成可执行代码较大。动态链接在编译后解析符号，将其名称与地址或偏移量相关联，这对库函数特别有用。

最简单的内存管理技术是单个连续分配，即除 OS 需要的内存空间外，所有的内存可以被单个应用程序使用，MS-DOS 系统使用的就是这种技术。

另一种技术是分区分配。它将内存分为若干个内存区域，每个区域仅可分配给一个进程。当有进程启动时内存管理器选择一个空闲分区，将其分配给该进程，并在进程结束时回收该分区。一些系统允许将分区交换至辅助存储器以释放额外的内存。该分区将被回收以便后续使用。

分页分配将内存划分为固定大小的单元，称为页帧，同时将程序的虚拟地址空间也分为相同大小的页。MMU 硬件将页映射为帧。物理内存可以基于页分配，这样虚拟地址空间似乎是连续的。分页不会区分和分别保护程序与数据。

分段内存允许将程序和数据分到逻辑上独立的地址空间，这有助于共享和保护。段是一个内存区域，通常对应于代码程序或数据阵列之类的信息逻辑分组。段需要硬件支持段表形式，段表通常包含了内存中段的物理地址、大小和其他数据，如访问保护位和状态（换入、换出等）。

当进程载入或移出内存时，长的、连续的空闲内存空间会被分割成越来越小的连续块，最终可能导致程序无法获得大的连续内存块。这个问题被称为碎片（fragmentation）。通常，使用较小的内存页尺寸可以减少碎片，不利之处在于增加了页表的大小。

3.1.3 中断管理

中断信号来自与计算机相连的设备或者计算机内运行的某个进程，意味着发生了需要立即关注的事件。处理器将挂起当前执行的程序，保存好该程序的状态，转而执行一个中断处理程序（也称为中断服务程序，ISR）以响应该事件。

现代操作系统是中断驱动的，所有活动都由中断的到来引发。中断通过中断向量将控制权转移给 ISR，中断向量包含了所有中断服务程序的地址。中断架构必须保存被中断指令的地址。如有中断正在响应，那么即将到来的中断将会被忽略。系统调用是一种软件产生的中断，可能由于错误或用户请求而引发。

3.1.4 多任务

现实世界中的多个事件可能是同时发生的。多任务指操作系统支持多个互相独立的任务在同一台计算机上运行。这种功能主要通过分时复用实现，也就是每个程序共享计算机的运行时间。如何在多任务中分享处理器的时间由调度器决定，调度器根据调度算法决定在哪个处理器上执行哪个任务。

每个任务具有一个上下文，这个上下文是存放于任务控制块（TCB）中的一组数据，用于显示任务的执行状态。而任务控制块则是一个包含了与任务执行相关的所有信息的数据结构。当调度器将一个任务切换出 CPU 时，该任务的上下文将被存储起来，当该任务再次执行时，该任务的上下文会恢复，这样该任务可以从上次中断的点开始继续执行。在任务切换期间，存储和恢复任务上下文的过程称为上下文切换，如图 3-4 所示。

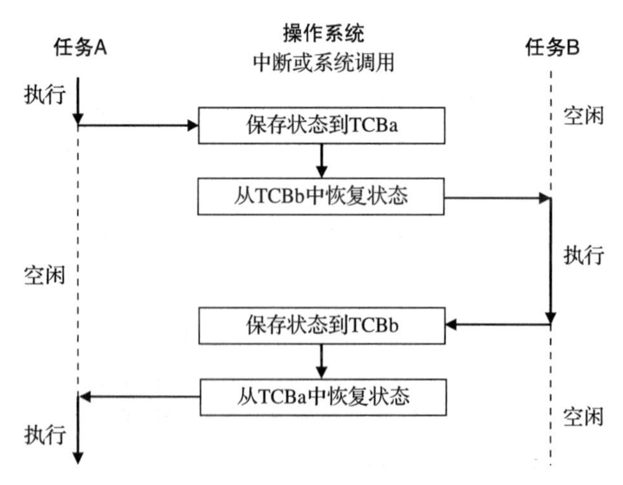

图 3-4　任务 A 和 B 之间的上下文切换

上下文切换是多任务处理的开销，它们通常是计算密集型的。上下文切换的优化是 OS 设计的任务之一，在 RTOS 的设计中尤其重要。

3.1.5 文件系统管理

文件是辅助存储设备的基本抽象形式，是存储在设备中的命名数据集合。操作系统的一个重要组成部分就是文件系统，它提供文件管理、辅助存储管理、文件访问控制和完整性保证等功能。

文件管理包括提供存储、引用、共享和保护文件的机制。文件创建时，文件系统为数据分配初始空间。随着文件的增长，分配的空间将随之增加。当文件被删除或者文件大小减小时，空间会释放给其他文件使用。这产生了各种大小的交替使用和未使用区域。当文件创建时，若没有满足其初始分配的连续空间区域，就必须以片段形式分配空间。由于文件确实会随时间增大或减小，且由于用户很少提前知道文件的具体大小，因此采用不连续的存储分配方案是合理的。图 3-5 给出了分块链接方案。文件的初始存储地址由其文件名标识。

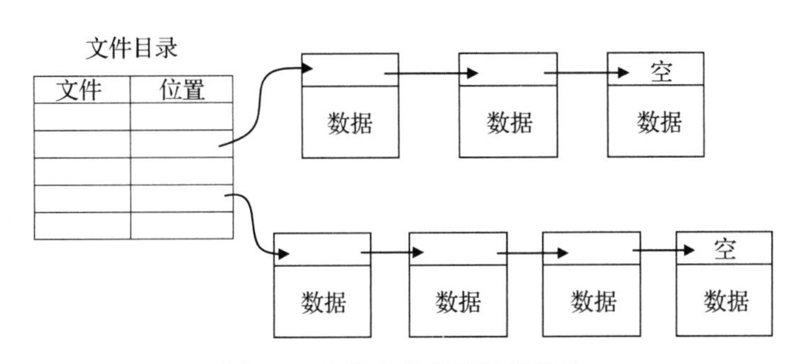

图 3-5 文件存储的块链接结构

通常，计算机中的文件以目录形式管理，这些目录构成树结构的分层系统。

文件系统记录着每个文件必要的信息，包含文件数据大小、文件最近修改时间、其所有者的用户 ID 和组 ID，以及访问权限。

文件系统还提供了一系列命令来读取和写入文件内容、设置文件读 / 写位置、设置和使用保护机制、更改所有权、在目录中列出文件，以及删除文件。

文件访问控制可以使用一个二维矩阵实现，该矩阵列出了系统中所有用户和文件。矩阵中的元素（i, j）指定了用户 i 是否能够访问文件 j。如果系统中有大量的用户和大量的文件，则该矩阵将是一个非常庞大的稀疏矩阵。

减少空间占用的一个方案是控制各类用户的访问。基于角色的访问控制（RBAC）就是一种访问控制方法，其中只有授权用户可以访问数据。RBAC 给用户分配特定角色，根据用户的工作要求给不同的角色授予权限。为执行日常任务，用户可以被分配多个不同的角色。例如，用户可能同时具备开发人员角色和分析师角色。每个角色具有访问不同对象所需的权限。

3.1.6 I/O 管理

现代计算机与一大批 I/O 设备进行交互，其中最常见的包括键盘、鼠标、打印机、磁盘驱动器、USB 驱动器、显示器、网络适配器和音频系统。OS 的一个目标是向用户隐藏硬件 I/O 设备特性。

对于存储器映射I/O，每个I/O设备在I/O地址空间占据部分地址。通过I/O地址空间中的物理存储位置可以实现I/O设备和处理器之间的通信。通过对相应的地址进行读或写操作，处理器可以获得I/O设备的信息或者向其发送命令。

大多数系统使用设备控制器这种基本的接口单元。OS通过设备控制器与I/O设备通信。几乎所有的设备控制器都具有直接内存访问（DMA）能力，即可以直接访问系统内存而无须处理器的介入。这使得处理器可以摆脱与I/O设备之间的数据传输负担。

中断允许外设在需要传输数据或某个操作结束时通知处理器，允许处理器在没有I/O传输需要立即处理时执行其他任务。处理器在执行每条指令后检测中断请求线。当设备控制器在中断请求线上施加中断时，处理器捕获到该信号，随即保存现场，然后将控制权转移给中断处理程序。中断处理程序判断中断来源，进行必要的处理，然后执行中断返回指令，将控制权交还给处理器。

I/O操作经常具有较大的延迟。绝大多数的延迟由低速外设导致。例如，在磁盘将目标扇区旋转到读/写磁头下之前，硬盘信息无法读取或写入。通过给外设增加与其相关联的输入和输出缓存可以降低延迟。

3.2 RTOS内核的特性

尽管通用操作系统提供了实时系统需要的大部分服务，但它所占空间太大且有许多特定用途的实时应用并不需要的功能。此外，它是不可配置的，且固有的时间不确定性使得系统响应时间没有任何保障。因此，通用操作系统并不适用于实时嵌入式系统。

RTOS的设计有三个关键性要求。第一，OS的时间特性必须是可预测的。所有OS提供的服务，其执行时间的上限必须是可预知的，包括系统调用和中断处理服务。第二，OS必须管理着时序和调度，调度器必须了解任务的截止期。第三，OS必须快。例如，此前所述的上下文切换时间必须短。一个快速的OS有助于改善系统的软实时约束及保证硬的截止期。

如图3-6所示，RTOS一般包含一个实时内核和其他高层服务，例如文件管理、协议栈、图形用户界面（GUI）和其他组件。绝大多数附加的服务与I/O设备相关。实时内核是一个管理微处理器或微控制器时间和资源的软件，提供必不可少的服务，如任务调度和中断处理。图3-7给出了一个微内核的一般结构。嵌入式系统有一小段特殊的代码称为板级支持包（BSP），用于支持特定OS的板卡。板级支持包通常由bootloader和设备驱动组成，bootloader提供了引导OS的最少设备支持，而设备驱动包含了板卡上所有硬件设备的驱动程序。

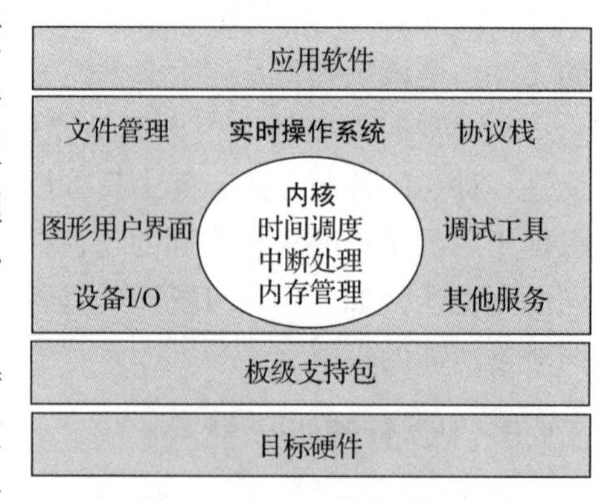

图3-6 RTOS的高层视角

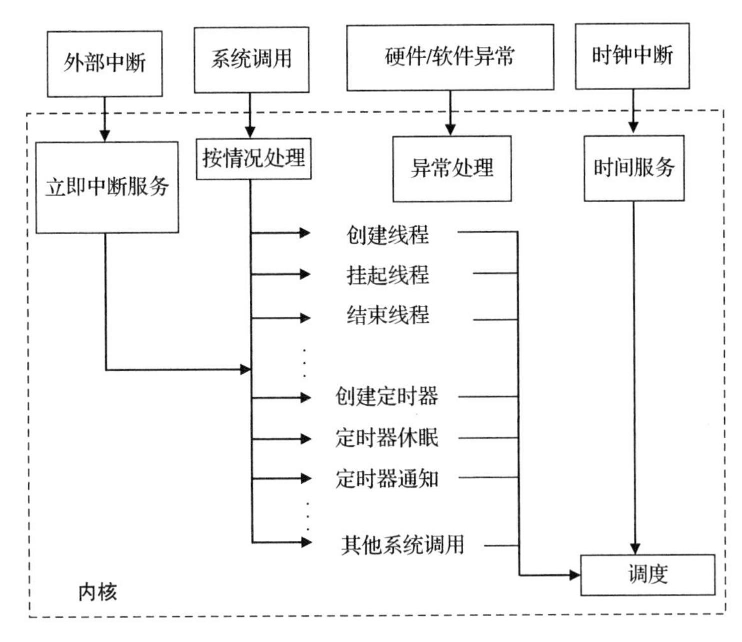

图 3-7　微内核结构

在本节其余部分，我们将介绍一些在 POSIX 1.b 中指定 RTOS 内核需要提供的重要实时服务。

3.2.1　时钟和定时器

大多数嵌入式系统必须跟踪时间的流逝。在大多数 RTOS 内核中时间长度由系统节拍的数量表示。

RTOS 的工作原理是设置一个硬件定时器来周期性地中断，比如每毫秒中断一次，并根据中断建立所有的时序。例如，在 VxWorks 中，一个任务调用 taskDelay 函数，并设定参数为 20，这样该任务将被阻塞直到定时器中断了 20 次。在 POSIX 标准中，每个节拍为 10ms，每秒 100 个节拍。某些 RTOS 内核（如 VxWorks）定义了允许用户设置和获取系统节拍值的例程。定时器也称为心跳定时器，中断也称为时钟中断。

在每个时钟中断，ISR 增加节拍计数，并检查是否需要在当前时刻解除阻塞或唤醒任务。如果是，它会调用调度器再次进行调度。

基于系统节拍，RTOS 内核允许在给定次数的系统节拍到来后调用所需的函数，例如 VxWorks 中的 taskDelay 函数。基于 RTOS，定时器 ISR 可直接调用用户函数。当然还有其他的时序服务，例如大多数的 RTOS 内核允许开发人员限定任务等待队列或邮箱消息、信号量的时间等。

定时器提高了实时应用的确定性。定时器允许应用程序以预定的时间间隔或时间设置事件。POSIX 指定了如下与定时器有关的例程：

- timer_create()——使用指定时钟作为时间基准时钟。
- timer_delete()——删除一个已建立的定时器。
- timer_gettime()——获取到期前的剩余时间和重载值。

- timer_getoverrun()——返回定时器到期溢出。
- time_settime()——设定下一次到期时间和 arm 定时器。
- nanosleep()——挂起当前任务直到下一个时隙结束。

3.2.2 优先级调度

由于实时任务具有或软或硬的截止期，所有任务执行的紧迫性并不相同。截止期短的任务应该优先于截止期长的任务执行。所以，在 RTOS 中任务通常具有优先级。此外，如果处理器正在执行优先级较低的任务时一个优先级较高的任务被释放，RTOS 应暂停较低优先级的任务，而立即执行较高优先级的任务，以确保其在截止期到来前得以执行。这个过程就称为抢占。实时应用系统的任务调度通常是基于优先级的、抢占式的调度。例如，最早截止期优先（EDF）调度和单调速率（RM）调度。不考虑任务优先级的调度算法（如先进先服务和轮询）并不适用于实时系统。

在优先级驱动抢占式调度中，抢占式调度器有一个时钟中断任务，该中断供调度器选择是否切换当前已经执行了一个给定时隙的任务。这种调度系统的优点在于确保在任何时间都没有任务占用处理器超出一个时间片。

如图 3-8 所示，调度器有一个很重要的组件——分派器，该组件将 CPU 的控制权交给调度器选择的任务。在中断和系统调用时，它工作于内核模式，接收控制权，负责执行上下文切换。分派器应该尽可能地快，因为在每次任务切换时它都会被调用。在上下文切换期间，处理器在这段时间内几乎是空闲的，因此要避免不必要的上下文切换。

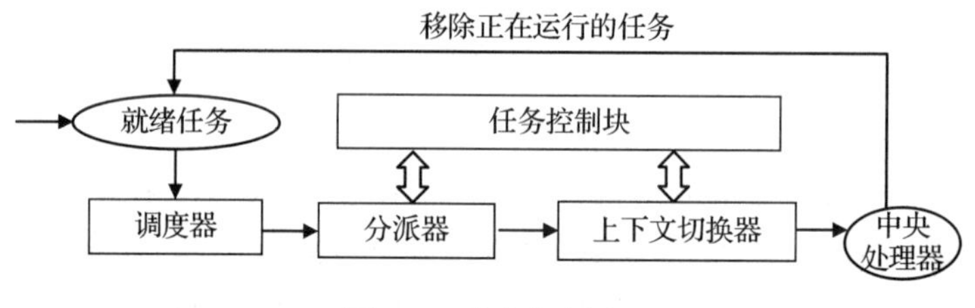

图 3-8 优先级调度

基于优先级的调度的性能关键是确定任务的优先级。基于优先级的调度可能让低优先级的任务失去响应并错过截止期。在接下来的两章中我们将会讨论一些著名的调度算法和资源访问控制协议。

3.2.3 任务间通信和资源共享

在 RTOS 中，一个任务不能调用另一个任务。任务间交换信息需要通过消息传递或内存共享，使用实时信号、互斥锁或信号量对象进行协调和访问共享数据。

1. 实时信号

信号与软件中断类似。在 RTOS 中，当子进程终止时，信号自动传递给父进程。信号也可用于其他的同步和异步通知，例如，在某进程所等待的唤醒信号有效时，唤醒该进程，通知某进程发生了内存冲突。

POSIX 拓展了信号生成和发布以提高实时性。作为通知进程异步事件发生的方式，信号在实时系统中扮演重要角色，这些异步事件包括：高分辨率定时器溢出、快速进程间消息到达、异步 I/O 完成以及显式信号传输。

2. 信号量

信号量是用于控制进程或线程间共享资源访问的计数器。信号量的值是当前可用的资源数。信号量有两个基本操作：一个是计数值自动增加，另一个是等到计数器非空并自动减少计数值。信号量仅跟踪有多少可用的资源，并不关注可用的资源是什么。

二进制信号量等同于互斥锁，适用于在任意时刻只能由一个任务使用资源的场合。

3. 消息传递

除了信号和信号量，任务可在允许的消息传递方案中发送消息来共享数据。消息传递是一种非常有用的信息传递方式，也可用于同步。消息传递经常与共享内存通信同时存在。消息内容可以是通信双方能够理解的任何东西。消息传递的两个基本操作是发送和接收。

消息传递可以是直接的或间接的。直接消息传递中，需要通信的进程必须清晰地指定接收方或发送者。间接消息传递中，消息发送至或接收自邮箱或端口。当然只有具有共享邮箱的两个进程才能进行这样的通信。

消息传递还可以是同步的或异步的。同步消息传递时，发送进程会阻塞直到执行完消息原语。异步消息传递中，发送进程会立即获得控制权。

4. 共享内存

共享内存是 RTOS 将公共物理内存空间映射到独立的特定进程虚拟空间的一种方法。共享内存常用于不同进程或线程间共享信息（资源）。共享内存必须是独占访问的，因此需要用互斥锁或信号量保护内存区域。任务中访问共享数据的代码段称为临界区。图 3-9 给出了两个任务共享一块内存区域的原理。

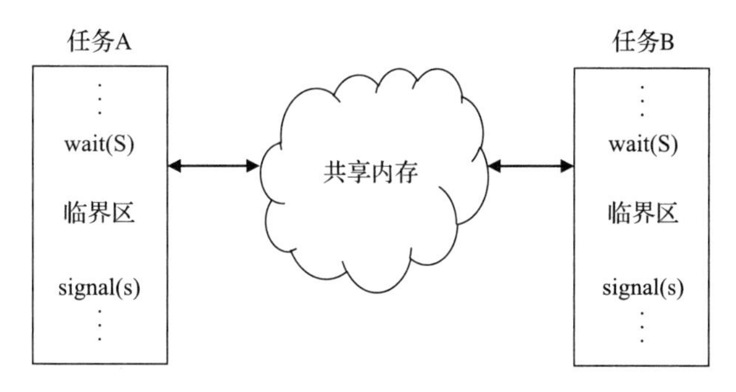

图 3-9 共享内存和临界区

使用共享内存的一个副作用是它可能导致优先级反转，即出现低优先级任务在运行而高优先级任务在等待的情形。更多关于优先级反转的细节在第 5 章中讨论。

3.2.4 异步 I/O

有两种类型的 I/O 同步方式：同步 I/O 和异步 I/O。在同步 I/O 中，当用户任务向内核请求 I/O 操作时，该请求立即被响应，系统将等到该操作完成后才处理其他任务。当

I/O 操作很快时，同步 I/O 是合适的，且很容易实现。

RTOS 支持应用程序处理和应用程序初始化 I/O 的重载，这就是 RTOS 所提供的异步 I/O 服务。在异步 I/O 中，在任务请求 I/O 操作后，当该任务等待 I/O 操作完成时，其他不依赖于该 I/O 结果的任务将会被调度执行。同时依赖于该 I/O 结果的任务会阻塞。异步 I/O 可改进吞吐量、延迟和响应能力。

图 3-10 解释了同步 I/O 和异步 I/O 的思想。

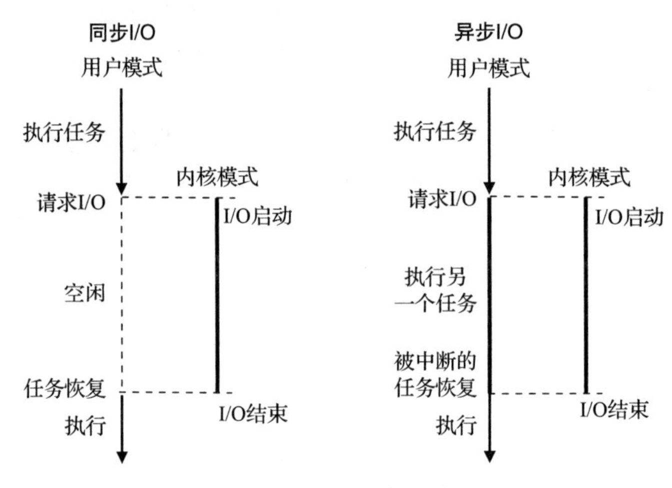

图 3-10　同步 I/O 与异步 I/O

3.2.5　内存锁定

内存锁定是 POSIX 指定的实时功能，用于避免进程在获取内存页面过程中产生延迟。它通过锁定内存来实现，使页面驻留在主内存中。这允许应用程序精确地控制哪个部分必须保存在物理内存中，以减少数据在内存和磁盘之间传输数据的开销。例如，内存锁定可用于使一个线程常驻于内存中，以监测需立即关注的关键性进程。

当进程退出时，锁定的内存自动解锁。锁定的内存也可以主动解锁。例如，POSIX 定义了 mlock() 和 munlock() 两个函数用于锁定和解锁内存。munlock 函数解锁指定地址区域的内存，而不管 mlock 函数的调用次数。换句话说，可以多次调用 mlock 函数锁定一段内存区域，但仅需调用一次 munlock 函数即可解锁。也就是说，内存锁不会累加。

多个进程可以锁定相同的或重叠的内存区域，这时内存区域将保持锁定状态直到所有进程都将这段区域解锁。

3.3　RTOS 示例

3.3.1　LynxOS

LynxOS RTOS 是 Lynx 软件技术公司开发的类 UNIX RTOS。LynxOS 是一个确定性的硬实时操作系统，它在小型嵌入式内核中提供符合 POSIX 标准的 API。它具有可预测的最坏情况响应时间、抢占式调度、实时优先级、可 ROM 固化的内核和内存锁定。

LynxOS 提供了对称多处理器的支持，可充分利用多核/多线程处理器。目前最新的版本是 LynxOS 7.0，它包含了新的工具链、调试器和交叉开发宿主机支持。

LynxOS RTOS 的设计初衷是与开放系统接口保持一致。它利用现有的 Linux、UNIX 和 POSIX 编程特性来实现嵌入式实时项目。这不仅节省了实时系统的开发时间，而且程序员也可以使用熟悉的方法，而无须学习专门的方法，从而提高了工作效率。

LynxOS 主要用于实时嵌入式系统，如航空电子、航空航天、军事、工业过程控制和电信等应用。LynxOS 已经在数百万台设备中使用。

3.3.2 OSE

OSE 是 Operating System Embedded 的缩写，是由瑞典信息技术公司 ENEA AB 推出的实时嵌入式操作系统。OSE 以消息形式向进程传递信号并从进程中获取信号，消息存储在每个进程的队列中。链接处理机制允许在不同机器上的进程间通过各种传输机制传递信号。OSE 信号传输机制是开源的进程间内核设计的基础。

Enea RTOS 系列产品共享高级编程模型和直观的 API，以简化编程。它包含了两个为特定应用优化的产品：

- Enea OSE 是一款鲁棒的高性能 RTOS，针对多核、分布式和容错系统进行了优化。
- Enea OSEck 是 ENEA 全功能 OSE RTOS 的紧凑型多核 DSP 优化版本。

OSE 支持许多主流的 32 位处理器，例如 ARM、Power PC 和 MIPS 系列。

3.3.3 QNX

QNX Neutrino RTOS 是由 BlackBerry 的子公司 QNX Software Systems Limited 开发的功能齐全且鲁棒的操作系统。QNX 系列产品专为运行于 ARM 和 x86 等不同平台的嵌入式系统，以及几乎所有的嵌入式主板而设计。

作为一款基于微内核的 OS，QNX 的设计基于类似于服务器这种以许多小任务形式运行大部分 OS 内核的思路。这有别于传统的独立内核，这种内核是由数量巨大的具有独特功能的组件组成的单个大软件。在 QNX 中，微内核的使用允许开发者根据需要关闭若干功能而无须修改 OS 本身，只不过这些功能不再运行了。

由 BlackBerry 设计的 BlackBerry PlayBook 平板电脑使用某一版本的 QNX 作为其基础 OS。BlackBerry 产品线也运行基于 QNX 的 BlackBerry 10 OS。

3.3.4 VxWorks

VxWorks 是英特尔的子公司（专门开发嵌入式系统软件）Wind River 开发的 RTOS 软件，包含了运行时软件、行业专用软件解决方案、仿真技术、开发工具和中间件。和其他 RTOS 产品一样，VxWorks 为有实时性和确定性性能要求的嵌入式系统而设计。

VxWorks 支持 Intel、MIPS、PowerPC、SH-4 和 ARM 体系结构。VxWorks 内核平台包含了一套运行时组件和开发工具。VxWorks 内核开发工具具有与 Diab、GNU 和 Intel C++ Compiler(ICC) 等类似的编译器、生成和配置工具。该系统还具有生产工具，如 Workbench

开发套件和Intel工具，以及用于资产跟踪及主机支持的开发支持工具。交叉编译和VxWorks一起使用。开发工作在一台称为宿主机的系统上进行，宿主机系统具有一个集成开发环境，包括编辑器、编译工具链、调试器和仿真器。软件在宿主机上被编译成在目标系统上运行的可执行代码。这样尽管目标系统的硬件资源有限，开发者也可以使用强有力的开发工具。

VxWorks已经被用在具有相当广泛的市场领域的产品中：航空航天和国防、汽车、工业机器人、消费电子、医疗领域和网络。一些高端产品也使用VxWorks作为板载操作系统。航天器领域中的例子包括火星侦察轨道器、凤凰号火星登陆器、深空探测器和火星探路者。

3.3.5 Windows Embedded Compact

Windows Embedded Compact之前的名字是Windows CE，它是由Microsoft开发的子系列操作系统，是Windows Embedded系列产品的一部分。它是一个小型的RTOS，专为工业控制器、通信集线器、数码相机等消费类电子设备、GPS系统及汽车信息娱乐系统等小内存设备而优化。它支持x86、SH（仅限于汽车部分）和ARM。

习题

1. 什么是操作系统的内核？它运行在哪种模式？
2. 用户进程与操作系统的交互有哪两种方法？讨论各自的优点。
3. 程序和进程之间有什么区别？进程和线程有何区别？
4. 停止一个进程会停止它所有的子进程吗？请各给出一个例子说明这种方法是好的和坏的。
5. 试问由进程打开的文件在该进程退出时是否会自动关闭？
6. 对象模块和加载模块有什么区别？
7. 讨论本章中介绍的内存分配技术的优点。
8. 说一个操作系统是中断驱动的是指什么？当中断发生时，处理器需要做哪些工作？
9. 什么是上下文切换？它发生在什么时候？
10. 一个文件是否必须存放在磁盘的连续存储区域？
11. 存储器映射I/O的优点是什么？
12. 通用操作系统为什么不能满足实时系统的要求？
13. 内存碎片是怎么形成的？介绍一种控制它的方法。
14. RTOS内核的基本功能有哪些？
15. RTOS如何跟踪时间的流逝？
16. 在实时应用中为什么必须采用基于优先级的调度？
17. 不同任务间通信及访问共享资源时操作同步的一般方法是什么？
18. 比较同步I/O和异步I/O，并列出两者的优缺点。
19. 内存锁定技术是如何提高实时系统性能的？

阅读建议

有许多深入讨论通用操作系统的书籍，例如参考文献 [1-3]。Cooling [4] 概述了 RTOS 的基础知识，可用于任意一家供应商嵌入式平台的编程开发。参考文献 [5] 描述了 POSIX 特定的实时工具。更多商业化 RTOS 产品的信息请关注其官方网站。

参考文献

1 Doeppner, T. (2011) *Operating Systems in Depth*, Wiley.
2 McHoes, A.M. and Flynn, I.M. (2011) *Understand Operating Systems*, 6th edn, Course Technology Cengage Learning.
3 Stallings, W. (2014) Operating Systems: Internals and Design Principles, 8th edn, Pearson.
4 Cooling, J. (2013) *Real-Time Operating Systems*, Kindle edn, Lindentree Associates.
5 Gallmeister, B. (1995) POSIX 4.0: Programming for the Real World, O'Reilly & Associates, Inc..

URL

LynxOS, http://www.lynxos.com/

VxWorks, http://www.windriver.com/products/vxworks/

WindowsCE, https://www.microsoft.com/windowsembedded/en-us/windowsembedded-compact-7.aspx

QNX, http://www.qnx.com/content/qnx/en.html

OSE, http://www.enea.com/ose

任务调度

任务管理和调度是 RTOS 的核心功能。调度器是内核的一部分，负责为处理器分配和调度任务，以保证其满足截止期要求。本章将介绍几种广为人知和广泛应用的任务分配和调度技术。

4.1 任务

任务是在 CPU 上调度执行的基本工作单元。它是 RTOS 支持的实时应用软件的组成部分。实际上，基于 RTOS 的实时应用软件由一系列独立的任务所组成。任务有三种类型：

- 周期任务。周期任务每周期（如 200ms）运行一次，是时间驱动的。周期任务通常用于传感器数据采集、控制律计算、动作规划和系统监控。这些动作根据应用的需要以特定的频率循环执行。周期任务具有严格的截止期，因为每一个周期任务实例必须在下一个实例发布前完成。否则任务实例将堆积起来。
- 非周期任务。非周期任务是单次执行的任务，是事件驱动的。例如，驾驶员可能在巡航系统工作时改变汽车巡航速度。为保持驾驶员设定的速度，系统周期性地从旋转的驱动轴、速度表线缆，车轮速度传感器，或汽车产生的内部电子速度脉冲中采集速度信号，然后根据需要通过电磁阀拉动油门线。当驾驶员人为地改变汽车速度，系统必须响应该变化，同时维持它常规的操作。非周期任务可能没有截止期，或者没有严格的截止期。
- 偶发任务。偶发任务也是事件驱动的。偶发任务实例到来的时刻是不可预知的，但其最小到达间隔时间是有约束的。与非周期任务不同，偶发任务具有严格的截止期。例如，当驾驶员发现前面有危险情况并踩下刹车，速度控制系统必须在很短的时间内响应该事件（紧急刹车）。

4.1.1 任务说明

实时系统中，任务可用以下与时间有关的参数进行说明：

- 发布时间。任务的发布时间指该任务准备好执行的时间。在发布时间点或之后，该任务可以在任意时刻被调度并执行。当一个更高优先级或同等优先级的任务正在占用处理器时，它可能不会立即执行。任务 T_i 的发布时间记为 r_i。
- 截止期。任务的截止期指该任务必须执行完成的时间点。T_i 的截止期记为 d_i。
- 相对截止期。任务的相对截止期指相对于发布时间的截止期。例如，一个任务在 t 时刻发布，而它的截止期是 t+200ms，则该任务的相对截止期是 200ms。T_i 的相对截止期记为 D_i。

- 执行时间。任务的执行时间指该任务单独执行并具备足够的资源执行完成该任务所需要的时间。任务的执行时间主要取决于任务的复杂度和处理器的速度。T_i 的执行时间记为 e_i。
- 响应时间。任务的响应时间指该任务被发布到执行完成所需要的时间。对于一个具有严格截止期的任务，最大允许响应时间就是任务的相对截止期。

图 4-1 给出了上述五个时间参数。任务的实时约束通常指它的发布时间和截止期。

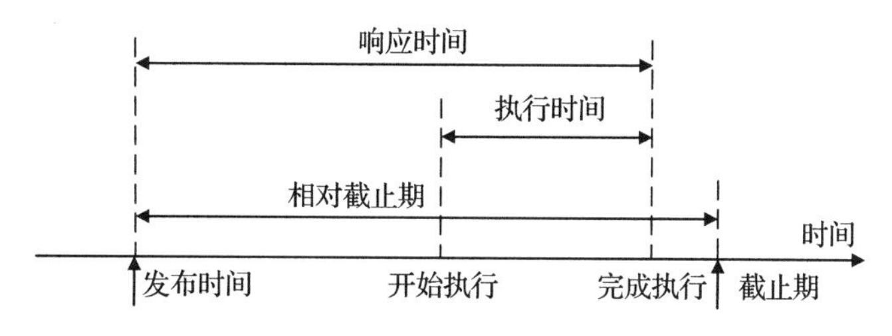

图 4-1　任务说明

除上述参数外，周期任务还有以下参数：

- 周期。周期任务的周期指该任务两个连续实例发布时间的间隔。本书中我们假设所有的间隔都是相等的。T_i 的周期记为 p_i。
- 相位。周期任务的相位指该任务实例首次发布的时间点。T_i 的相位记为 ϕ_i。
- 利用率。周期任务的利用率指该任务的执行时间与周期的比值，记为 u_i。$u_i = e_i / p_i$。

对于周期任务，任务执行时间、发布时间、截止期、相对截止期和响应时间均可描述该任务的一个实例。假设周期任务的所有实例具有相同的执行时间。我们可以将一个周期任务描述为：

$$T_i = (\phi_i, p_i, e_i, D_i)$$

例如，一个任务具有参数 (2,10,3,9) 表示该任务的第一个实例发布于时间点 2，后续的实例将在 12，22，32，…时刻发布。每个实例的执行时间是 3 个单位时间。当一个实例被发布，它必须在 9 个单位时间内执行完成。

如果该任务的相位为 0，则可将之描述为：

$$T_i = (p_i, e_i, D_i)$$

如果该任务的相对截止期与它的周期相同，则可以用两个参数描述该任务：

$$T_i = (p_i, e_i)$$

给定一个周期任务序列 $T_i(i = 1,2,\cdots,n)$，我们可以计算它们的超周期，记为 H。H 是 $p_i(i = 1,2,\cdots,n)$ 的最小公倍数（LCM）。计算 H 的一种方法是质因数分解。这个方法背后的原理是每个大于 1 的正整数只能以一种形式写为质数的乘积。质数是不可分解的，它们可以组合成一个合数。

例 4-1　周期任务的超周期计算

设一个系统有三个周期任务：

$$T_1 = (5,1), T_2 = (12,2), T_3 = (40,1)$$

数字5是一个质数，不能分解。数字12是一个合数，可以表示为

$$12 = 2 \cdot 6 = 2 \cdot 2 \cdot 3 = 2^2 \cdot 3$$

数字40也是一个合数，可以分解为

$$40 = 2 \cdot 20 = 2 \cdot 2 \cdot 10 = 2 \cdot 2 \cdot 2 \cdot 5 = 2^3 \cdot 5$$

5、12和40的最小公倍数是所有质数的最高幂的乘积，即

$$\begin{aligned} H &= \mathrm{LCM}(5,12,40) \\ &= 2^3 \cdot 3 \cdot 5 \\ &= 120 \end{aligned}$$

当我们计算一组周期性任务的时间表时，只需计算它们第一个超周期的时间表，然后对后续的超周期重复利用该时间表。

除了时间参数，任务还有函数参数，这些参数对于任务调度也很重要。

临界性。系统中任务的重要性并不相同。任务的相对优先级取决于任务本身的性质和受控过程当前的状态。任务的优先级表征了该任务相对于其他任务的重要性。

可抢占性。任务的执行是可以交替进行的。调度器可能会挂起一个正在执行的任务，并把处理器分配给一个更为紧急的任务。被挂起的任务在该紧急任务执行完成后恢复执行。这种打断任务执行的行为就称为抢占。任务是可抢占的意味着该任务可以从中断点恢复执行。换句话说，它不需要重新启动，例如CPU的计算任务。一个不可抢占的任务从启动执行到完成的整个过程不能被中断。如果它们在执行过程中被中断，必须从一开始再次执行。

任务可以被部分抢占。例如，若任务的一部分独占地访问共享资源，则临界区是不可抢占的，但任务的其余部分是可抢占的。

4.1.2　任务状态

实时系统中，任务总处于以下三种状态中的一个：

- 运行。任务正在被执行时就处于运行态，此时任务正在使用处理器。在单处理器系统中，任一时刻只有一个任务处于运行态。
- 就绪。任务在就绪态意味着该任务可以执行，但由于其他具有相同优先级或更高优先级的任务正在运行态中，因而仍未真正执行。就绪态的任务具备除了处理器外的所有需要的资源，只要就绪态任务成为所有任务中优先级最高的且处理器被释放，就可以运行。处于就绪态的任务可以是任意多个。
- 阻塞。任务处于阻塞态意味着它正在等待某个时间事件或外部事件。例如，如果任务调用taskDelay()，它会将自己阻塞直到延迟时间结束（定时器溢出就是一个时间事件）。一个处理用户输入的任务只有在用户输入某种信息（一种外部事件）时才会执行。当任务等待RTOS内核对象事件时也可进入阻塞态。任务处于阻塞态时不参与调度。处于阻塞态的任务个数也不限。

一个新任务创建后会被放入就绪态队列。该任务是否会立即执行依赖于它的优先级和处于就绪态的其他任务的优先级。所有这种状态的任务竞争CPU。当具有最高优先级

的任务被分派到处理器中运行时，它的状态转换到运行态。

如果该任务是可抢占的，且调度器是基于优先级抢占的，处于运行态的任务可能会被具有更高优先级的任务抢占。当它被抢占时，RTOS 内核将其放入就绪态队列。处于运行态的任务也可能由于一些原因进入阻塞态。这里先讨论由于阻塞引起的优先级反转。设有两个任务 A 和 B 共享一段独占式公共内存。任务 A 的优先级高于 B。当 B 运行并访问共享内存时，A 被发布并抢占了 B。当 A 开始运行并访问共享内存时被阻塞，因为共享内存不可用。这样处于就绪态的 B 开始运行。这种情形就是低优先级的任务在运行而高优先级的任务在等待。

任务被阻塞的原因是执行该任务的除处理器之外的条件（例如延迟的时间和所需的资源）未得到满足。当所有条件满足后，该任务会进入就绪态。在优先级反转的示例中，当任务 B 不再访问共享内存时，它会通知 RTOS 内核。任务 A 会立即抢占 B 并恢复执行。

图 4-2 描述了任务状态的转换。值得注意的是有些 RTOS 定义了更多的任务状态。例如 T-Kernel RTOS 定义了五种任务状态：运行、就绪、等待、挂起和等待 – 挂起。除了运行和就绪状态，VxWorks 中的任务还具有未定、挂起、延迟，或这些状态的组合。

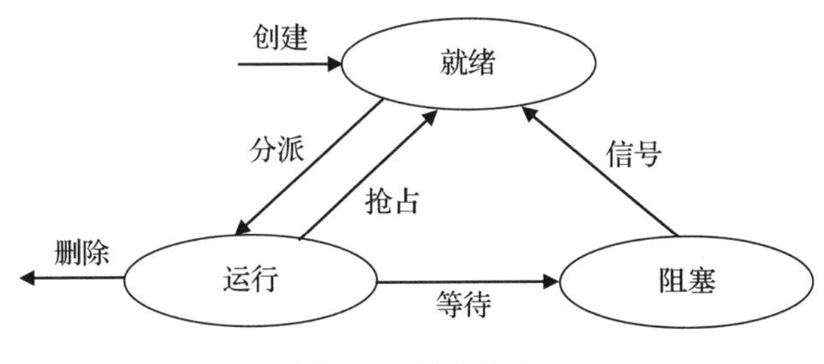

图 4-2 任务状态

4.1.3 优先约束

在实时应用中，任务除了具有时间约束外，可能还有优先约束。优先约束指两个或两个以上任务的执行次序，它反映了任务之间的数据和 / 或控制依赖性。例如，在实时控制系统中控制律计算任务必须等待传感器数据读取任务的结果。所以在控制循环中，传感器数据读取任务必须先于控制律计算任务执行。

如果任务 A 是任务 B 的直接前驱，可以使用 A < B 来表示它们的优先关系。为更直观地理解，可以使用任务图来表示一组任务中的优先约束。图中的节点表示任务，从节点 A 到节点 B 的有向边表示任务 A 是任务 B 的直接前驱。

例 4-2 优先图

如图 4-3 所示，有 7 个任务，它们之间的优先关系如下：

$$T_1 < T_3, T_2 < T_3, T_3 < T_6, T_4 < T_5, T_5 < T_6, T_6 < T_7$$

4.1.4 任务分配与调度

当确定了所有任务的时间参数和功能参数后，这些任务可以分配到不同的处理器，并在这些处理器上调度运行。多处理器上的分配和调度是NP完全问题，通常采用启发式方法解决。多处理器的任务调度设计通常需要两个步骤：首先将任务分配到单个处理器，然后对安排到每个处理器上的任务进行单个处理器的调度。如果一个或多个的调度方法不可行，则需要重新分配任务或采用其他调度算法。当然对于具体的问题，也可能找不到可用的分配或调度方法。值得注意的是本章中介绍的调度方法都是针对单个处理器的。任务分配技术将在本章的后半部分介绍。

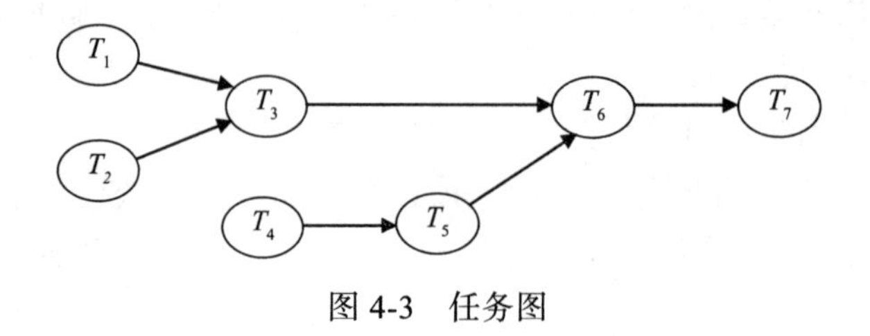

图4-3　任务图

每个任务都在自己的上下文中运行，在任意时刻，只有一个任务可以在处理器上执行。调度就是将任务分配给可用的处理器。RTOS的调度器就是实现分配（调度）算法的模型。

调度有效指所有优先级和资源使用的约束条件均满足，且没有任务欠调度（分配给任务的时间不足以完成执行）或过度调度（分配给任务的时间超过了执行所需的时间）。

调度可行指所有被调度的任务都可在截止期前完成。如果系统存在一种可行的时间表则称该系统（一系列任务）是可调度的。实时调度工作的重点就是寻找可行的时间表。

设一组任务存在可行的时间表，如果调度算法总能找到可行的时间表，则称该算法是最优的。

可调度的利用率（SU）用来描述调度算法的性能。SU是算法可调度的所有任务的最大总利用率。SU越高表明调度算法性能越好。

时间表在系统投入运行前就可计算得到，也能在运行过程中动态获得。

4.2　时钟驱动调度

在时钟驱动调度中，调度决策在特定的时间点进行，这些时刻通常在系统开始执行前就已经确定。这种方法经常用于确定性系统，其任务具有严格的截止期，且所有的任务参数在系统运行过程中不会改变。时钟驱动调度可以离线计算并存储以供运行时使用，大大节省了实时调度的开销。

对于给定参数的一组周期性任务，只要可行的时间表是存在的，利用基于时钟驱动的方法可以容易地获得可行的时间表。大多数情况下，设计人员利用该方法可以获得多种可行的时间表，这使得用户可以根据某种准则选择最好的方案。

例4-3　时钟驱动调度

图4-4给出了具有如下三个周期任务的系统的两种可行调度方案：

$$T_1 = (4,1),\ \ T_2 = (6,1),\ \ T_3 = (12,2)$$

时间表从 0 到 12 时刻，即系统的第一个超周期。在这段时间内，T_1 有三个实例，T_2 有两个实例，T_3 有一个实例。下面来分析第一个时间表为什么是可行的。

首先考虑 T_1。在 0 时刻，T_1 的第一个实例发布，该实例的截止期为时刻 4。它在 0 时刻开始执行并在 1 时刻结束，所以它的截止期是满足的。

在 4 时刻，T_1 的第二个实例发布，该实例的截止期为时刻 8。它在 4 时刻开始执行并在 5 时刻结束，也满足截止期要求。

在 8 时刻，T_1 的第三个实例发布，该实例的截止期为时刻 12。它在 8 时刻开始执行并在 9 时刻结束，同样满足截止期要求。

现在来分析 T_2。T_2 的第一个实例也在 0 时刻发布，该实例的截止期为时刻 6。它在 1 时刻开始执行并在 2 时刻结束，满足截止期要求。

在 6 时刻，T_2 的第二个实例发布，该实例的截止期为时刻 12。它在 6 时刻开始执行并在 7 时刻结束，满足截止期要求。

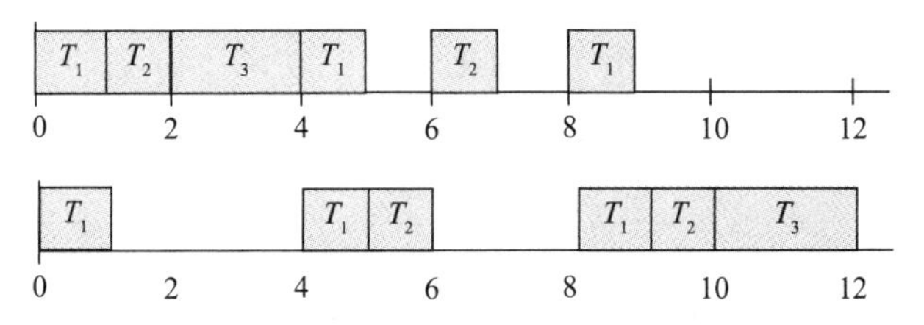

图 4-4　两种可行的时间表，其中 T_1=(4,1)，T_2=(6,1)，T_3=(12,2)

T_3 的唯一实例发布于 0 时刻，该实例的截止期为时刻 12。它在 2 时刻开始执行并在 4 时刻结束，满足截止期要求。

因此在系统的第一个超周期，所有发布的任务实例均满足截止期要求，因此该时间表是可行的。

通过同样的分析可知第二种时间表也是可行的。实际上，通过稍微调整任务执行的时间槽可以获得其他可行的时间表。重要的是必须考虑时间周期内所有的实例并保证它们能够满足截止期。

你也许疑惑为什么只画出了 0 到 12 时刻之间的时间表，这是因为这三个任务的超周期就是 12。在时钟驱动调度中，一组任务的超周期也称为它们的主循环。可以证明无论每个任务的相位如何，它们的主循环总是它们的 LCM。

我们可以使用调度表给出时间表中的所有调度决策。例如，表 4-1 就是图 4-4 中第一个时间表的调度表。表中有 6 个任务实例。基于该表格，可设计一个调度器，其伪代码见图 4-5，其中 $N=6$。

表 4-1　图 4-4 中第一个时间表的调度表

条目 k	时刻 t_k	任务 $T(t_k)$	条目 k	时刻 t_k	任务 $T(t_k)$
0	0	T_1	3	4	T_1
1	1	T_2	4	6	T_2
2	2	T_3	5	8	T_1

```
Input: Stored scheduling table (t_k, T(t_k)) for k = 0, 1, ..., N -1.
Task SCHEDULER:
        i := 0;  //decision point
        k := 0;
        set timer to expire at t_k;
        loop FOREVER
                accept timer interrupt;
                currentTask := T(t_k);
                i++;
                k := i mod N;
                set timer to expire at floor(i/N)H+ t_k;
                execute currentTask;
                sleep;
        end loop
end SCHEDULER
```

图 4-5　时钟驱动调度器

4.2.1　结构化时钟驱动调度

尽管例 4-3 中给出的时间表是可行的，但调度决策点是随机分散的。换句话说，选择执行新任务的时间点没有规律。结构化时钟驱动调度方法的思想就是调度决策周期性进行，而不是随意进行。这样决策时间可以利用定时器有固定时长的周期性的溢出信号来获得。

1. 帧

在结构化调度中，调度决策时间将时间线分割成若干间隔，这些间隔称为帧。每个帧的长度为 f，称为帧长。由于调度决策只发生在一帧的开始，因此帧内没有抢占的发生。为简化调度结构，每个周期任务的相位都是帧长的非负整数倍，即周期任务的第一个实例总是在某个帧的开始时刻被发布。

再次需要强调的是帧的内部没有抢占（除非这个调度是非结构化的）。由于抢占涉及上下文切换，因此应尽力避免抢占的发生。故帧长应尽可能大以允许各个任务在该帧内完成执行。假设系统内具有 n 个周期任务，上述约束可以描述为：

$$f \geqslant \max\{e_i, i=1,2,\cdots,n\} \tag{4-1}$$

为节省存储空间，调度表中条目数量应尽可能少，故所选择的帧长应能整除主循环时间。否则，由于每一个主循环内的时间表并不相同，只存放一个主循环内的时间表是不够的，因此需要一个很大的调度表。上述约束可以描述为：

$$H \bmod f = 0 \tag{4-2}$$

由于 H 是所有任务周期的倍数。如果 H 可以被 f 整除，f 至少可以整除系统中一个任务的周期，即

$$p_i \bmod f = 0, \exists i \in \{1,2,\cdots,n\}$$

上述约束条件十分重要，因为对于嵌入式系统而言存储空间是有限的。

选取的帧长还需要确保每个任务的实例均可满足其截止期。这个约束条件意味着一个任务实例的到来与其截止期之间的时间间隔至少为一个完整的帧。因为如果一个任务实例迟于帧的开始时刻到来，它将不会被调度，直到下一个帧来临。帧长可延长到任务

的执行时间，这可能导致该实例错过截止期。图 4-6 说明了这种情形。

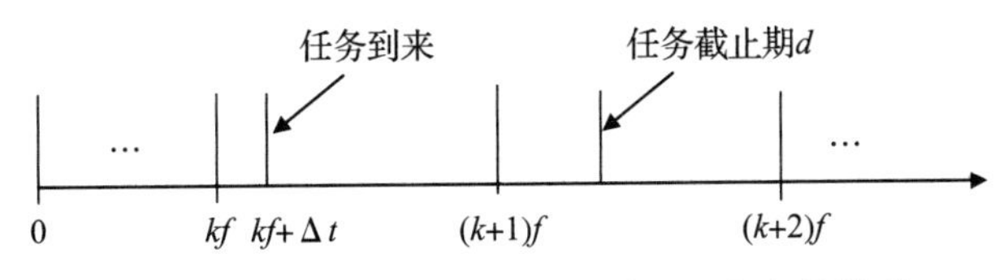

图 4-6 任务实例在帧起始时刻之后发布的情形

图 4-6 中，任务的实例在 $kf+\Delta t$（其中 $\Delta t<f$）时刻到来，该实例的截止期 d 位于 $(k+1)f$ 和 $(k+2)f$ 之间。该任务实例将最早在 $(k+1)f$ 时刻，也就是下一个帧的起始时刻被调度并执行。截止期到来前，它只能执行 $d-(k+1)f$ 个时间单位，这段时间小于帧的大小。如果执行时间接近于或等于帧长，则该任务实例将不能在截止期到来前完成运行。

在任务实例的到来和它的截止期之间的时间间隔必须是一个完整的帧，这个约束条件可描述为：

$$d_i-(kf+\Delta t)\geqslant f+(f-\Delta t)$$

因为

$$d_i-(kf+\Delta t)=D_i$$

故有

$$2f-\Delta t\leqslant D_i$$

由于任务的第一个实例在帧的开始时刻发布，Δt 的最小值就是 p_i 和 f 的最大公约数（GCD）。而 Δt 的最小值对应的是最坏的情况，也就是任务的实例错过截止期的机会最大。因此第三个约束条件可以写作

$$2f-\mathrm{GCD}(p_i,f)\leqslant D_i, i=1,2,\cdots,n \tag{4-3}$$

例 4-4 循环调度

考虑系统有三个周期任务：

$$T_1=(4,1),T_2=(5,1),T_3=(10,2)$$

现欲为该系统设计一个循环调度器。首先，选择一个合适的帧长。

根据第一个约束条件，有 $f\geqslant 2$。

三个任务的主循环周期 $H=20$。根据第二个约束条件，f 应整除 20，因而可能的帧长为 2、4、5 和 10。这里无须考虑 1，因为它和第一个约束条件冲突。

对每一个任务，现在利用第三个约束条件 $2f-\mathrm{GCD}(p_i,f)\leqslant D_i$ 测试 2、4、5 和 10 是否就是要求的帧长。首先设 f=2。对于 $T_1=(4,1)$，

$$2f-\mathrm{GCD}(p_1,f)=2*2-\mathrm{GCD}(4,2)=4-2=2$$

其中 $D_1=4$。由此可得任务 T_1 满足约束条件。

对于 $T_2=(5,1)$，

$$2f - \mathrm{GCD}(p_2, f) = 2*2 - \mathrm{GCD}(5,2) = 4 - 1 = 3$$

其中$D_2 = 5$。由此可得任务T_2满足约束条件。

对于$T_3 = (10,2)$，

$$2f - \mathrm{GCD}(p_3, f) = 2*2 - \mathrm{GCD}(10,2) = 4 - 2 = 2$$

其中$D_3 = 10$。由此可得任务T_3满足约束条件。

因此当$f = 2$时，所有任务都满足第三个约束条件，因此帧长的一个选择是 2。

现在检验$f = 4$。对于$T_1 = (4,1)$，

$$2f - \mathrm{GCD}(p_1, f) = 2*4 - \mathrm{GCD}(4,4) = 8 - 4 = 4$$

其中$D_1 = 4$。由此可得任务T_1满足约束条件。

对于$T_2 = (5,1)$，

$$2f - \mathrm{GCD}(p_2, f) = 2*4 - \mathrm{GCD}(5,4) = 8 - 1 = 7$$

其中$D_2 = 5$。由此可得任务T_2不满足此不等式，因此无须再继续验证T_3。

考虑$f = 5$。对于$T_1 = (4,1)$，

$$2f - \mathrm{GCD}(p_1, f) = 2*5 - \mathrm{GCD}(4,5) = 10 - 1 = 9$$

其中$D_1 = 4$。由此可得任务T_1不满足此不等式。

考虑$f = 10$。对于$T_1 = (4,1)$，

$$2f - \mathrm{GCD}(p_1, f) = 2*10 - \mathrm{GCD}(4,10) = 20 - 2 = 18$$

其中$D_1 = 4$。由此可得任务T_1不满足此不等式。

综上，循环调度的可行帧长只有 2。图 4-7 为帧长为 2 的一种可行时间表。

该循环调度器的时间表中条目数量和主循环中帧的数量相等，每个条目给出了时间表及在帧内调度执行的任务名称。表 4-2 中给出了图 4-7 中时间表的调度表。条目 7 为I，表示空闲任务。

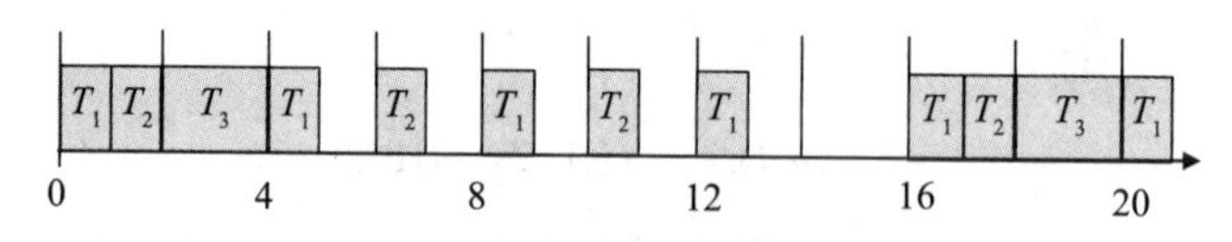

图 4-7　帧长为 2 的循环时间表

表 4-2　图 4-7 中时间表的调度表

条目 k	调度块 $L(k)$	条目 k	调度块 $L(k)$
0	T_1, T_2	5	T_2
1	T_3	6	T_1
2	T_1	7	I
3	T_2	8	T_1, T_2
4	T_1	9	T_3

在如图 4-8 所示的循环调度器中，一帧内的时间表称为一个调度块。调度表中的每一个条目就是一个调度块。记第 k 个调度块为 $L(k)$, $k=0,1,2,\cdots,F-1$，其中 F 为一个主循环中帧的数量。每隔 f 个单位时间产生一次周期性的时钟中断。

```
Input: Stored scheduling table L(k) for k= 0, 1, …, F - 1.
Task CYCLIC_SCHEDULER:
        t := 0;  //current time
        k := 0;  //frame number
        loop FOREVER
                accept clock interrupt;
                current Block := L(k);
                t++;
                k := t mod F;
                execute currentTask;
                sleep until the next clock interrupt;
        end loop
end CYCLIC_SCHEDULER
```

图 4-8　循环调度器

2. 任务拆分

对于一组周期任务而言，可能无法找到满足所有三个约束条件的可行帧长，这通常是由于一个或多个任务的执行时间较大引起的。此时，第一个约束条件可能和第三个约束条件存在冲突，解决此问题的一种方法是将一个或多个大任务（指执行时间较长的任务）分成若干个小的任务。以下用一个例子来说明这种思路。

例 4-5　任务拆分

给定三个周期任务：

$$T_1=(4,1),T_2=(5,1),T_3=(10,3)$$

现欲给循环调度器寻找一个可行的帧长。第一个约束条件要求 $f\geqslant 3$。第二个约束条件将帧长约束为 4、5 或 10。注意第三个任务与例 4-4 中的任务类似，两者之间唯一的区别是 T_3 的执行时间由 2 变为 3 个单位时间。从例 4-4 中的分析可知 4、5 或 10 都不是可行的帧长。因此无法找到满足三个约束条件的帧长，理由如前所述：存在一个大任务 T_3。

假设 T_3 是可以抢占的，我们将 T_3 拆分成两个小任务：

$$T_{31}=(10,2),T_{32}=(10,1)$$

现在问题转化成针对如下四个任务开发一个循环调度器：

$$T_1=(4,1),T_2=(5,1),T_{31}=(10,2),T_{32}=(10,1)$$

容易推断得：存在一个可行的帧长 2。

当然，我们也可以将 T_3 拆分成三个更小的任务：

$$T_{31}=(10,1),T_{32}=(10,1),T_{33}=(10,1)$$

这将导致更频繁的抢占。由于抢占涉及上下文切换，抢占的发生概率应最小化，因此将 T_3 拆分成两个具有相同周期的小任务是一种更好的处理方法。

4.2.2　调度非周期任务

非周期任务通常用于处理外部事件，没有严格的截止期。然而为降低延迟及提高系统性能，总是希望能够尽快处理非周期任务。

非周期任务通常安排在周期性任务的后台调度执行，因此非周期任务在处理器的空闲时段运行。例如，图 4-7 中所示的时间表中，时间间隔 [5,6]、[7,8]、[9,10] 和 [13,16] 是空闲的。这些空闲的时间间隔称为松弛时间。它们可以用来执行准备好的非周期任务。

回顾周期任务的实例，我们需要保证它们满足各自的截止期，但提前完成运行并没有任何益处。所以在可以满足截止期要求的情况下，可以尝试尽可能地延迟周期任务实例的执行。这样非周期任务可以尽早执行，这种技术称为松弛偷窃。

例 4-6　松弛偷窃

图 4-9a 拷贝自例 4-4 中的时间表，图 4-9b 给出了两个非周期任务的到来情况。第一个在时刻 2 到达，执行时间为 1.5 个单位时间。第二个在时刻 7 到达，执行时间为 0.5 个单位时间。若我们将它们调度为图 4-9a 时间表的后台，第一个任务将在时刻 10 完成，而第二个任务将在时刻 12 完成，如图 4-9c 所示。然而，如果我们将 T_2 的第二个实例的执行移至时间间隔 [9,10]，并将 T_2 的第三个实例移至 [11,12] 执行，第一个非周期任务可在时刻 8 完成而第二个非周期任务可以在时刻 11 完成，如图 4-9d 所示。

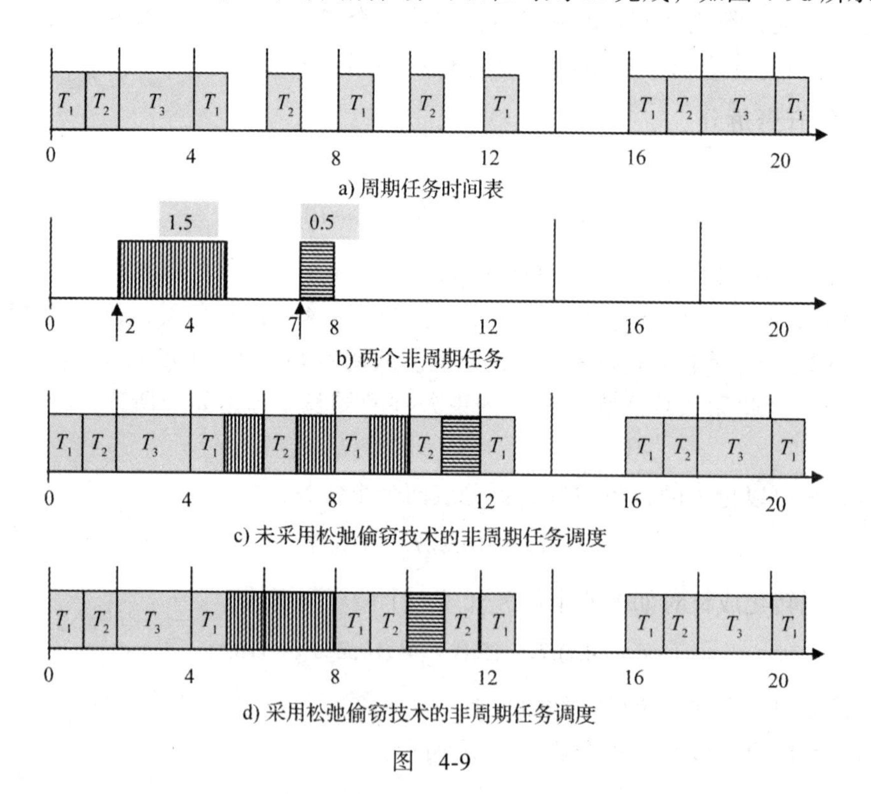

图　4-9

4.2.3　调度偶发任务

偶发任务具有严格的截止期，但它们的参数（发布时间、执行时间和截止期）是事先未知的，因此调度器无法保障它们满足各自的截止期要求。常用的方法是：当一个已知截止期的偶发任务发布时，在所有周期任务和其他的偶发任务已经调度完的前提下，调度器将测试是否可以调度该任务以满足其截止期要求。如果新发布的偶发任务可以通过测试，它将会被调度执行。否则调度器会拒绝该任务并通知系统进行必要的恢复动作。

例 4-7 调度偶发任务

图 4-10 给出了周期任务时间表中的两个主循环。调度器的帧长为 4，主循环长度为 20。三个偶发任务发布于第一个主循环。下面测试这些任务是否可调度。

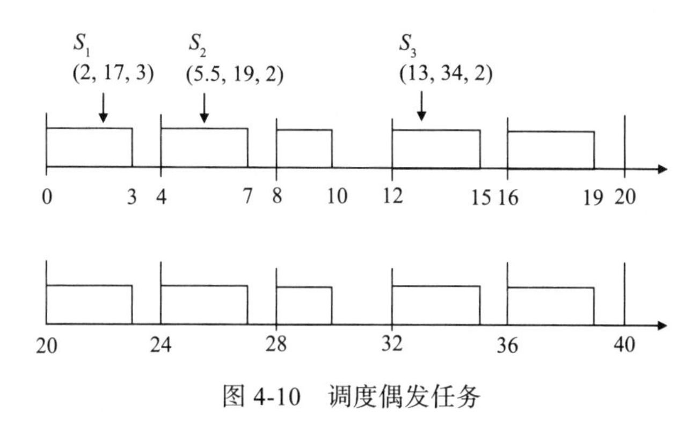

图 4-10 调度偶发任务

在时刻 2，第一个偶发任务 S_1 发布，其截止期为 17，执行时间为 3。验收测试在下一帧来临时（即时刻 4）进行。在时刻 17 前，共有 4 个单位时间的松弛时间，比该任务的执行时间长。因此，S_1 通过了验收测试。S_1 的一个单位将在下一个帧到来时（即时刻 4）执行。

在时刻 5.5，第二个偶发任务 S_2 发布，其截止期为 19，执行时间为 2。验收测试在下一帧开始时刻 8 进行。从时刻 8 到 19 共有 3 个单位时间的松弛时间，大于 S_2 的执行时间。然而，S_1 还没有执行，还需要 2 个单位时间才能结束。此外，S_1 的截止期早于 S_2，因此优先安排 S_1。当保留 2 个单位时间给 S_1 执行后，在 S_2 的截止期前只有 1 个单位时间可以使用，这比 S_2 的执行时间短。因此，调度器会拒绝 S_2。S_1 在从时刻 8 开始的帧内完成执行。

在时刻 13，第三个偶发任务 S_3 发布，其截止期为 34，执行时间为 2。验收测试在时刻 16 进行。在时刻 16 到 34 之间，有 5 个单位时间的松弛时间，比该任务的执行时间大。同时，没有等待执行的其他偶发任务。因此 S_3 通过了验收测试。S_3 的一个单位在从时刻 14 开始的帧内执行，第二个单位在从时刻 20 开始的帧内执行。

综上，当周期、非周期和偶发任务同时存在时，循环调度器将所有的非周期任务放入一个队列，而所有的偶发任务放入另一个队列。偶发任务的队列是一个优先级队列。截止期最早的任务放在队列的最前端。当然，只有通过验收测试的偶发任务才可以进入队列。周期任务将会朝着只要满足其截止期即可的方向被调度，这样可以让非周期任务占用松弛时间并可以尽早完成执行。图 4-11 给出了所有三种任务的调度示意图。

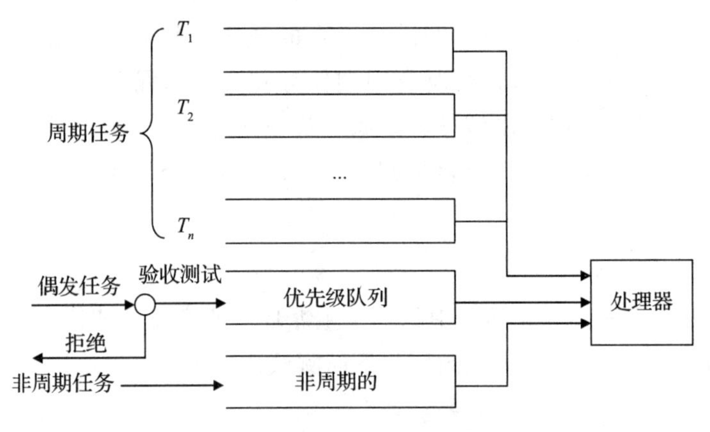

图 4-11　调度周期、非周期和偶发任务

4.3 轮询方法

轮询方法是一种分时调度算法。在轮询调度中，任务按照循环顺序占用时间片，没有优先级。所有就绪态的任务被存储于一个 FIFS（先进先服务）的队列中。任意时刻，位于队列最前面的任务被分派执行。如果在指定的时间片内，该任务没有执行完毕，则将会排列到 FIFS 队列的尾部以等待第二次机会。通常，时间片的长度很短，这样每个任务就绪后似乎立即就开始执行了。由于一个任务每次只执行了一部分，所有的任务似乎都是可抢占的，上下文切换也频繁地出现在这种调度方法中。

轮询调度算法很容易实现，所有的任务都可以公平地使用处理器。该方法最主要的缺点是所有任务都被推迟完成，可能导致任务错过截止期。对于具有严格截止期的任务来说，它并不是一个好方法。

轮询方法的一种改进版本称为加权轮询法。不同于给所有的就绪态任务分配相同的处理器时间，在加权轮询法中，不同的任务具有不同的权重和不同的处理器时间。通过调整权重，可以加快或减缓任务的完成。

4.4 基于优先级的调度算法

不同于时钟驱动的调度算法在离线设定的时间点进行调度，基于优先级的调度算法在一个新任务（实例）发布或完成时进行调度决策。这是一种在线调度方法，在运行过程中进行决策。每个任务都被分配了优先级。在系统运行时，优先级的分配可以是静态的或动态的。静态分配优先级的调度算法就称为静态优先级算法或固定优先级算法，而动态分配优先级的算法就称为动态优先级算法。

基于优先级的调度也易于实现，无须事先知道任务的发布时间和执行时间。对于在线调度器而言，只有在任务发布后，其参数才是已知的。对于工作负载不可预测的系统来说，在线调度器是唯一选择。

在本节中，如不加特殊说明，则假设：

1）所研究的系统中只有周期任务。

2）每个任务的相对截止期都等于该任务的周期。

3）任务都是独立的，没有优先级约束。

4）任务都是可抢占的，且上下文切换的开销可以忽略不计。

5）只考虑处理的要求，忽略内存、I/O 及其他资源的要求。

4.4.1 固定优先级算法

固定优先级算法的代表是单调速率（RM）算法。该算法根据任务的周期分配优先级。对于两个任务 $T_i=(p_i,e_i)$ 和 $T_j=(p_j,e_j)$，若 $p_i<p_j$，则 T_i 的优先级高于 T_j。

基于 RM 算法调度周期任务相对容易：当一个新的任务实例发布时，如果处理器空闲，它会执行该任务；若处理器正在执行其他任务，调度器将比较两者的优先级。如果新任务的优先级高，那么它会抢占正在执行的任务并在处理器中执行。被抢占的任务会进行就绪任务的队列。

例 4-8　RM 调度

图 4-12 给出了三个周期任务基于 RM 调度的时间表，其中

$$T_1=(4,1),T_2=(5,1),T_3=(10,3)$$

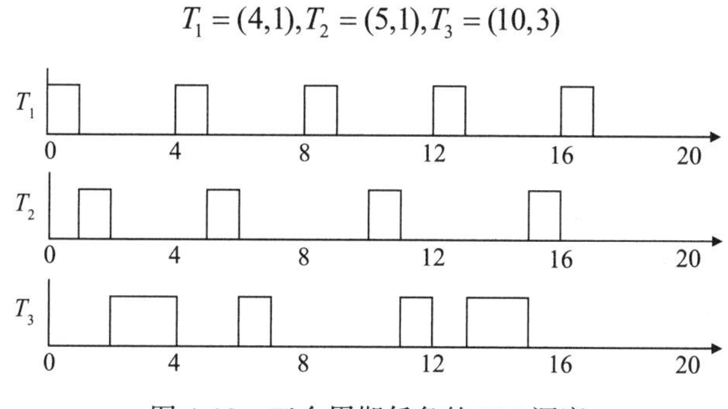

图 4-12　三个周期任务的 RM 调度

由于 $p_1<p_2<p_3$，T_1 的优先级最高而 T_3 的优先级最低。只要 T_1 的实例发布，它将抢占任何一个正在处理器中运行的任务，并得以立即执行。T_2 的实例运行于 T_1 的后台。而任务 T_3 只有在 T_1 和 T_2 结束后才能运行。

现在让我们来研究时间表，看是否有任务实例错过了截止期。T_1 并不需要检查，因为只要它的实例发布就立即在处理器中执行了。对于 T_2，第一个主循环中有四个实例发布，它们都在截止期到来前执行完成了。对于 T_3，第一个实例完成于 7 时刻，早于截止期 10 时刻。第二个实例发布于 10 时刻，完成于 15 时刻，也早于截止期 20 时刻。因此，这三个周期任务可以用 RM 调度。

例 4-9　使用 RM 调度，任务错过截止期

图 4-13 给出了调度以下三个周期任务的情形。

$$T_1=(4,1),T_2=(5,2),T_3(10,3.1)$$

根据 RM 算法，T_3 的第一个实例错过了截止期，它还需要 0.1 个时间单位才能在截止期 10 时刻到来前完成执行。

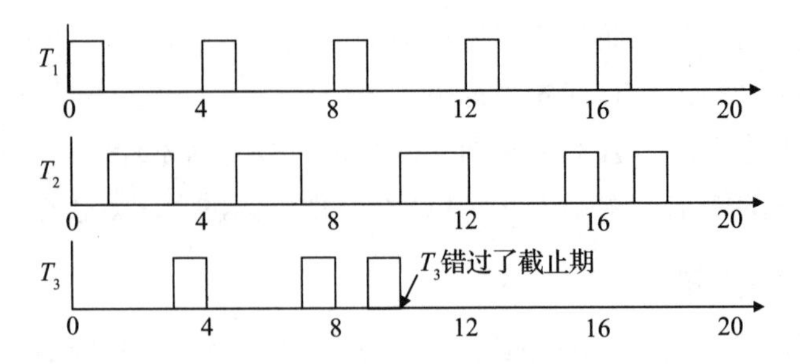

图 4-13 采用 RM 调度，任务错过截止期的例子

1. 基于时间需求分析的可调度性测试

在上节的两个例子中，RM 调度算法在第一个例子中找到了可行的时间表，但在第二个例子中没有找到。这就引出了这样一个问题：怎么测试一个系统是否能被 RM 算法调度呢?

首先来看一个简单的测试：

如果一组周期任务的总利用率不大于

$$U_{\mathrm{RM}}(n)=n(2^{1/n}-1)$$

其中 n 为任务个数，则 RM 算法可以调度所有任务使得它们满足截止期要求。

注意这只是一个充分条件，并不是必要条件。也就是说即使一组任务的总利用率大于 $n(2^{\frac{1}{n}}-1)$，它们也可能可以用 RM 算法调度。

由 $n=3$ 可得，$U_{\mathrm{RM}}(3)=0.78$。例 4-8 中总利用率为 0.75。因为 0.75<0.78，因此正如在图 4-12 中所证明的那样这三个任务是可调度的。而在例 4-9 中，总利用率为 0.96。因为 0.96>0.78，因此无法根据上述判据得出可调度的结论。从上述例子中，可得出结论 RM 算法不是最优的，因为如前所述最优算法的 SU 为 1。

现在我们介绍一种更精确的判断系统是否可用 RM 算法调度的方法。这种方法称为时间需求分析法（TDA）。TDA 测试发生在关键时刻（critical instant）。任务 T_i 的关键时刻指：

- 如果 T_i 所有实例的响应时间等于或小于其相对截止期 D_i，则发布于该时刻的 T_i 实例在所有的 T_i 实例中具有最大响应时间；
- 如果 T_i 部分实例的响应时间大于 D_i，则发布于该时刻的 T_i 实例的响应时间大于 D_i。

简单地说，关键时刻就是任务实例发布时间最差组合的时刻。在这个时刻，若任务的一个实例发布，其他具有高优先级的任务也在同一时间发布了实例，在这种情况下低优先级任务的实例执行前的时延是最长的。显然，如果系统中所有任务的相位为 0，那么 0 时刻就是所有任务的紧急时刻。如果任务在紧急时刻都可以满足其截止期要求，那么该任务可以被 RM 算法调度。

下面我们用一个简单的例子来说明如何使用 TDA 测试可调度性。考虑有三个周期性任务 T_1，T_2 和 T_3，其中 T_1 的优先级最高而 T_3 的优先级最低。当 T_1 的一个实例发布时，调度器将中断其他任务并立即调度执行该任务实例。因此，只有 T_1 的利用率不大于 1，它是可调度的。

考虑 T_2 的实例发布于时刻 0。如果该实例在时间间隔 $[0, p_2]$ 内具备足够的时间，那么它可以在相对截止期 p_2 到来前完成执行。假设该实例在时刻 t 完成，而在时间间隔 $[0,t]$ 内 T_1 发布了 $\left\lceil \frac{t}{p_1} \right\rceil$ 个实例。为了在 t 时刻前完成 T_2 的实例运行，所有 T_1 的实例也必须完成，此外还必须有 e_2 个单位处理器时间供 T_2 的实例执行。因此，总执行时间，或处理器时间的需求为

$$\left\lceil \frac{t}{p_1} \right\rceil e_1 + e_2$$

类似地，为了在 t 时刻前完成 T_3 的第一个实例，所有在时间间隔 $[0,t]$ 内发布的 T_1 和 T_2 的实例必须执行完毕，此外还须有 e_3 个单位的处理器时间供 T_3 实例执行。因此，处理器时间的需求为：

$$\left\lceil \frac{t}{p_1} \right\rceil e_1 + \left\lceil \frac{t}{p_2} \right\rceil e_2 + e_3$$

对于一个具有 n 个任务的通用系统，其中 $p_i < p_j (j > i)$，为在 t 时刻完成任务 T_i 所需要的处理器时间为：

$$w_i(t) = \sum_{j=1}^{i-1} \left\lceil \frac{t}{p_j} \right\rceil e_j + e_i \qquad (4\text{-}4)$$

令 $w_i(t)$ 为 T_i 的时间需求函数，t 为所能提供的处理器时间。T_i 可以在 t 时刻满足截止期的充分条件是能提供的处理器时间大于或等于任务所需要的时间，即

$$w_i(t) \leqslant t, t \in [0, p_i] \qquad (4\text{-}5)$$

注意 $w_i(t)$ 会在一个具有更高优先级的任务实例发布时发生跳变。因此，对某个 t，检测是否满足不等式（4-5），其中 t 是 $p_1, p_2, \ldots$ 或 p_{i-1} 的倍数（$0 \leqslant t \leqslant p_i$）或 p_i。T_i 可调度当且仅当这样的 t 存在。否则，T_i 不可调度。如果所有任务均通过测试，则系统可以由 RM 算法调度。

例 4-10 可调度性测试

考虑以下四个周期任务：

$$T_1 = (3,1), T_2 = (4,1), T_3 = (6,1), T_4 = (12,1)$$

现利用 TDA 测试它们的可调度性。

由于 $u_1 = 0.33 < 1$，任务 T_1 是可调度的。

为测试 T_2，首先列出 T_1 在 [0,4] 之间发布实例的时刻，即 0 和 3。若它们都不满足不等式（4-5），我们需要进一步测试时刻 4，即 T_2 第一个实例的截止期。0 显然不满足不等式（4-5），故无须测试。在时刻 3，

$$\left\lceil \frac{t}{p_1} \right\rceil e_1 + e_2 = \left\lceil \frac{3}{3} \right\rceil 1 + 1 = 2$$

满足不等式（4-5），故 T_2 是可调度的。

在时间 [0,6] 内，T_1 和 T_2 实例的发布时刻为 0，3，4 和 6。在时刻 3，

$$\left\lceil \frac{t}{p_1} \right\rceil e_1 + \left\lceil \frac{t}{p_2} \right\rceil e_2 + e_3 = \left\lceil \frac{3}{3} \right\rceil 1 + \left\lceil \frac{3}{4} \right\rceil 1 + 1 = 3$$

满足不等式（4-5），故 T_3 是可调度的。

T_4 第一个实例的截止期是 12。在时间 [0,12] 内，T_1，T_2 和 T_3 实例的发布时刻为 0，3，4，6，8，9 和 12。在时刻 3，

$$\left\lceil \frac{t}{p_1} \right\rceil e_1 + \left\lceil \frac{t}{p_2} \right\rceil e_2 + \left\lceil \frac{t}{p_3} \right\rceil e_3 + e_4 + \left\lceil \frac{3}{3} \right\rceil 1 + \left\lceil \frac{3}{4} \right\rceil 1 + \left\lceil \frac{3}{6} \right\rceil 1 + 1 = 4 > 3$$

不满足不等式（4-5），因此必须用更大的时间点继续测试。在时刻 4，

$$\left\lceil \frac{t}{p_1} \right\rceil e_1 + \left\lceil \frac{t}{p_2} \right\rceil e_2 + \left\lceil \frac{t}{p_3} \right\rceil e_3 + e_4 = \left\lceil \frac{4}{3} \right\rceil 1 + \left\lceil \frac{4}{4} \right\rceil 1 + \left\lceil \frac{4}{6} \right\rceil 1 + 1 = 5 > 4$$

仍不满足（4-5）。在时刻 5，

$$\left\lceil \frac{t}{p_1} \right\rceil e_1 + \left\lceil \frac{t}{p_2} \right\rceil e_2 + \left\lceil \frac{t}{p_3} \right\rceil e_3 + e_4 = \left\lceil \frac{5}{3} \right\rceil 1 + \left\lceil \frac{5}{4} \right\rceil 1 + \left\lceil \frac{5}{6} \right\rceil 1 + 1 = 6 > 5$$

仍不满足（4-5）。在时刻 6，

$$\left\lceil \frac{t}{p_1} \right\rceil e_1 + \left\lceil \frac{t}{p_2} \right\rceil e_2 + \left\lceil \frac{t}{p_3} \right\rceil e_3 + e_4 = \left\lceil \frac{6}{3} \right\rceil 1 + \left\lceil \frac{6}{4} \right\rceil 1 + \left\lceil \frac{6}{6} \right\rceil 1 + 1 = 6$$

此时不等式满足，因此 T4 是可调度的。这意味着系统中所有的任务通过了可调度测试。

例 4-11　系统不能通过 TDA

例 4-9 中的三个周期任务

$$T_1 = (4,1), T_2 = (5,2), T_3 = (10,3.1)$$

无法由 RM 算法调度，现利用 TDA 进行证明。

对于任务 T_2，测试其可调度性的两个时间点为 4 和 5。在时刻 4，

$$\left\lceil \frac{t}{p_1} \right\rceil e_1 + e_2 = \left\lceil \frac{4}{4} \right\rceil 1 + 2 = 3 < 4$$

满足不等式（4-5），因此 T_2 是可调度的。

T_3 的可调度性可以在时间点 4，5，8 和 10 进行。在时刻 4，

$$\left\lceil \frac{t}{p_1} \right\rceil e_1 + \left\lceil \frac{t}{p_2} \right\rceil e_2 + e_3 = \left\lceil \frac{4}{4} \right\rceil 1 + \left\lceil \frac{4}{5} \right\rceil 2 + 3.1 = 6.1 > 4$$

不满足不等式（4-5），需在下一个时间点继续测试。在时刻 5，

$$\left\lceil\frac{t}{p_1}\right\rceil e_1+\left\lceil\frac{t}{p_2}\right\rceil e_2+e_3=\left\lceil\frac{5}{4}\right\rceil 1+\left\lceil\frac{5}{5}\right\rceil 2+3.1=7.1>5$$

不满足不等式（4-5），在时间点 8 继续测试：

$$\left\lceil\frac{t}{p_1}\right\rceil e_1+\left\lceil\frac{t}{p_2}\right\rceil e_2+e_3=\left\lceil\frac{8}{4}\right\rceil 1+\left\lceil\frac{8}{5}\right\rceil 2+3.1=9.1>8$$

仍然不能通过测试，在最后一个时间点 10 测试。在时刻 10，

$$\left\lceil\frac{t}{p_1}\right\rceil e_1+\left\lceil\frac{t}{p_2}\right\rceil e_2+e_3=\left\lceil\frac{10}{4}\right\rceil 1+\left\lceil\frac{10}{5}\right\rceil 2+3.1=10.1>10$$

不等式仍然不能满足。现已测试了所有的时间点，因此 T_3 是不可调度的。这个结论和例 4-9 给出的结论相一致。

若以时间 t 为横轴绘制 $w_i(t)$ 的曲线，可以发现 T_i 可调度的充分必要条件是在其相对截止期时刻 p_i 之前有 $w_i(t)$ 的部分曲线位于 $w_i(t)=t$ 这条直线上方，或者下方。图 4-14 给出了 T_1, T_2 和 T_3 的 $w_i(t)$ 曲线，其中虚线即为 $w_i(t)=t$。可以发现在截止期时刻 4 之前，部分 $w_1(t)$ 曲线落在虚线下方，在时刻 5 之前 $w_2(t)$ 曲线也有部分曲线落在虚线下方。然而在时间 [0,10] 之间，$w_3(t)$ 的曲线全部位于虚线上方。

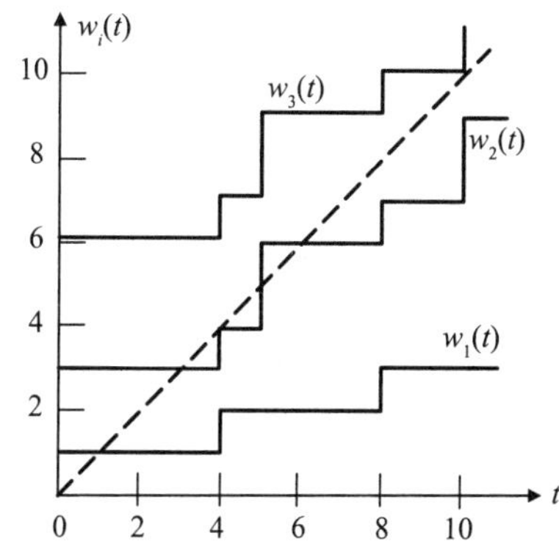

图 4-14　例 4-11 中任务的时间需求函数

2. 截止期单调算法

除 RM 算法外，另一个著名的固定优先级调度算法是截止期单调（DM）算法，即按照任务的相对截止期安排优先级。具有更短相对截止期的任务比相对截止期长的任务具有更高的优先级。例如，系统中有三个任务 $T_1=(50,50,25,100)$，$T_2=(0,62.5,10,20)$，$T_3=(0,125,25,50)$，则 T_2 具有最高优先级而 T_1 的优先级最低。如果系统中所有任务的相对截止期都等于它们的周期，RM 和 DM 会给出相同的时间表。

4.4.2　动态优先级算法

固定优先级调度算法给任务的所有实例分配固定的优先级，而动态优先级算法会给任务的不同实例分配不同的优先级。最早截止期优先（EDF）算法就是一种应用最广泛的动态优先级算法。

1. 最早截止期优先算法

采用 EDF 算法的调度器总是优先调度执行绝对截止期最早的任务。任务的优先级并不固定，而是在运行过程中根据与绝对截止期之间的时间差确定。

接下来，我们首先用三个单次任务来说明怎样在任务调度中应用 EDF 算法。然后利用 EDF 算法调度例 4-9 中的三个周期任务（它们在使用 RM 算法时无法调度）。

例 4-12　单次任务的 EDF 调度

考虑表 4-3 中给出的四个具有严格截止期的单次任务。假设它们是独立的、可抢占

的。在时刻 0，T_1 发布。因为它是系统中唯一的任务，它被调度执行。在时刻 1，T_2 发布，它的截止期是 4，早于 T_1 的截止期。因此，T_2 具有比 T_1 高的优先级。这样尽管 T_1 仍有一个单位没有执行完成，但它被 T_2 抢占。因此在时刻 1，T_2 执行了。由于它的执行时间是 1，所以在时刻 2 完成执行。这样 T_1 在时刻 2 恢复执行，并在时刻 3 完成执行。在时刻 3，T_3 发布，它的截止期是 10。此时，T_3 是就绪队列中唯一的任务，因此被调度执行。在时刻 5，T_4 发布，它的截止期是 8，早于 T_3 的截止期。这样 T_4 抢占 T_3，并执行。在时刻 7，T_4 完成，T_3 恢复执行。T_3 在时刻 8 执行完成。图 4-15 给出了上述时间表。

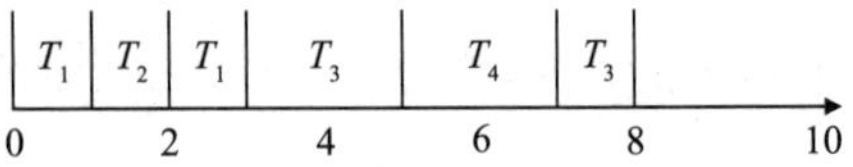

T_1	T_2	T_1	T_3	T_4	T_3

0 2 4 6 8 10

图 4-15 三个单次任务的 EDF 调度

表 4-3 例 4-12 中非周期任务

任 务	发布时间	执行时间	截止期
T_1	0	2	6
T_2	1	1	4
T_3	3	3	10
T_4	5	2	8

例 4-13 周期任务的 EDF 调度

在例 4-9 和 4-11 中，有如下三个独立的、可抢占的周期任务，但不能用 RM 调度算法调度：

$$T_1 = (4,1), T_2 = (5,2), T_3 = (10,3.1)$$

现在让我们探讨是否可以用 EDF 算法调度这些任务。

在时刻 0，每个任务的第一个实例发布。因为 T_1 实例具有最早的截止期，它立即执行，并在时刻 1 完成。

在时刻 1，T_2 实例的优先级高于 T_3 实例，因此先执行，并在时刻 3 完成。

在时刻 3，T_3 是唯一等待运行的任务，因而得以执行。

在时刻 4，T_1 的第二个实例发布，截止期为 8，早于 T_3 实例的截止期 10。因此 T_1 实例抢占 T_3 并执行，在时刻 5 完成执行。

在时刻 5，T_2 的第二个实例发布，截止期为 10，与 T_3 实例的截止期相同。因为 T_3 较早到达，T_3 执行并在时刻 7.1 完成执行，这意味着 T_3 的第一个实例满足截止期要求！

在时刻 7.1，T_2 是唯一等待运行的任务，因此得以执行。

在时刻 8，T_1 的第三个实例到达，截止期为 12，晚于正在执行的 T_2 的截止期，而 T_2 还需要 1.1 个单位时间才能完成。因此 T_2 继续运行在时刻 9.1 完成执行。

在时刻 9.1，T_1 是唯一等待运行的任务，因此得以执行。

在时刻 10，T_2 的一个实例发布，截止期为 15，同时 T_3 的一个实例发布，截止期为 20。因此 T_1 实例继续运行，T_2 和 T_3 同时等待。

在时刻 10.1，T_1 完成。T_2 的优先级高于 T_3，T_2 的实例运行，T_3 等待。

在时刻 12，T_1 的实例发布，截止期为 16。T_2 的实例继续运行，T_1 和 T_3 等待。

在时刻 12.1，T_2 完成。T_1 的优先级高于 T_3。执行 T_1 的实例，T_3 等待。

在时刻 13.1，T_1 完成。T_3 的实例执行，没有其他任务等待。

在时刻 15，T_2 的实例发布，截止期为 20。它与正在执行的 T_3 实例具有相同的优先级，因此 T_3 继续执行，T_2 等待。

在时刻 16，T_1 的实例发布，截止期为 20。它与正在执行的 T_2 和 T_3 优先级相同。T_3 继续执行，T_1 和 T_2 等待。

在时刻 16.2，T_3 完成。虽然 T_1 和 T_2 的截止期相同，但 T_2 更早到达。T_2 的实例执行，T_1 等待。

在时刻 18.2，T_2 完成，T_1 执行。没有任务等待。

在时刻 19.2，T_1 完成，没有任务等待。

到此，我们已经完成了三个任务第一个主循环的调度。所有任务实例满足截止期要求。因此这些任务可以由 EDF 算法调度。图 4-16 给出了相应的时间表。

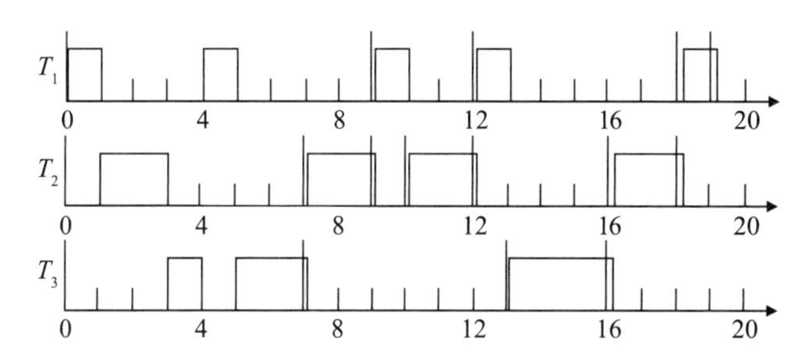

图 4-16 无法用 RM 算法调度的周期任务的 EDF 调度

2. EDF 的最优性

例 4-13 表明 EDF 可给出这三个周期任务的可行的时间表，但 RM 算法无法实现这些任务的调度。实际上，EDF 是一个最优的单处理器调度算法。也就是说，只要一组任务有可行的时间表，EDF 就能找到其可行的时间表。

我们通过证明任何可行的时间表可以系统地转换为 EDF 时间表来证明 EDF 是最优的。假设任意一个时间表 S 满足了所有截止期。如果 S 并不是 EDF 调度的，则必定存在如图 4-17a 所示的情形，即一个具有较晚截止期的任务先于另一个具有较早截止期的任务执行。假设之前的调度采用的 EDF 算法。

考虑以下三种情形：

情形 1：时间间隔 I_1 比 I_2 短。此时，将 T_i 分成两个子任务 T_{i1} 和 T_{i2}，其中 T_{i1} 是 T_i 的第一部分，其执行时间与 I_1 的长度相同。将 T_{i1} 安排在 I_1 间隔，将 T_{i2} 移至 I_2 间隔的开头，并将 T_j 安排紧接着 T_{i2}，如图 4-17b 所示。

情形 2：时间间隔 I_1 比 I_2 长。此时，将 T_j 分成两个子任务 T_{j1} 和 T_{j2}，其中 T_{j1} 是 T_j 的第一部分，其执行时间与 I_1 与 I_2 的长度之差相同。将 T_i 和 T_{j1} 安排在 I_1 间隔，将 T_{j2} 安排在 I_2 间隔，如图 4-17c 所示。

情形 3：时间间隔 I_1 和 I_2 等长。此时，只需简单的切换两个任务即可。

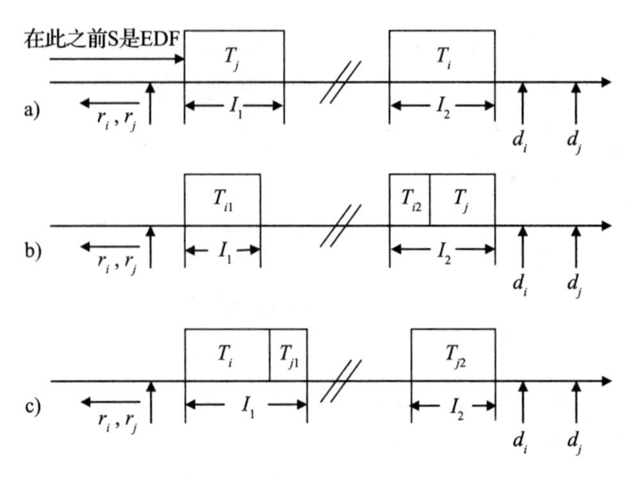

图 4-17 EDF 最优性的证明

通过两种情形的调整，两个任务就符合 EDF 算法的次序了。注意这种调整并不应影响时间表的其余部分。因此，如果对其他乱序的两个任务重复这样的处理，我们就将时间表转换成 EDF 时间表。这就证明了任何可行的时间表都可以系统地转化为 EDF 时间表。因此 EDF 是最优的。

那么如何测试一组任务可以用 EDF 算法调度呢？有如下重要的命题：

如果一个系统的任务都是周期性的，且它们的相对截止期与它们各自的周期相等，任务的总利用率不大于 1，那么该系统可以利用 EDF 算法在单处理器上实现调度。

由于单个处理器的利用率不能超过 1，必要性显然成立。下面主要证明充分性。我们通过如下逆命题来证明结论的充分性，即证明如果在 EDF 时间表中，部分系统任务无法满足其截止期要求，那么系统的总利用率必然大于 1。

不失一般性，假设系统在 0 时刻开始执行，在 t 时刻出现第一个任务 T_i 错过了截止期事件。

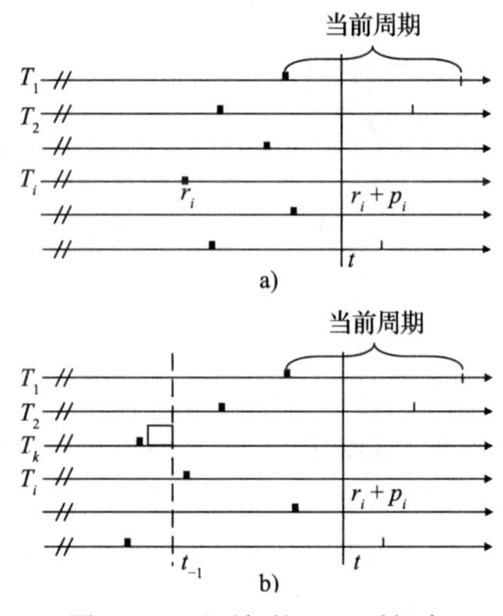

图 4-18 不可行的 EDF 时间表

假设 t 时刻之前处理器没有空闲过。考虑两种情形：（1）任意任务的当前周期均在 r_i 时刻或之后开始，T_i 实例的发布时间超出了截止期 t；（2）部分任务的当前周期早于 r_i 开始。图 4-18 说明了上述两种情形。

情形（1）：如图 4-18a 所示，任务时间线上的每个刻度都是任务某个实例的发布时间。事实上 T_i 在 t 时刻错过截止期说明了两件事情：

1）任意一个截止期在 t 时刻后的任务实例在 t 时刻前未获得处理器时间。

2）完成截止期在 t 时刻或之前的任务实例 T_i 和其他任务实例所需要的处理器时间超过了总的处理器时间 t。

即

$$t < \frac{(t-\phi_i)e_i}{p_i} + \sum_{k \neq i} \left\lfloor \frac{t-\phi_k}{p_k} \right\rfloor e_k \tag{4-6}$$

不等式右边的第一项表示完成截止期在 t 时刻之前的任务 T_i 的所有实例所需的时间。求和中的每一项给出了 t 时刻之前，除完成任务 T_i 以外，截止期为 t 或之前的任务 T_k 实例所需的时间总量。值得注意的是，累加函数中并未包含截止期在 t 时刻之后的任务实例。因为对所有的 k，$\phi_k \geqslant 0$，$\frac{e_k}{p_k} = u_k$，且对于任意 $x \geqslant 0$，$\lfloor x \rfloor \leqslant x$，有

$$\frac{(t-\phi_i)e_i}{p_i} + \sum_{k \neq i} \left\lfloor \frac{t-\phi_i}{p_k} \right\rfloor e_k \leqslant t\frac{e_i}{p_i} + t\sum_{k \neq i} \frac{e_k}{p_k} = t\sum_{k=1}^{n} u_k = tU$$

结合此不等式与前一个不等式，可得：$U > 1$。

情形（2）：如图 4-16b 所示，将其当前实例周期在时刻 r_i 前发布且截止期在时刻 t 之后的所有任务记为 T'。在时刻 r_i 前的处理器时间可能已分配给 T' 中部分任务的当前实例。图中，T_k 就是这样的一个任务。如图所示，记 t_{-1} 为时刻 r_i 前 T' 的部分当前实例运行的最后时间点，也即 T_k 的一个实例在 t_{-1} 时刻结束执行。那么在时间间隔 $[t_{-1}, t]$ 之间，任务集 $T - T'$ 中截止期晚于 t 的实例没有分配到处理器时间。记 ϕ' 为 t_{-1} 时刻以后，任务集 $T - T'$ 中任务 T_j 的第一个实例的发布时间。

由于 T_i 的当前实例错过了截止期，故有

$$t - t_{-1} < \frac{(t - t_{-1} - \phi_i')e_i}{p_i} + \sum_{T_k \in T - T'} \left\lfloor \frac{t - t_{-1} - \phi_k'}{p_k} \right\rfloor e_k$$

上述不等式与式（4-6）基本一致，只是 $t - t_{-1}$ 代替了 t，$\phi_{k'}$ 代替了 ϕ_k。这也意味着 $U > 1$。

现在考虑在 t 时刻前处理器具有一些空闲时间的情形。记 t_{-2} 为处理器空闲的最后那个时间点。即从 t_{-2} 到 t 处理器没有空闲过。同理，不等式（4-6）成立。所以有 $U > 1$。

而例 4-13 中三个周期任务的总利用率为 0.96，因此它们可以被 EDF 算法调度。

4.4.3 非周期和偶发任务的基于优先级调度

上一节讨论了针对周期任务的基于优先级调度，本节将讨论非周期任务和偶发任务的调度算法。

1. 非周期任务的调度

非周期任务具有软的截止期或没有截止期。最简单的非周期任务调度算法就是在周期任务的后台执行它们，即在周期任务调度的松弛时间运行。这种算法给非周期任务分配最低的优先级。因此，不影响周期任务的可调度性，但非周期任务的响应时间也得不到保障。

我们可以应用松弛时间偷窃技术来提高调度器的性能并兼顾非周期任务的响应。这种技术的支撑理论是对于周期任务，调度的目标是满足它们的截止期要求，但提前执

行完周期任务并没有益处。因此，只要满足截止期，我们可以尽可能地拖延周期任务的执行。这样，非周期任务可以尽早执行。松弛时间偷窃技术在时钟驱动调度系统中容易实现，因为这种时间表是离线计算的，设计人员可以准确地知道哪些处理器时间可以分配给非周期任务，每一帧中有多少松弛时间，时间表可以调整的最大空间有多少。但在基于优先级的调度系统中，实现松弛时间偷窃十分复杂，因为调度决策是在运行时间内做出的。

轮询是调度非周期任务一种更加流行的方法。该方法系统中引入了一个称为轮询服务器或轮询器的周期任务 $T_s=(p_s,e_s)$，其中 p_s 表示轮询周期，e_s 表示执行时间。调度器将轮询服务器视为一个周期任务，并根据其轮询周期为其分配相对优先级。轮询器在执行时检查非周期任务队列。如果队列中有积压，轮询器执行队列头部的任务。当轮询器执行完 e_s 个单位时间，或之前到来的非周期任务已经执行完成，轮询器将停止运行，并等待下一个循环到来。然而，若在轮询周期开始时没有等待执行的非周期任务，轮询器会立即将自己挂起，在下一个轮询周期到来前不再准备运行。根据轮询规则，如果一个非周期任务恰好在轮询周期开始后到达，那么它必须等到下一个轮询周期开始后才有可能执行。

可延迟的服务器 $T_{ds}=(p_s,e_s)$ 是一个保留带宽的轮询服务器，它可以保留服务器的执行时间或预留时间直至被本周期的非周期任务用光或超出周期。这样，如果在一个轮询周期开始后，一个非周期任务进入空的非周期队列，只要服务器的优先级允许，它仍可以在本周期的得到执行。可延迟服务器的思想很简单，但可以降低非周期任务执行的延迟时间。

例 4-14　非周期任务的调度

考虑一个系统有两个周期任务：

$$T_1=(3,1),T_2=(10,3)$$

它们可以被 RM 调度。在时刻 0.2，有一个非周期任务 A 发布，其执行时间为 1.3。如果将 A 调度为 T_1 和 T_2 的后台任务，它将在 7.3 时刻执行完毕，如图 4-19a 所示。

如果采用一个简单的轮询服务器 $T_s=(2.5,0.5)$ 来调度 A，它将在 7.8 时刻执行完毕，如图 4-19b 所示。注意由于 T_s 的周期比 T_1 和 T_2 的短，T_s 的优先级最高。此外，由于 A 在第一个周期开始后到达，直到第二个周期开始的时刻 2.5，它才执行。

如果采用一个可延迟的服务器 $T_s=(2.5,0.5)$ 来调度 A，它将在 5.5 时刻执行完毕，如图 4-19c 所示。此时，A 在 0.2 时刻发布后立即执行。在第一个周期内，它执行了 0.5 个单位时间，在第二个周期内也执行了 0.5 个单位时间。最后的 0.3 个单位时间在第三个周期内完成。T_1 的第一个实例

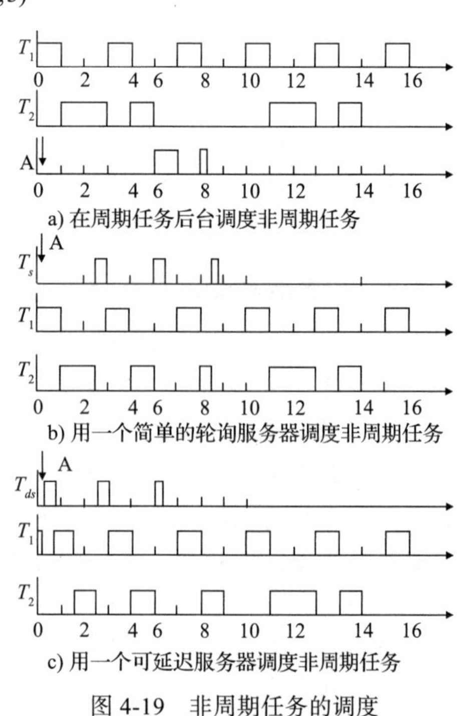

图 4-19　非周期任务的调度

在 0.2 时刻被服务器抢占，并在 0.7 时刻恢复执行，这个时候 A 耗尽了其在第一个周期中的预留时间，并在时刻 1.5 完成。

现在来分析可延迟服务器对周期任务可调度性的影响。假设服务器具有最高优先级。最坏的影响出现在当一个执行时间不小于 $2e_s$ 的非周期任务在 $mp_s - e_s$ 时刻到达，其中 m 是一个非负整数。此时，服务器连续执行 $2e_s$ 个单位时间，给周期任务带来了最长的可能延迟。因此，在利用 RM 算法调度的周期任务系统中，如果非周期任务由具有最短周期的可延迟服务器调度，当下列所有条件成立时，每个周期任务 T_i 的紧急时刻出现在 t_0 时刻：

1）有一个实例在 t_0 时刻发布。

2）一个高优先级任务实例在 t_0 时刻发布。

3）t_0 时刻服务器的预留时间为 e_s，一个非周期任务在 t_0 时刻发布，服务器的下一个周期开始于 $t_0 + e_s$，且服务器在时间间隔 $[t_0, t_0 + 2e_s]$ 内持续运行。

这样，T_i 的时间需求函数为

$$w_i(t) = \left\lceil \frac{t - e_s}{p_s} \right\rceil e_s + e_s + \sum_{j=1}^{i-1} \left\lceil \frac{t}{p_j} \right\rceil e_j + e_i, 0 < t \leqslant p_i \quad (4\text{-}7)$$

式（4-7）右侧的第一和第二项计算出 t 时刻服务器最大的处理器时间需求。求和中的每一项表示一个高优先级任务的时间需求。

从上述针对周期任务的可调度性分析可知，如果可以在时间间隔 $[0, p_i]$ 之间找到一个 t 使得 $w_i(t) \leqslant t$，那么 T_i 是可调度的。这种可调度性测试可指导我们选择服务器的参数 p_s 和 e_s。首先不考虑引入任何可能导致周期任务错过截止期的可延迟服务器。最后，该服务器应该有一个相对大的 p_s 和相对小的 e_s。然而，为了使得系统尽快响应非周期任务，服务器的利用率不能太小。可调度性分析可以帮助设计者找出同时兼顾周期任务和非周期任务的服务器。

2. 偶发任务的调度

偶发任务的发布是无规律的。尽管偶发任务没有一个固定的周期，但相邻两次的任务实例之间的时间间隔必须最小。否则，调度器很难保证所有的实例均可满足其截止期。处理偶发任务的一种方法是将其视为一个周期与最小间隔时间相等的周期任务。另一个方法是如同处理非周期任务那样引入可延迟服务器。由于偶发任务具有严格的截止期，在偶发任务调度执行前应该进行验收测试。如果该任务不可调度，则会被拒绝。

4.4.4 实际因素

之前介绍的调度算法基于这些假设：每个任务在任何时候都是可抢占的，一旦一个任务实例发布，它不会自己挂起；因此它一直准备执行直到执行完成，且上下文切换的开销相对任务执行时间是可以忽略的。然而，在实际应用中，上述假设不可能始终成立。本节中，我们讨论当一些实际因素无法忽略时，如何测试系统的可调度性。

1. 不可抢占性

一个任务或者任务的特定部分可能是不可抢占的。例如当一个任务运行在临界区时，使得其不可抢占是一种避免无限优先级反转的方法。下一章中会详细讨论这种情况。如果抢占太耗资源，任务也会设定成不可抢占的。例如，针对一个将控制信号打包并发送给外部设备的任务，如果发送控制信号的部分被抢占了，那么它必须重启。

记 θ_i 为 T_i 中最大的不可抢占部分。如果一个任务被低优先级的任务阻止（优先级反转），则称该任务被阻塞。当测试任务 T_i 的可调度性时，必须同时考虑低优先级任务的不可抢占部分和高优先级任务的执行时间。

一个任务 T_i 的阻塞时间 $b_i(np)$ 是 T_i 的任意一个实例被低优先级任务阻塞的最长时间。在固定优先级系统中，任务索引的次序是优先级的降序，$b_i(np)$ 可描述为

$$b_i(np) = \max_{i+1 \leqslant k \leqslant n} \theta_k \tag{4-8}$$

2. 自我挂起

一个任务自我挂起发生在该任务等待一个由另一个处理器完成的外部操作（如远程程序调用（RPC）或 I/O 操作）时。当任务自我挂起时，该任务放弃了处理器并被调度器放入阻塞队列中。当然，当阻塞的任务试图请求处理器时，有可能被任务的不可抢占部分继续阻塞。

任务被挂起后可能使得低优先级任务更晚被执行。图 4-20 给出了此种情形。图中有两个任务：

$$T_1 = (5,2), T_2 = (2,6,2.1,6)$$

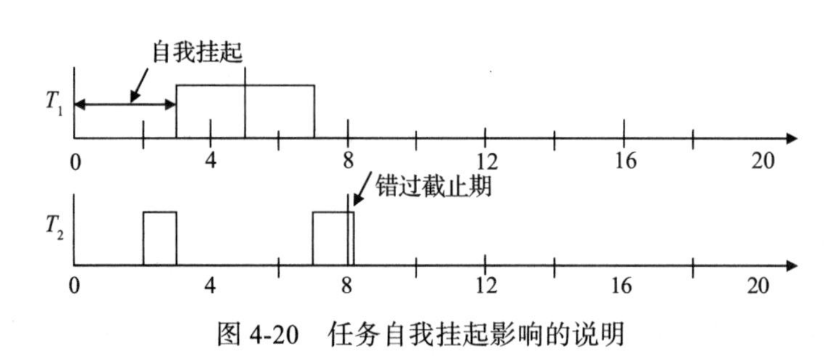

图 4-20　任务自我挂起影响的说明

T_1 的第一个实例在开始执行后立即自我挂起了 3 个单位时间，这使得 T_2 的第一个实例错过了它的截止期（时刻 8）。

假设已知外部操作的最大时长，即自我挂起的时间是有界的。记 ρ_i 为 T_i 自我挂起的最大时长，$b_i(ss)$ 为 T_i 自我挂起后的阻塞时间，则 $b_i(ss)$ 可描述为

$$b_i(ss) = p_i + \sum_{k=1}^{i-1} \min\{e_k, p_k\} \tag{4-9}$$

3. 上下文切换

每个任务都具有上下文，这是一组存储在任务控制块（TCB）中的数据，用于显示任务的执行状态。任务控制块是一个数据结构，包含了任务执行所需要的所有信息。当调度器将一个任务移出 CPU 时，该任务的上下文必须存储起来；再次执行该任务时，

它的上下文也同时恢复这样任务可以从上次中断点开始继续执行。在固定优先级系统中，如果没有自我挂起，每个任务最多抢占一个低优先级的任务。因此，每个任务实例在开始执行时进行一次上下文切换，在结束时进行另一次上下文切换。所以每个任务的执行时间应加上两次上下文切换的时间。令 CS 为系统进行一次上下文切换所花费的最长时间，那么在分析系统可调度性时，如果没有自我挂起，也需要给每个任务的执行时间加上 $2CS$。因为一个任务最多自我挂起 k_i 个单位时间，需要给任务的执行时间加上 $2(k_i+1)CS$。

4. 可调度性测试

在固定优先级系统中，设任务 T_i 挂起了 k_i 个单位时间，那么该任务总的阻塞时间 b_i 为

$$b_i = b_i(ss) + (k_i+1)b_i(np) \tag{4-10}$$

在给每个任务的执行时间加上上下文切换时间后，任务 T_i 的时间需求函数 $w_i(t)$ 应改写为：

$$w_i(t) = \sum_{j-1}^{i-1}\left\lceil \frac{t}{p_j} \right\rceil e_j + e_i + b_i \tag{4-11}$$

现在利用扩展后的时间需求函数再次分析任务的可调度性。

例 4-15 可调度性测试

考虑如下四个任务：

$$T_1=(3,1), T_2=(4,1), T_3=(6,1), T_4=(12,1)$$

在例 4-10 中，利用 RM 算法，上述任务均可调度。现假设：

- T_3 具有 0.2 个单位时间的不可抢占部分，即 $\theta_3 = 0.2$。其他任务均没有不可抢占部分。
- T_1 可能自我挂起的最大时长为 0.2 个单位时间。即 $k_1=1, \rho_1=0.2$。其他任务均不会自我挂起。上下文切换的消耗不可忽略，$CS=0.1$

现在来分析任务的可调度性。

根据式（4-8）和（4-9），对每个任务计算 $b_i(np)$, $b_i(ss)$：

$$\begin{aligned}
&b_1(np)=b_2(np)=q_3=0.2\\
&b_3(np)=b_4(np)=0\\
&b_3(np)=b_4(np)=0\\
&b_1(ss)=0\\
&b_2(ss)=b_3(ss)=b_4(ss)=\min\{e_1,r_1\}=0.2
\end{aligned}$$

由式（4-10）可得

$$\begin{aligned}
&b_1=b_1(ss)+(k_1+1)b_1(np)=0.4\\
&b_2=b_2(ss)+(k_2+1)b_2(np)=0.4\\
&b_3=b_3(ss)+(k_3+1)b_3(np)=0.2\\
&b_4=b_4(ss)+(k_4+1)b_4(np)=0.2
\end{aligned}$$

每个任务的执行时间（考虑上下文切换时间）为

$$e_1 = 1 + 2(k_1 + 1)CS = 1.4$$
$$e_2 = e_3 = e_4 = 1 + 2CS = 1.2$$

现在根据修改后的时间需求函数分析每个任务的可调度性。对于任务 T_1，

$$w_1(t) = e_1 + b_1 = 1.4 + 0.4 = 1.8$$

当 $t = 3$ 时，有 $t > w_1(t)$。因此任务 T_1 是可调度的。

对于任务 T_2，

$$w_2(t) = \left\lceil \frac{t}{p_1} \right\rceil e_1 + e_2 + b_2 = \left\lceil \frac{t}{3} \right\rceil 1.4 + 1.2 + 0.4 = \left\lceil \frac{t}{3} \right\rceil 1.4 + 1.6$$

当 $t = 3$ 时，不等式 $t \geqslant w_2(t)$ 成立。因此任务 T_2 是可调度的。

对于任务 T_3，

$$w_3(t) = \left\lceil \frac{t}{p_1} \right\rceil e_1 + \left\lceil \frac{t}{p_2} \right\rceil e_2 + e_3 + b_3 = \left\lceil \frac{t}{3} \right\rceil 1.4 + \left\lceil \frac{t}{4} \right\rceil 1.2 + 1.4$$

测试 T_3 可调度性的时间点为 3、4 和 6。然而，这些时间点都不满足 $t \geqslant w_3(t)$。因此，任务 T_3 是不可调度的。

4.5　任务分配

上一节中所讨论的调度算法都是基于单个处理器的。实际上，许多实时嵌入式系统都运行在多个处理器上，因为单个处理器不能处理所有的任务。本章之前也曾提及，多处理器调度问题首先通过将系统中的任务分配到每个处理器，然后采用单处理器调度来解决。本节将介绍一些主流的任务分配方法。

4.5.1　装箱算法

通常，在进行任务分配时需要考虑以下重要因素：任务执行时间、不同处理器上任务的通信成本、资源的分布等。装箱算法是一种基于利用率的算法，并不考虑通信成本。在一些实时应用中，不同处理器上的任务通过共享内存进行信息交换，这时的通信成本可忽略不计。装箱算法适用于这类系统的任务分配。此外，在早期的系统设计中，尽管通信和资源访问的成本很高，但我们可能会试图忽略这些。我们根据每个任务的复杂性估算执行时间，粗略地估算利用率，然后根据利用率进行任务分配。

任务分配的第一步是根据总的任务利用率，初步确定需要的处理器数量。例如系统中共有 n 个独立的可抢占的周期任务，它们的相对截止期等于各自的周期，且这些任务可以用 EDF 算法调度。若已知每个任务的利用率，则可以轻易计算出系统的总利用率 U。因为 EDF 的 SU 为 1，将 U 向上取整到最接近的整数 k。则 k 就是系统需要的最少的处理器数量。为了将任务分配到各处理器，可以将任务分成 k 组，并将每组任务分配到对应的处理器。设计人员需要做的是确定每组任务的总利用率不超过 1。当然，对于周期任务而言想要利用全部的处理器时间并非是一个好的解决思路。为给非周期任务和偶发任务的执行保留部分处理器时间，可以给每个处理器的利用率设置一个阈

值，$U'<1$。

这类任务分配问题可以直接描述为简单的装箱问题。在装箱问题中，不同体积的物体或物品必须装入相同体积的有限个箱子或容器内，并须使得箱子或容器的数量最少。对应于任务分配，物体就是任务，箱子数量就是处理器数量，且每个箱子的容积就是U'。对于n个任务，它们的利用率分别为$u_1,u_2,\cdots,u_n$，现需确定所需处理器个数N_p以及任务的N_p个分组使得

$$\min N_p=\sum_{i=1}^{n}y_i \tag{4-12a}$$

$$\text{s. t. } N_p\geqslant 1 \tag{4-12b}$$

$$\sum_{j=1}^{n}u_jx_{ij}\leqslant U'y_i, i\in\{1,2,\cdots,n\} \tag{4-12c}$$

$$\sum_{i=1}^{n}x_{ij}=1, j\in\{1,2,\cdots,n\} \tag{4-12d}$$

$$y_i\in\{0,1\}, i\in\{1,2,\cdots,n\} \tag{4-12e}$$

$$x_{ij}\in\{0,1\}, i\in\{1,2,\cdots,n\}, j\in\{1,2,\cdots,n\} \tag{4-12f}$$

这是问题的整数线性规划（ILP）描述形式。式（4-12c）表示每个处理器的利用率上限不大于U'。式（4-12d）与（4-12f）表示每个任务只能分配给一个处理器。式（4-12e）表示处理器i可能使用也可能不使用。注意这里假设可能需要的最大处理器数量为n，即任务的个数。

1. 首次拟合算法

装箱问题是NP完全问题，但有许多简单的启发式算法可以解决。首次拟合算法是一个非常简单的贪心近似算法。它以任意顺序处理物品。对于每个物品，它总试图将之放入第一个可以容纳该物品的箱子。如果没有这样的箱子，它会开启一个新的箱子并将物品放入其中。

根据该算法思想，若给定一组任务$T_1,T_2,\cdots,T_n$及每个处理器的最大利用率U'，可以按照以下简单的规则进行任务分配：

- 任务按照任意顺序一个一个分配。
- 任务T_1分配到处理器P_1。
- 分配T_i到处理器P_k，如果以下条件满足：
  - 分配完成后，P_k的总利用率小于或等于U'，且
  - 若将T_i分配到$\{P_1,P_2,\cdots,P_{k-1}\}$中的任意一个处理器将使得该处理器的总利用率大于$U'$。

可以证明首次拟合算法可以获得近似因素2，即该算法确定的处理器数量不会大于最优处理器数量的两倍。证明过程基于一个重要的观察，即使用首次拟合算法分配任务，没有两个处理器的利用率都小于$U'/2$。这是因为在处理过程的任意时刻，如果一个处理器的利用率小于$U'/2$，则会分配一个利用率小于$U'/2$的新任务给该处理器，而

并不会为这个任务增加一个新处理器。所以若有 N_p 个处理器，则至少有 N_p-1 个处理器的利用率大于 $U'/2$，即

$$\sum_{i=1}^{n} u_i > \frac{1}{2}(N_p-1)U'$$

令 N^* 是最优的处理器数量，则根据 U' 的定义

$$N^* \frac{1}{U'}\sum_{i=1}^{n} u_i = \frac{1}{2}(N_p-1)$$

所以，$N_p \leqslant 2N^*$。

例 4-16　首次拟合算法

考虑表 4-4 中所列出的任务，现使用 EDF 算法在多个处理器上进行调度。每个处理器上已分配的周期任务的最大利用率为 0.8。表 4-5 给出了任务分配给处理器的步骤，以及每一步以后每个处理器的利用率更新情况。

表 4-4　可抢占的周期任务表

	T_1	T_2	T_3	T_4	T_5	T_6	T_7	T_8	T_9	T_{10}
p_i	10	8	15	20	10	18	9	8	20	16
e_i	2	2	3	4	3	2	1	2	2	5
u_i	0.2	0.25	0.2	0.2	0.3	0.11	0.11	0.25	0.1	0.31

表 4-5　使用首次拟合算法的任务分配

步数	任务	利用率	分配给	分配后的利用率
1	T_1	0.20	p_1	U_1=0.20
2	T_2	0.25	p_1	U_1=0.45
3	T_3	0.20	p_1	U_1=0.65
4	T_4	0.20	p_2	U_2=0.20
5	T_5	0.30	p_2	U_2=0.50
6	T_6	0.11	p_1	U_1=0.76
7	T_7	0.11	p_2	U_2=0.66
8	T_8	0.25	p_3	U_3=0.25
9	T_9	0.10	p_2	U_2=0.76
10	T_{10}	0.31	p_3	U_3=0.56

2. 首次适应递减算法

首次适应递减算法与首次拟合算法类似，唯一的不同在于首次拟合递减算法中所有的任务首先根据其利用率非递增的顺序存储，然后根据该顺序进行安排。例如，表 4-4 中所示的 10 个任务的存储顺序（$T_{10},T_5,T_2,T_8,T_1,T_3,T_4,T_6,T_7,T_9$）。然后，可以根据这个顺序，使用首次算法进行分配。

3. 单调速率首次适应算法

首先回顾这样一个定理：对于 n_i 个周期任务，RM 算法可以获得一个可行时间表，

如果这些任务的总利用率不超过

$$U_{RM}(n_i)=n_i(2^{1/n_i}-1)$$

否则 RM 算法可能找不到可行时间表。RMFF 算法首先按照任务的周期非递减的顺序对其进行排序。然后根据排序轮流分配任务，直到所有的任务都根据首次适应原则分配完成。如果分配于一个处理器上的 x 个任务及任务 T_i 的总利用率不大于 $U_{RM}(x+1)$，任务 T_i 就分配于该处理器上。

例 4-17 利用 RMFF 分配任务

再次考虑表 4-4 所给出的任务。根据它们的周期，得到排序 $(T_2,T_8,T_7,T_1,T_5,T_3,T_{10},T_6,T_4,T_9)$。表 4-6 给出了任务分配的各步骤。为帮助分配决策，表中还给出了 n=2,3,4 和 5 时 $U_{RM}(n)$ 的值。

表 4-6 利用 RMFF 分配任务

步 数	任 务	利用率	分配给	分配后利用率
1	T_2	0.25	p_1	U_1=0.25, n_1=1
2	T_8	0.25	p_1	U_1=0.50, n_1=2
3	T_7	0.11	p_1	U_1=0.66, n_1=3
4	T_1	0.20	p_2	U_2=0.20, n_2=1
5	T_5	0.30	p_2	U_2=0.50, n_2=2
6	T_3	0.20	p_2	U_2=0.7, n_2=3
7	T_{10}	0.31	p_3	U_3=0.31, n_3=1
8	T_6	0.11	p_3	U_3=0.42, n_3=2
9	T_4	0.20	p_3	U_3=0.62, n_3=3
10	T_9	0.10	p_3	U_3=0.72, n_3=4
$U_{RM}(2)$=0.83,$U_{RM}(3)$=0.78,$U_{RM}(4)$=0.76,$U_{RM}(5)$=0.74				

4.5.2 考虑通信成本的分配

任务间的通信成本指用于相互通信的时间。记 c_{ij} 为 T_i 与 T_j 的通信时间。如果 T_i 与 T_j 分配在同一个处理器，c_{ij} 很低，可以忽略。然而如果这两个任务分配在通过某种网络连接的不同的处理器上，c_{ij} 可能非常高。所以当我们将任务分配到通信成本较高的不同处理器时，应该尽量减少通信成本及使用的处理器数量。

假设一个异构计算机系统，其任务执行成本取决于执行该任务的处理器。进一步，假设网络也是异构的，即两个交互的任务之间的通信成本取决于它们所在的处理器和通信链接的带宽。使得所有通信成本总和最低也是一个 NP 完全问题。

令 l_{ij} 为放置在同一个处理器上的 T_i 与 T_j 由于资源竞争导致的干扰成本。如想使 T_i 与 T_j 不被分配在同一个处理器上，可以将 l_{ij} 设为一个非常大的数。允许不同的处理器具有不同的最大利用率，并记 U_k 为第 k 个处理器上所有任务的最大利用率。

将 n 个周期任务分配至 m 个处理器，并使得总通信成本最低可以描述为如下 ILP 问题：

$$\min \sum_{i=1}^{n}\sum_{j=1}^{n}\sum_{k=1}^{m}\sum_{l=1}^{m}(1-d_{ij})A_{ik}A_{jl}[c_{ij}(1-d_{kl})+l_{ij}d_{kl}] \tag{4-13a}$$

$$\text{s. t. } A_{ik} \in \{0,1\} \tag{4-13b}$$

$$\sum_{k=1}^{m} A_{ik} = 1, i = 1,2,\cdots,n \tag{4-13c}$$

$$\sum_{i=1}^{n} A_{ik}u_i \leqslant U_k \quad k = 1,2,\cdots,m \tag{4-13d}$$

$$d_{ik} = \begin{cases} 1, \text{若 } i=k \\ 0, \text{若 } i\neq k \end{cases} \tag{4-13e}$$

式（4-13b）和式（4-13c）说明一个任务只能分配给一个处理器。若任务 T_i 被分配到处理器 P_k 上，则 $A_{ik}=1$，否则 $A_{ik}=0$。式（4-13d）表明分配上一个处理器上所有任务的总利用率不能超过处理器的最大利用率。式（4-13a）和式（4-13e）表明总成本等于任务 T_i 和 T_j 之间的通信成本和干扰成本之和，系数 $(1-d_{ij})$ 不包含 $T_i=T_j$ 的情况。A_{ik}, A_{jl} 表示任务 T_i 和任务 T_j 分别分配给了处理器 P_k 和 P_l。$c_{ij}(1-d_{kl})$ 表示 $P_k \neq P_l$ 时的通信成本。$l_{ij}d_{kl}$ 表示 $P_k = P_l$ 时的干扰成本。

习题

1. 以下系统均具有独立的可抢占的周期任务，并采用结构化的时钟驱动调度算法。请计算每个系统的主循环，选择一个合适的帧长，并构建第一个主循环的时间表。如果任务可以被拆分，必须按照最小拆分进行。

（a）$T_1=(3,1)$, $T_2=(6,1)$, $T_3=(9,2)$

（b）$T_1=(4,1)$, $T_2=(6,1)$, $T_3=(8,2)$, $T_4=(12,2)$

（c）$T_1=(4,1)$, $T_2=(8,1)$, $T_3=(12,2)$, $T_4=(12,3)$

（d）$T_1=(3,1)$, $T_2=(6,1)$, $T_3=(8,2)$, $T_4=(12,4)$

（e）$T_1=(5,1)$, $T_2=(10,2)$, $T_3=(20,5)$

2. 设一个系统具有以下三个独立的可抢占的周期任务，采用结构化时钟驱动调度算法调度：

$$T_1=(3,1), T_2=(6,2), T_3=(12,2)$$

（a）构建第一个主循环的时间表。

（b）若有一个非周期任务 A 在时刻 1.5 到达，它的执行时间是 4.5。请利用（a）中时间表中的松弛时间间隔调度 A。

（c）请根据（a）中的时间表，利用松弛时间偷窃方法重新调度 A。

3. 图 4-10 给出了两个主循环时间内周期任务的时间表，其中调度器的帧长为 4。请对以下偶发任务进行验收测试。

偶发任务	发布时间	执行时间	截止期	偶发任务	发布时间	执行时间	截止期
S_1	1.5	3	9	S_3	7	4	15
S_2	5	2	13	S_4	14	3.5	19

4. 以下系统的独立可抢占周期任务采用 RM 算法调度，请为每一个系统构建（0，25）以内的时间表。

（a）$T_1=(4,1)$，$T_2=(8,2)$，$T_3=(10,3)$

（b）$T_1=(4,1)$，$T_2=(5,1)$，$T_3=(7,1)$，$T_4=(10,1)$

（c）$T_1=(3,1)$，$T_2=(6,1)$，$T_3=(8,2)$，$T_4=(12,4)$

5. 以下系统的独立可抢占周期任务采用 RM 算法调度，请使用时间需求分析法测试每个系统的可调度性。

（a）$T_1=(4,1)$，$T_2=(7,2)$，$T_3=(9,2)$

（b）$T_1=(5,1)$，$T_2=(8,2)$，$T_3=(10,2)$，$T_4=(15,2)$

（c）$T_1=(3,1)$，$T_2=(5,1)$，$T_3=(8,2)$，$T_4=(10,1)$

（d）$T_1=(3,0.5)$，$T_2=(4,1)$，$T_3=(5,2)$，$T_4=(8,1)$

6. 请通过绘制每个任务的时间需求函数重做问题 5 中的可调度性测试。

7. 设所有的任务是独立可抢占的，请利用 EDF 算法在单个处理器上调度以下具有严格截止期的单次任务。

任务	发布时间	执行时间	截止期	任务	发布时间	执行时间	截止期
T_1	0	2	6	T_4	4	1	8
T_2	1	3	9	T_5	5	4	12
T_3	3	2	15	T_6	8	2	11

8. 设问题 7 中的任务具有图 4-21 所示的优先约束。请使用 EDF 调度算法重新构建时间表。请判断是否所有任务都可以满足截止期要求？

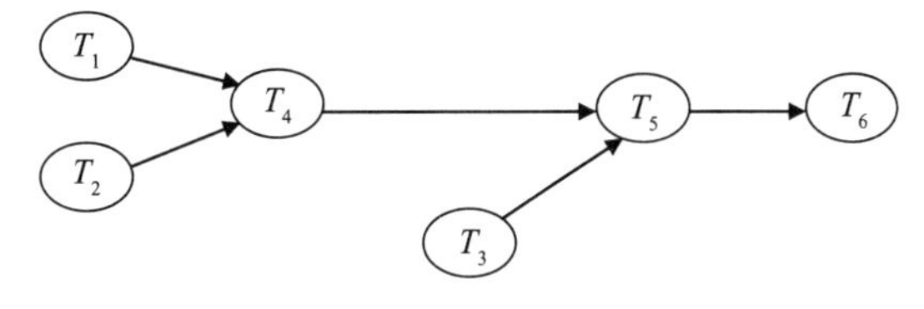

图 4-21　问题 7 中任务的优先级约束图

9. 以下系统的独立可抢占周期任务采用 EDF 算法调度，请为每一个系统构建（0，15）以内的时间表。

（a）$T_1=(3,1)$，$T_2=(5,3)$

（b）$T_1=(4,1)$，$T_2=(5,1)$，$T_3=(6,3)$

（c）$T_1=(5,1)$，$T_2=(6,3)$，$T_3=(9,2)$

10. 设一个系统具有独立可抢占的任务，请问是否可以根据任务的总利用率判断在 RM 算法下该系统是可调度的。请解释原因？

11. 考虑系统中有三个独立的周期任务：

$$T_1=(4,1),T_2=(5,2),T_3=(10,2)$$

T_1 和 T_3 是可抢占，但 T_2 不可抢占。

（a）请构建前20个单位时间的RM调度时间表。

（b）请构建前30个单位时间的EDF调度时间表。

12. 考虑如下四个周期任务：

$$T_1=(3,1),T_2=(4,1),T_3=(6,1),T_4=(9,1)$$

假设：

- T_4有0.2个单位时间的不可抢占部分，即$\theta_4=0.2$。其他任务可在任意时间被抢占。
- T_2在0.1个单位时间内最多能自我挂起一次，即$k_2=1,\rho_2=0.1$。其他任务不会自我挂起。
- 上下文切换的开销不可忽略，$CS=0.1$。

请判别所有任务是否可以由RM算法调度。

13. 设所有的任务是独立可抢占的，请构建三个可以被EDF调度但不能被RM调度的周期任务。

14. 设所有的任务是独立的，请构建三个周期任务，满足：（1）若所有的任务都是可抢占的，它们可被RM调度；（2）但若最低优先级的任务不可抢占，则最高优先级的任务不能满足截止期要求。

15. 考虑系统有两个周期任务：

$$T_1=(4.5,2),T_2=(6,2)$$

它们可以被RM调度。设一个非周期任务A在时刻0.1发布，它的执行时间为1.5。请针对以下三种情形，分别构建前15个单位时间的系统时间表。

（1）A被调度为任务T_1和T_2的后台程序。

（2）采用一个简单的轮询服务器$T_s=(4,0.5)$调度A。

（3）采用一个可延迟的服务器$T_{ds}=(4,0.5)$调度A。

16. 考虑将如下周期任务分配到多个处理器：

	T_1	T_2	T_3	T_4	T_5	T_6	T_7	T_8	T_9	T_{10}
p_i	10	8	20	5	12	18	9	30	25	16
e_i	3	2	2	1	3	2	2	3	10	4
u_i	0.3	0.25	0.1	0.2	0.25	0.11	0.22	0.1	0.4	0.25

（a）设这些任务由EDF调度，且每个处理器的最大利用率为0.8。请给出基于首次拟合算法的分配结果。

（b）设这些任务由EDF调度，且每个处理器的最大利用率为0.75。请给出基于首次拟合降序算法的分配结果。

（c）请给出基于RM首次适应算法的分配结果。

阅读建议

1973年，Liu和Layland在参考文献[1]中介绍了RM算法，并证明了在所有的静态调度算法中RM是最优的。对于任务的截止期小于其周期的系统，Leung和Whitehead[2]

证明了 DM 可获得最好的可调度性性能。Dertouzos[3] 证明了 EDF 是在线算法中最优的。为了调度固定优先级系统中的非周期任务，参考文献 [4-5] 介绍了轮询服务器和可延迟服务器，参考文献 [6] 介绍了偶发服务器，参考文献 [7] 介绍了松弛时间偷窃技术。对于动态优先级系统，参考文献 [8-9] 介绍了动态偶发服务器，参考文献 [9] 介绍了总带宽服务器，参考文献 [10] 介绍了固定带宽服务器。

参考文献

1 Liu, C.L. and Layland, J.W. (1973) Scheduling algorithm for multiprogramming in a hard real-time environment. *Journal of the ACM*, **20** (1), 40–61.

2 Leung, J. and Whitehead, J. (1982) On the complexity of fixed priority scheduling of periodic real-time tasks. *Performance Evaluation*, **2** (4), 237–250.

3 Dertouzos, M.L. (1974) *Control Robotics: The Procedural Control of Physical Processes, Information Processing, vol. 74*, North-Holland Publishing Company, pp. 807–813.

4 Lehoczky, J.P., Sha, L. and Strosnider, J.K. 1987 Enhanced aperiodic responsiveness in hard real-time environments. Proceeding of the IEEE Real-Time Systems Symposium, pp. 261–270.

5 Strosnider, J.K., Lehoczky, J.P., and Sha, L. (1995) The deferrable server algorithm fro enhanced aperiodic responsiveness in hard real-time environments. *IEEE Transactions on Computers*, **44** (1), 73–91.

6 Sprunt, B., Sha, L., and Lehoczky, J.P. (June 1989) Aperiodic task scheduling for hard real-time systems. *Journal of Real-Time Systems*, **1**, 27–60.

7 Lehoczky, J.P. and Ramos-Thuel, R. 1992 An Optimal Algorithm for Scheduling Soft-Aperiordic Tasks in Fixed-Priority Preemptive Systems. Proceedings of the IEEE Real-Time Symposium

8 Ghazalie, T.M. and Baker, T.P. (1995) Aperiodic servers in a deadline scheduling environment. *Real-Time Systems*, **9** (1), 31–67.

9 Spuri, M. and Buttazzo, G. (1996) Scheduling aperiodic tasks in dynamic priority systems. *Real-Time Systems*, **10** (2), 179–210.

10 Abeni, L. and Buttazzo, G. 1998 Integrate multimedia applications in hard real-time systems, Proceedings of the IEEE Real-Time Systems Symposium, Madrid, Spain.

资源共享与访问控制

第 4 章中所介绍的调度算法都是基于任务独立的假设条件。本章将不考虑这个假设，因为在许多实时应用中，任务都存在显式的或隐式的相互依赖关系。显式的依赖可以用任务优先级图指出，如在第 4 章中讨论的那样。数据或资源共享在共享资源的任务之间强加了隐式依赖关系。许多共享资源不允许同时访问。当任务共享资源时，可能由于潜在的优先级倒置，甚至死锁而发生调度异常。本章讨论资源共享和资源争用如何影响任务的执行和可调度性，以及各种资源访问控制协议如何减少资源共享的不良影响。这里主要讨论基于优先级的单个处理器系统。

5.1　资源共享

常用的资源包括数据结构、变量、主内存区域、文件、寄存器以及 I/O 单元。任务可能需要除了处理器外的部分资源以继续执行。例如，一个计算任务可能与其他计算任务共享数据，且共享的数据可能由信号量进行监管。每个信号量就是一个资源。当一个任务试图访问由信号量 R 监管的共享数据时，它必须先锁定信号量，然后进入代码的临界区，以访问共享数据。这种情形称为任务在临界区请求资源 R。

这里只考虑连续可重用资源。连续可重用资源在一个时间点可以安全地被一个任务使用，但并不会因此次使用而删除。如果使用该资源的任务被抢占，它在此后的某个时间仍可以使用该资源而不会有任何问题。连续可重用资源的例子有设备、文件、数据库和信号量。

并不是所有的连续可重用资源都是可抢占的。磁带和 CD 就是不可抢占资源。如果一个进程开始刻录 CD-ROM，突然从 CD 刻录机中取走 CD 并将其给另一个进程将导致刻录失败。一个使用不可抢占资源的任务在用完资源前是不可被抢占的。也就是说，当资源的一个单位给予一个任务后，该单位对其他资源均不可用，直到这个任务释放该单位，否则资源可能变得不一致并导致系统失败。

5.1.1　资源操作

假设系统中存在 m 个不同类型的资源，记为 $R_1, R_2, \cdots, R_m$，每个资源 R_i 有 v_i 个无法区分的单元，$i = 1, 2, \cdots, m$。当一个任务请求资源 R_i 的 η_i 个单元时，它执行锁定动作以请求它们，这个动作标记为 $L(R_i, \eta_i)$。当任务不再需要一个资源时，它执行解锁动作以释放该资源，标记为 $U_i(R_i, \eta_i)$。如果资源仅含有一个单元，上述锁定和解锁动作可分别简化为 $L(R_i)$ 和 $U_i(R_i)$。例如，二进制信号量是只有一个单元的资源，而计数信号量可以有多个单元。

从锁定开始并以解锁结束的任务代码段称为临界区，这段代码不能由多个任务同时执行。资源按照后进先出的顺序释放，因此临界区需要正确嵌套。

如果两个任务需要的部分资源类型相同，两个任务会互相冲突。当一个任务请求另一个任务已有的资源时，它们会争用资源。如果调度器不同意将资源 R_i 的 η_i 个单元给某个任务，就称锁定请求 $L(R_i,\eta_i)$ 失败（或被否决）。当锁定请求被否决时，该任务被阻塞并失去处理器。被阻塞的任务会被从就绪队列中移出并保持阻塞态直到调度器同意将资源 R_i 的 η_i 个单元给它。此时，任务变成未阻塞态并进入就绪任务队列。

5.1.2　资源请求描述

临界区的执行时间确定了锁定相应信号量（资源）的任务需要占有资源多长时间。$[R,\eta;c]$ 表示任务需要资源 R 的 η 个单元及临界区的执行时间为 c。如果只请求一个单元的资源，可以省略参数 η，用更简单的符号 $[R;c]$ 代替它。嵌套的临界区用嵌套符号表示。例如，符号 $[R_1;10[R_2;3]]$ 表示任务请求 R_1 的一个单元的时长为 10 个单位时间（因为受 R_1 保护的临界区有 10 个单位时间），而在 R_1 的临界区，任务请求 R_2 的 1 个单元 3 个单位时间。

例 5-1　临界区

图 5-1 给出处理两个任务 T_1 和 T_2 的临界区。T_1 的执行时间为 12 个单位时间，它有 7 个临界区：

[0,2]：不需要资源。

[2,4]：需要 R_1。

[4,6]：不需要资源。

[6,8]：需要 R_3。

[8,10]：需要 R_3 和 R_2。

[10,11]：需要 R_3。

[11,12]：不需要资源。

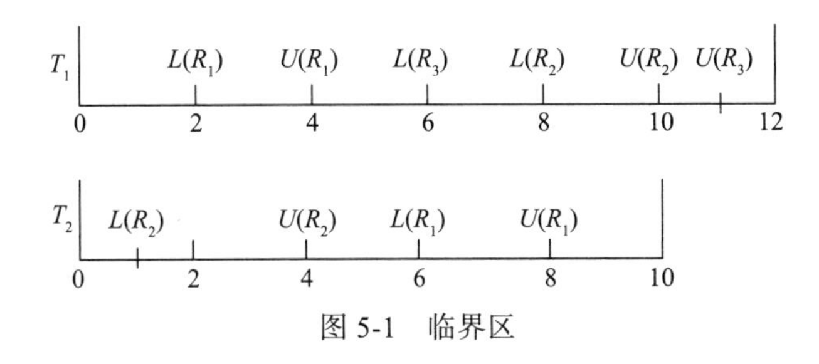

图 5-1　临界区

T_2 的执行时间为 10 个单位时间，它有 5 个临界区：

[0,1]：不需要资源。

[1,4]：需要 R_2。

[4,6]：不需要资源。

[6,8]：需要 R_1。

[8,10]：不需要资源。

这两个任务资源请求如下：

$$T_1:[R_1;2],[R_3;5[R_2;2]]$$
$$T_2:[R_2;3],[R_1;2]$$

对于周期任务 T_i，说 T_i 有临界区 $[R,\eta;c]$ 表示任务的每一个实例具有临界区 $[R,\eta;c]$。

5.1.3　优先级反转和死锁

设一个具有高优先级的任务 T_H 和一个低优先级的任务 T_L 共享资源 R。我们希望 T_H 一旦就绪就立即运行。然而当 T_H 准备好运行时，如果 T_L 正在使用共享资源 R，T_H 必须等 T_L 用完该资源。这种情形称为 T_H 正在等待资源。这就是优先级反转的情形，即低优先级的任务正在运行而高优先级的任务在等待，这违反了优先级模式，即一个任务只能被另一个更高优先级的任务抢占。这是一个有界优先级反转。当 T_L 用完并解锁了资源 R，T_H 会抢占 T_L 并运行。所以只要 T_L 中关于 R 的临界区不是非常长，T_H 还是可以满足截止期的。

然而，有时候会出现更坏的情况。在 T_H 因为资源 R 被 T_L 阻塞及 T_L 使用完 R 之前，一个优先级在 T_H 和 T_L 之间的任务 T_{M1} 发布并抢占了 T_L。这样 T_L 必须等到 T_{M1} 完成才能恢复执行。而在等待时，另一个优先级在在 T_H 和 T_{M1} 之间的任务 T_{M2} 发布并抢占了 T_{M1}，这样 T_{M1} 又必须等到 T_{M2} 完成才能恢复执行。这样的等待队列可以一直进行下去。这种情形称为无界优先级反转。如图 5-2 所示，一个无界优先级反转会导致任务阻塞于资源访问而错过截止期。

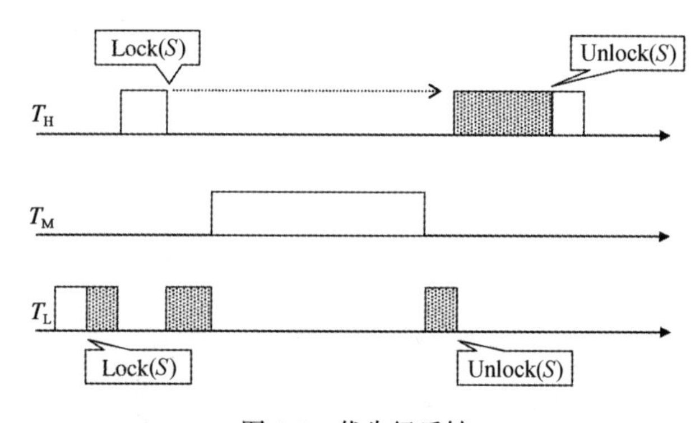

图 5-2　优先级反转

共享资源的多个任务也可能进入一个所有任务都无法继续运行的状态，这种状态称为死锁。死锁发生需满足以下四种条件：

- 相互排斥。一个或多个资源必须由独占模式的任务占有。
- 占有并等待。一个任务在等待另一个资源时仍占有着一个资源。
- 不可抢占。资源是不可抢占的。
- 循环等待。有一系列正在等待的任务 $T=\{T_1,T_2,\cdots,T_N\}$，T_1 等待的资源被 T_2 占有，T_2 等待的资源被 T_3 占有，以此类推，直到 T_N 等待的资源被 T_1 占有。

图 5-3 给出了两个任务死锁的情形。低优先级的任务 T_L 发布和执行在先。开始运行后不久，它锁定了资源 A。然后高优先级的任务 T_H 发布并抢占了 T_L。

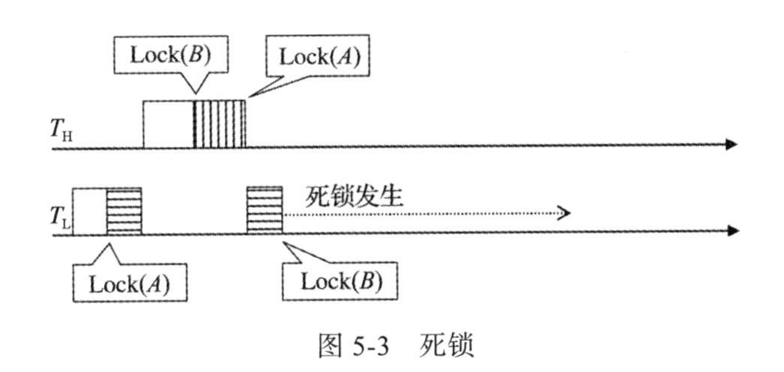

图 5-3　死锁

此后，T_H 锁定了资源 B 并继续运行，直到它试图锁定资源 A 时被阻塞，因为 A 被 T_L 占有了。现在，T_L 执行。过后，T_L 试图锁定资源 B，而资源 B 正被 T_H 占有。因此 T_L 被阻塞。此时，两个任务都被阻塞，没有一个可以继续执行。

5.1.4　资源访问控制

实时系统中资源共享可能导致严重的问题，因此需要规则来规范对共享资源的访问。为应对由于资源共享导致的优先级反转和死锁，研究人员已经提出了一些资源访问控制协议。资源访问控制协议由一系列规则组成，用于规范何时，在哪些条件下允许请求资源，以及如何调度任务请求的资源。设计优良的访问控制协议可以避免死锁。然而，没有一种协议可以消除优先级反转。访问控制的现实目标是使得高优先级任务的阻塞时间可控。

5.2　非抢占的临界区协议

如前文所述，有界优先级反转一般不会损害应用系统中低优先级任务临界区的实时性。真正的麻烦来自于无界优先级反转，即当低优先级任务运行在临界区时，一个中等优先级的任务抢占了它。为防止出现无界优先级反转，一种简单的处理方法是使得所有的临界区是非抢占的。即当一个任务锁定了一个资源，它的优先级调整为高于所有其他任务，直到它释放该资源（或完成了临界区的执行）。这种协议称为非抢占临界区（NPCS）协议。由于该协议中任务保护资源时是不可抢占的，循环等待不会出现，因此也不可能死锁。

例 5-2　火星探路者中的优先级反转

优先级反转一个有名的例子发生于 1977 年 7 月的火星探路者的任务执行过程中。探路者最著名的任务是用小型火星车拍摄火星表面的高分辨率彩色照片并将它们传回地球。问题出现在火星表面运行时，火星车的任务软件中。航天器中不同的设备通过 MIL-STD-1553 数据总线通信。总线的动作由一对高优先级的任务进行管理。其中一个总线管理器任务通过管道与一个低优先级的气象科学任务（任务 ASI / MET）进行通信。

该软件在地球上运行时绝大多数情况下都没有问题。然而在火星上，任务进行过程中，出现了一个严重错误，并引发一系列软件复位。当一个低优先级的科学任务占有一个与管道有关的互斥锁时，一对中等优先级的任务抢占了它，并引发了引起复位的一系列事件。当低优先级的任务被抢占时，高优先级的总线分配管理器（任务 bc_dist）试图通过相同的管道给该任务发送更多的数据。由于管道仍然被中等优先级的科学任务保护，总线分配管理器任务被迫等待。此后不久，另一个总线调度任务被激活，并通知总线分配管理器还没有完成总线周期的工作，并强迫系统复位。

图 5-4 给出了火星探路者的时间表，其中由于无界优先级反转高优先级任务 bc_dist 错过了截止期。其实，若使用 NPCS 协议重新调度这些任务，bc_dist 可在其截止期前完成，如图 5-5 所示。在新的时间表中，任务 ASI/MET 可以不被干扰地完成对互斥锁的执行。当任务 bc_dist 准备好请求互斥锁时，互斥锁是可用的，因此 bc_dist 的执行没有延迟。

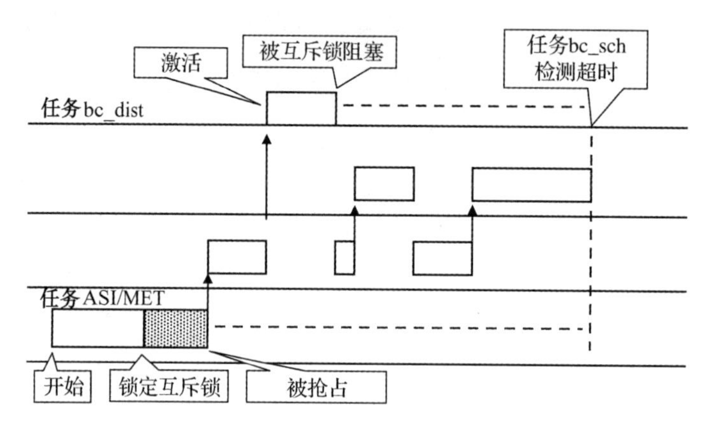

图 5-4　火星探路者的优先级反转

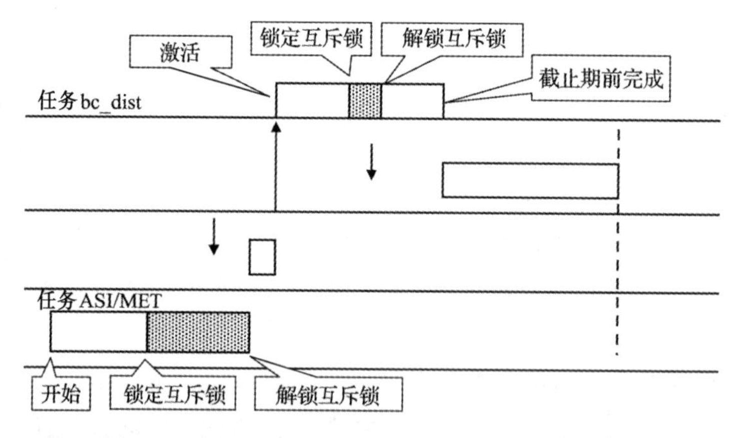

图 5-5　对图 5-4 的时间表应用非抢占的临界区协议

NPCS 协议保证任意一个高优先级的任务最多被阻塞一次。原因在于当高优先级的任务因某个资源被低优先级任务阻塞后，它在低优先级任务使用完该资源后立即执行。在开始运行后，它不可能被任何一个低优先级的任务阻塞。因此在一个具有周期任务 $T_1,T_2,\cdots,T_n$ 的系统中，若这些任务按照优先级的非增顺序排列，则 T_i 的最大阻塞时间 $b_i(rc)$ 为

$$b_i(rc) = \max\{c_k, k = i+1, i+2, \cdots, n\} \quad (5\text{-}1)$$

其中 c_k 为任务 T_k 最长临界区的执行时间。最坏的情况（最大阻塞）发生在具有最长临界

区的低优先级任务进入临界区后，高优先级的任务变成就绪态并被阻塞。

例 5-3 NPCS 协议下任务阻塞时间

设系统有四个周期任务 T_1, T_2, T_3 和 T_4，它们的优先级是递减的。它们最长的临界区执行时间分别为 4，3，6 和 2。由式（5-1），

$$b_1(rc) = \max\{c_2, c_3, c_4\} = \max\{3, 6, 2\} = 6$$
$$b_2(rc) = \max\{c_3, c_4\} = \max\{6, 2\} = 6$$
$$b_3(rc) = \max\{c_4\} = \max\{2\} = 2$$

由于 T_4 的优先级最低，它不可能被阻塞，所以 $b_4(rc) = 0$。

NPCS 协议简单易实现，也不需要事先有任务资源请求的任何知识。它可以消除无界优先级反转和死锁。然而在这种协议下，任何一个高优先级的任务可以被访问某些资源的低优先级任务阻塞，即使高优先级的任务在运行期间并不需要任何的资源。

5.3　优先级继承协议

另一种消除无界优先级反转的简单协议是优先级继承协议。在此协议中，当一个低优先级的任务阻塞了高优先级的任务时，它就继承了被阻塞的高优先级任务的优先级。这样低优先级任务能尽可能快地完成它临界区的执行。由于优先级继承，中间优先级的任意任务不能再抢占这个低优先级任务。这样就避免了无界优先级反转。一个占有资源的任务可能阻塞多个正在等待该资源的任务。在这种情况下，最后一个被阻塞的任务必须有最高的优先级，这样阻塞它的任务就继承了最高优先级。在执行完临界区并释放资源后，该任务恢复至原先的优先级。

因为在优先级继承协议中任务的优先级是可变的，我们将由调度算法（如，单调速率）分配给一个任务的优先级称为分配优先级。在固定优先级调度系统中，任务的分配优先级是一个常数。由于任务可以继承其他任务的优先级，任务可能按照一个不同于分配优先级的优先级参与调度，可以称之为任务的当前优先级。

5.3.1　优先级继承协议的规则

优先级继承协议有三条基本规则：

调度规则：就绪态的任务按照它们当前优先级在可抢占的处理器上参与调度。任务的当前优先级是任务的分配优先级，除非它在临界区并阻塞了高优先级的任务。

分配规则：在 t 时刻任务 T 锁定了资源 R，

- R 是自由的（未被其他任务锁定），R 被分配给 T 且锁定 $L(R)$ 成功。
- 若 R 不自由（被其他任务锁定），$L(R)$ 被否决且 T 被阻塞。

优先级继承规则：当一个低优先级任务阻塞了一个高优先级任务时，它继承了被阻塞的高优先级任务的当前优先级，直到它执行完临界区并解锁资源为止。然后它的优先级恢复到分配优先级。

在优先级继承规则中，强调被继承的是当前优先级的原因在于一个任务可能阻塞多个按照非递减优先级排序的任务，以下示例说明了这种情况。

例 5-4　优先级继承

表 5-1　例 5-4 中的任务

任务	优先级	发布时间	执行时间	资源时间
T_1	1	6	3	[1,2) 使用 X
T_2	2	4	5	[1,3) 使用 X;[2,3) 使用 Y
T_3	3	3	2	无
T_4	4	2	1	无
T_5	5	0	5	[1,4) 使用 X

考虑表 5-1 中给出的五个单次任务。它们的优先级在表中的第二列。按照惯例，优先值越高优先级越低。T_1 的优先级最高而 T_5 的优先级最低。图 5-6 给出了系统的时间表，以下逐步解释时间表。

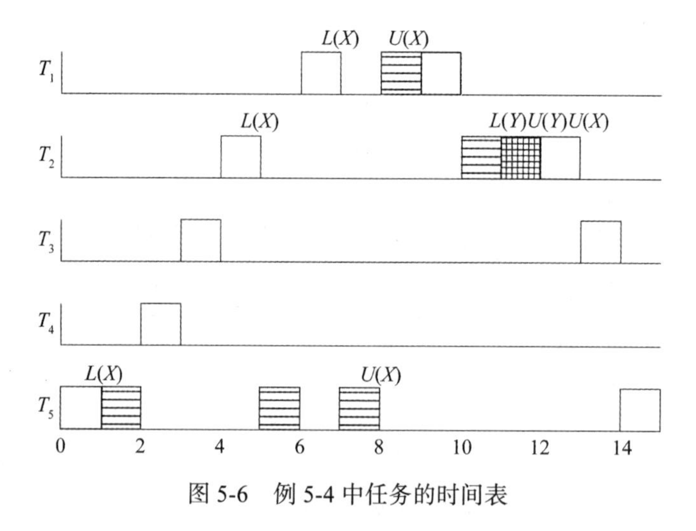

图 5-6　例 5-4 中任务的时间表

时刻 0，T_5 发布，它是唯一准备执行的任务，开始执行。

时刻 1，T_5 锁定空闲资源 X。根据分配规则，T_5 允许锁定 X。T_5 进入由 X 监管的临界区。

时刻 2，T_4 发布。因为 T_4 的优先级高于 T_5，T_4 抢占 T_5。

时刻 3，T_4 完成执行，T_3 发布。由于 T_3 的优先级高于 T_5 的优先级，T_3 被调度运行。

时刻 4，T_2 发布。因为 T_2 的优先级高于 T_3，T_2 被调度运行。T_3 被抢占。T_5 和 T_3 等待运行。

时刻 5，T_2 试图锁定 X，而 X 正被 T_5 保护。根据分配规则，锁定被否决，故 T_2 被 T_5 阻塞。根据优先级继承规则，T_5 继承了 T_2 的优先级，作为其当前优先级，该优先级高于另一个正在等待的 T_3 的优先级。所以，T_5 被调度执行。T_2 和 T_3 等待。

时刻 6，T_1 发布。由于 T_1 具有最高优先级，它抢占了 T_5 并执行。T_2、T_3 和 T_5 等待。

时刻 7，T_1 试图锁定正被 T_5 保护的 X。根据分配规则，锁定被否决，T_1 被 T_5 阻塞。根据优先级继承规则，T_5 继承 T_1 的优先级，作为该优先级高于正在等待的 T_2 和 T_3 的优先级。所以 T_5 被调度执行，T_1、T_2 和 T_3 等待。

时刻 8，T_5 完成了临界区的执行并解锁 X。它的当前优先级降低到系统中最低的分配优先级。尽管它还有一个单位时间未执行，T_5 被 T_1 抢占。T_1 锁定 X 并开始执行。T_2、T_3 和 T_5 等待。

时刻 9，T_1 完成了临界区的执行并解锁 X。它还有一个单位时间未执行。由于它的优先级最高，故继续运行。T_2、T_3 和 T_5 等待。

时刻 10，T_1 完成执行。在三个等待的任务 T_2、T_3 和 T_5 中，T_2 的优先级最高。由于 X 是空闲的，T_2 锁定 X 的请求被允许。这样，T_2 执行，T_3 和 T_5 等待。

时刻 11，T_2 锁定 Y。由于 Y 是空闲的，锁定操作成功。T_2 同时执行 X 和 Y。T_3 和 T_5 等待。

时刻 12，T_2 解锁 X 和 Y。由于 T_2 还有一个单位时间没有完成，它继续运行。T_3 和 T_5 等待。

时刻 13，T_2 完成执行。T_3 执行，T_5 继续等待。

时刻 14，T_3 完成执行。T_5 执行。

时刻 15，T_5 执行完毕。所有任务均执行完毕。

在上述任务的执行过程中，除了 T_5 外所有任务的当前优先级都是它们的分配优先级，因为它们没有阻塞过其他任务。T_5 的当前优先级变化情况如下：

$$[0,5):\pi_5;[5,7):\pi_2;[7,8):\pi_1;[8,15):\pi_5$$

这里符号 π_i 表示任务 T_i 的分配优先级。$\pi_i = i,\ i = 1,2,\cdots,5$。

讨论：

1）注意到由于优先级继承规则，任务 T_3 的优先级在 T_2 和 T_5 之间，所以当 T_2 被 T_5 阻塞时，它没有机会阻塞 T_5。因此，无界优先级反转被控制住了。

2）由于资源竞争，T_2 和 T_1 在时刻 5 和 8 被 T_5 依次直接阻塞。而 T_3 因优先级继承在时刻 5 和 7 被 T_5 阻塞。因此在优先级继承协议中，存在两种阻塞情况。

5.3.2 优先级继承协议的特性

NPCS 协议可以同时避免无界优先级反转和死锁，而且证明了优先级继承协议可以消除无界优先级反转。现在的问题是：优先级继承协议是否可以同样消除死锁？不幸的是，答案是不可以。理由很简单：它不能避免循环等待资源。查看图 5-3 中的死锁时间表。此时间表并不违反优先级继承协议的任何规则。也就是说优先级继承协议不会阻止死锁。我们使用另一个例子来进一步说明这一事实。

例 5-5 优先级继承协议下的死锁

图 5-7 显示了表 5-2 中列出的三个任务的时间表。在时刻 6，T_H 试图锁定正在被 T_L 使用的资源 X，T_L 在时刻 2 在 X 的临界区被 T_M 抢占。根据资源分配规则，锁定失败，T_H 被阻塞。T_L 的优先级更新为 1 并执行。在时刻 7，T_L 试图锁定正在被 T_H 使用的资源 Y，锁定也失败。这样 T_H 和 T_L 进入等待被对方保护的资源的循环，没有一个可以继续执行。

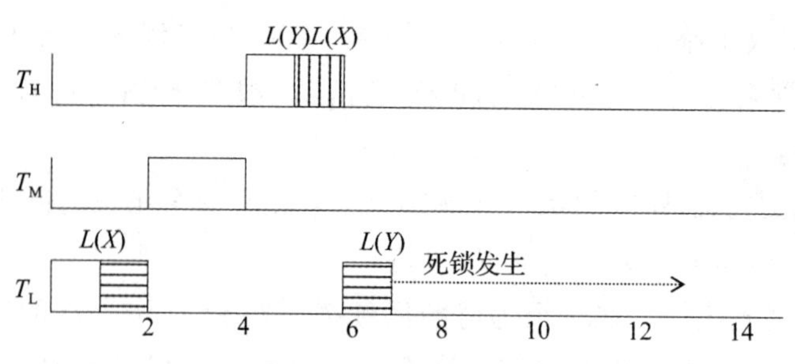

图 5-7　表 5-2 所列出的任务的时间表

表 5-2　例 5-5 中的任务

任务	优先级	发布时间	执行时间	资源利用
T_H	1	4	4	[1,4) 使用 Y;[2,3) 使用 X
T_M	2	2	3	无
T_L	3	0	7	[1,5) 使用 X;[2,3) 使用 Y

另一个任务 T_M 也不能运行，因为它的优先级不是最高的。这样出现了死锁。

低优先级的任务只有在执行临界区的时候可以阻塞一个高优先级的任务，否则它自己会被高优先级的任务抢占。

在优先级继承协议中，高优先级的任务最多只能被低优先级的任务阻塞一次。因为低优先级任务完成临界区的执行并解锁资源后，高优先级任务解除阻塞并开始执行。低优先级的任务直到高优先级任务完成执行后才能运行，即使低优先级的任务具有多个临界区。例如，图 5-6 中所给的时间表，T_1 仅被 T_5 阻塞了一次，T_2 的情况相同。图 5-8 给出了两个任务在两个资源上发生冲突，但高优先级任务仅被阻塞了一次的情形。需要再次强调的是 T_L 在时刻 5 解锁 X 后它的当前优先级降低为它的分配优先级，且在 T_H 和 T_M 完成前不会再得到运行的机会。

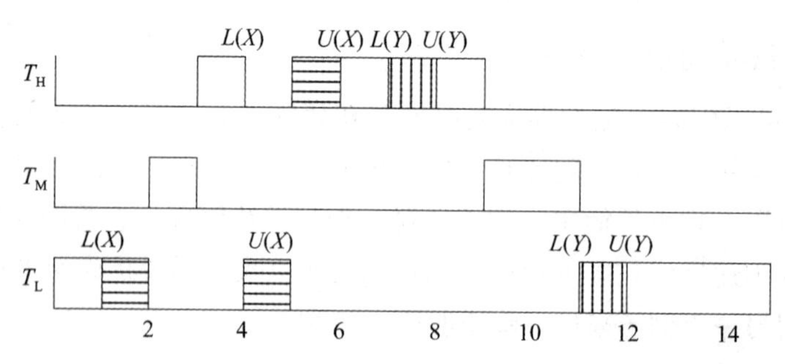

图 5-8　高优先级的任务最多被低优先级的任务阻塞一次

任务可以被多个低优先级的任务阻塞。考虑如图 5-9 中的情形，T_L 和 T_M 分别在时刻 1 和 3 锁定 X 和 Y。T_L 在时刻 2 被 T_M 抢占，而 T_M 在时刻 4 被 T_H 抢占。T_H 在时刻 5 被 T_L 阻塞于 X。这样，T_L 继承了 T_H 的优先级并执行，直至它在时刻 6 解锁了 X 为止，同时也解除了 T_H 的阻塞状态。T_H 执行至它在时刻 8 被 T_M 再次阻塞于 Y。当 T_M 在时刻 9 解锁 Y 时，它才解除阻塞状态。

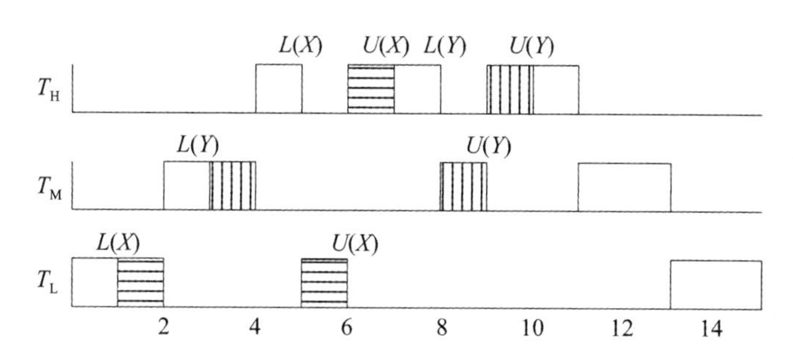

图 5-9 高优先级的任务被多个低优先级任务阻塞

优先级继承协议中，阻塞最坏的情况发生在该任务被所有低优先级的任务在它们最长的临界区阻塞一次。

综上，优先级继承协议可消除无界优先级反转。一个任务最多被所有低优先级的任务阻塞一次。然而，这个协议有几个缺点必须注意。首先，它不能阻止死锁的发生。其次，一个任务可被几乎所有的低优先级任务阻塞，所以阻塞时间可能长到使得它错过截止期。第三，因优先级继承阻塞现象的存在，一个任务可被任何一个与其没有资源冲突的低优先级任务阻塞，NPCS 协议也有这个缺点。

尽管如此，绝大多数商业的实时操作系统都支持优先级继承协议。1997 年，它也被用于解决火星探路者的优先级反转问题。

优先级继承协议也被称为基础优先级继承协议。一些在此基础上发展而来的协议具有更好的性能。下一个节讨论的优先级上限协议就是其中一员。

5.4 优先级上限协议

优先级上限协议改良自优先级继承协议，其目标是防止死锁的形成并降低阻塞时间。该协议假设在任务开始执行前，它们对资源的需求是已知的。它将每个资源与优先级上限相关联，优先级上限指可能使用该资源的所有任务的最高优先级。在优先级继承协议中，在任意时刻如有一个资源请求产生，只要资源是可用的，就会分配给发出请求的任务。然而，在优先级上限协议中，这样的请求可能不会被准许，即便这个资源是可用的。更特别的是，当一个任务抢占了另一个任务的临界区，并锁定一个新资源时，协议保证锁定有效的前提是新资源的优先级上限高于被抢占的资源的优先级。

以下是优先级相关的符号：

- Π_R：资源 R 的优先级上限。
- $\Pi(t)$：t 时刻系统的优先级上限，指该时刻所有正在使用的资源的最高优先级上限。若在时刻 t 没有资源在使用，则优先级上限 $\Pi(t)$ 是最低的，记为 Ω。

5.4.1 优先级上限协议的规则

优先级上界协议的调度、资源分配和优先级继承规则如下：

调度规则： 就绪态的任务按照它们当前优先级在可抢占的处理器上参与调度。任务的当前优先级是它的分配优先级除非它运行于临界期并阻塞了高优先级的任务。

分配规则：当任务 T 在时刻 t 锁定资源 R 时，

- 若 R 不空闲（被其他任务锁定），$L(R)$ 被否定，T 被阻塞。
- 若 R 是空闲的，
  - 如果 T 的当前优先级 $\pi(t)$ 高于 $\Pi(t)$，R 被分配给 T，且锁定 $L(R)$ 有效。
  - 如果 T 的当前优先级 $\pi(t)$ 不高于 $\Pi(t)$，只有 T 所占有的资源中有优先级上限等于 $\Pi(t)$ 的资源时，R 被分配给 T，否则锁定失败且 T 被阻塞。

优先级继承规则：当低优先级的任务阻塞高优先级的任务时，它继承被阻塞的高优先级任务的当前优先级，直至它执行完它的临界区并解锁资源。然后其优先级恢复至分配优先级。

注意到调度规则和优先级继承规则与优先级继承协议中的完全一样，唯一不同的是分配规则。在解释新规则的优点之前，先用一个例子来说明协议是如何工作的。

表 5-3　例 5-6 中的任务

任务	优先级	发布时间	执行时间	资源使用
T_1	1	6	3	[1,2) 使用 X
T_2	2	4	5	[1,3) 使用 Y;[2,3) 使用 X
T_3	3	3	2	无
T_4	4	2	1	无
T_5	5	0	5	[1,4) 使用 X

例 5-6　优先级上限协议

表 5-3 中给出的任务与表 5-1 中的类似，唯一不同的是在表 5-1 中，T_2 在 [1,3) 之间使用 X，在 [2,3) 之间使用 Y。这两个资源的优先级上限为

$$\Pi_X = 1, \Pi_Y = 2$$

图 5-10 给出了这些任务基于优先上限协议的任务时间表。

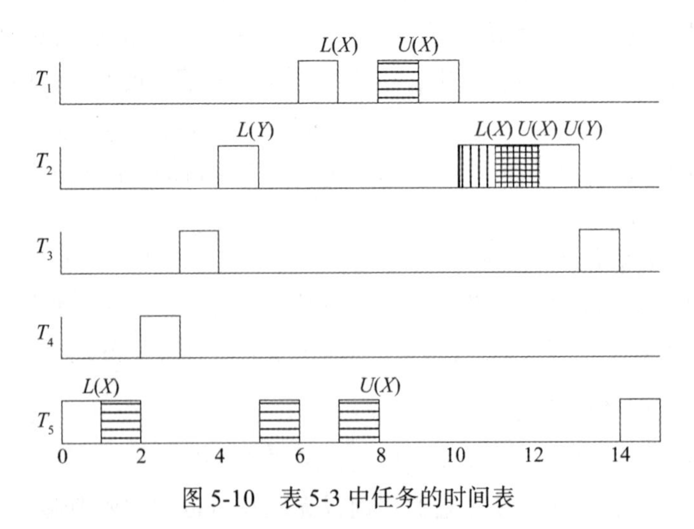

图 5-10　表 5-3 中任务的时间表

在时刻 1，当 T_5 请求资源 X 时，没有其他在使用的资源，因此优先级上限 $\Pi(1)$ 为 Ω，

这是最低的优先级。根据资源分配规则，T_5被准许使用X。在时刻2，T_5被T_4抢占，在时刻3，T_4被T_3抢占，在时刻4，T_3被T_2抢占。

在时刻5，T_2请求Y。此时，$\Pi(5)=\Pi_x=1$。因为T_2的优先级低于$\Pi(5)$，根据资源分配规则，请求被拒绝。故T_2被T_5阻塞。T_5的当前优先级更新为2，并执行。

在时刻6，T_1发布，由于它的分配优先级高于T_5的当前优先级，它抢占了T_5。在时刻7，T_1试图锁定X，但被T_5直接阻塞。这样，T_5的当前优先级更新为1，并执行。

在时刻8，T_5解锁X。T_1被解除阻塞状态并执行其X的临界区。在时刻9，任务T_1解锁X并在时刻10完成执行。注意在时刻8，T_2也同时解锁。然而由于它的当前优先级低于T_1，因此调度器没有选择运行它。

在时刻10，T_1完成执行，T_2开始执行。在时刻11，T_2请求X。此时，$\Pi(11)=\Pi_y=2$，等于T_2的当前优先级。由于T_2就是占用Y的任务，因此根据分配规则，T_2被允许使用X。T_2完成于时刻13。此后T_2和T_5分别在时刻14和15执行完它们余下的部分。

在这些任务的执行过程中，除了T_5外其他任务的当前优先级都是它们的分配优先级，原因在于它们没有阻塞过其他任务。T_5的当前优先级变化情况如下：

$$[0,5):\pi_5;[5,7):\pi_2;[7,8):\pi_1;[8,15):\pi_5$$

系统的优先级上限变化情况如下：

$$[0,1):\Omega;[1,9):\pi_1;[10,11):\pi_2;[11,12):\pi_1;[12,15):\Omega$$

讨论：

1）在时刻5，当T_2请求Y时，Y是空闲的。根据优先级继承协议，该请求应该许可。因此，优先级继承协议是一个贪婪协议，所以它不能阻止死锁。

2）除了直接阻塞和优先级继承阻塞，优先级上限协议中有第三种阻塞类型，即优先级上限阻塞。例5-6中，优先级上限阻塞发生在时刻5，T_2请求Y时。

5.4.2 优先级上限协议的特性

优先级继承规则使优先级上限协议避免了无界优先级反转，这是优先级继承协议共有的特性。如例5-6所示，优先级上限协议中严格的资源分配规则导致额外的优先级上限阻塞。然而这种阻塞有利于避免死锁。因此，优先级上限阻塞也称为阻塞避免死锁。例5-7展示了它的工作情况。

例5-7　阻塞避免死锁

已知当采用优先级继承协议时，表5-2中的三个任务会进入死锁。现在探讨采用优先级上限协议重新调度它们时会发生什么。资源的优先级上限为：

$$\Pi_X=1;\Pi_Y=1$$

如图5-11所示，第一个资源请求由T_L在时刻1发出，此时系统的优先级上限为Ω，该请求被准许。在时刻2，T_L被T_M抢占，在时刻4，T_M被T_H抢占。在时刻5，T_H请求Y。由于X正在被使用，系统的优先级上限$\Pi(5)=1$，与T_H的当前优先级相等。根据分配规则在当前这种情况下，若正被发出请求的任务占用的资源的优先级上限等于发出请求的任务的当前优先级，请求是准许的；否则，请求被否决。而在本例中，资源 X 正被 T_L 使用，不是 T_H。因此，请求被否决，T_H 被优先级上限阻塞。T_L 继承 T_H 的优先级并运行，在时刻 8，T_L 解锁了 X。然后，T_H 恢复执行，并在时刻 11 完成。T_M 和 T_L 分别在时刻 12 和 14 执行完其剩余的部分。死锁被避免了。

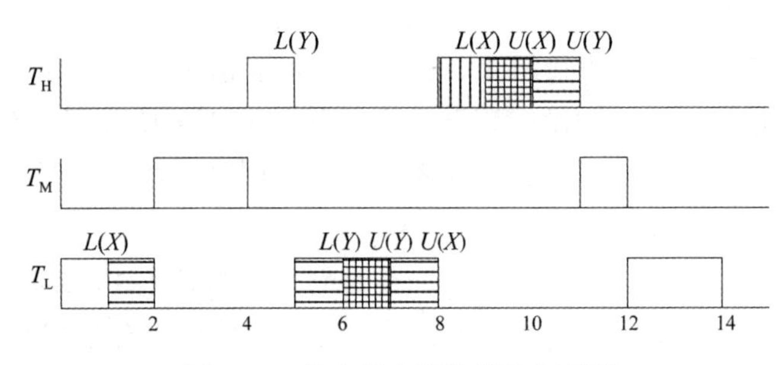

图 5-11　优先级上限协议避免死锁

优先级上限协议通过否决可能形成死锁的资源请求，阻止了死锁的形成。如果发出请求的任务的当前优先级高于系统优先级上限，根据系统优先级上限的定义，发出请求的任务肯定不会请求任何一个正被占用的资源。所以分配资源给该任务是安全的。否则，发出请求的任务可能需要使用被其他任务占用的资源，这可能导致死锁，因此该请求应该被否决。一个例外的情况是发出请求的任务自己占用的资源优先级上限等于系统的优先级上限。在这种情况下，发出请求的任务不会请求其他任务占用的资源，因此分配资源给该任务是安全的。

除了可以避免死锁，优先级上限协议还可以阻止链式阻塞，如图 5-9。使用优先级上限协议重新调度图 5-9 中的任务，新的时间表在图 5-12 中给出。在新的时间表中，在时刻 3，T_M 在试图锁定 Y 时，被优先级上限阻塞。因此，由于对资源 Y 争用发生的 T_M 对 T_H 的阻塞被避免了。（在这个特殊例子里，T_L 对 T_4 的阻塞也被避免了，但这并不是常见的情形。如果 T_L 的临界区时间大于 2 个单位时间，T_H 将在时刻 5 被 T_L 阻塞。）

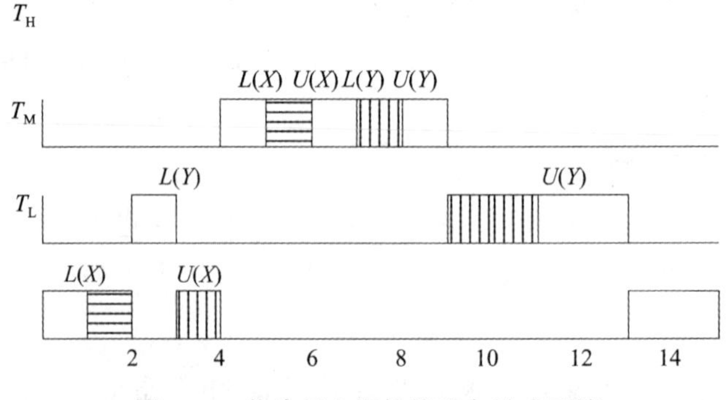

图 5-12　优先级上限协议避免链式死锁

实际上，只要高优先级的任务将要访问一个正在被低优先级的任务使用的资源，没有一个中间优先级的任务可以成功锁定任何一个高优先级任务将要访问的资源。换句话说，在优先级上限协议中，任务最多可以被阻塞一个临界区的时间。

综上，优先级上限协议消除了无界优先级反转，阻止了死锁的形成，避免了链式阻塞。任务最多可以被阻塞一个临界区的时间。这些优点是优先级继承协议的一个巨大的改善。当然，这些改善也有代价，如资源优先级上限和系统优先级上限的计算开销，由优先级上限阻塞导致的额外的上下文切换的开销。通常，一个不需要访问资源的任务因抢占最多可能遭受两次上下文切换。一个访问资源的任务因阻塞可能遭受两次额外的上下文切换。

5.4.3 最坏情况的阻塞时间

如前所述，当资源访问受控于优先级继承协议时，有三种阻塞：直接阻塞、优先级继承阻塞和优先级上限阻塞。

直接阻塞发生在高优先级任务请求一个正被低优先级任务使用的资源时。最大阻塞时间是低优先级任务的临界区执行时间。

当一个低优先级任务阻塞一个高优先级任务时，它继承了高优先级任务的优先级。这样，它进一步的优先级继承阻塞了优先级在它们的分配优先级之间的所有任务。最大阻塞时间是低优先级任务的临界区执行时间。

在一个低优先级任务成功锁定资源 R 后，如果高优先级任务的优先级不高于 R 的优先级上限，则每个高优先级的任务在锁定其他资源时会被优先级上限阻塞。最大阻塞时间是低优先级任务的临界区执行时间。

注意到直接阻塞和优先级上界阻塞不会发生于不需要资源的任务，仅仅发生在任务请求资源的时候。此外，即使任务在多个资源上与其他任务发生冲突，该任务只会被阻塞最多一个临界区执行时间。下面，用例子说明在优先级上限协议中，如何计算一个任务最坏情况下的阻塞时间。

例 5-8　阻塞时间计算

考虑一个具有五个任务和三个资源的系统，任务的资源需求如下：

T_1：$[X;2][Y;4]$

T_2：$[Z;1]$

T_3：$[Y;3][Z;6]$

T_4：None

T_5：$[X;4][Z;2]$

这些任务按照优先级降序编号。现在讨论所有可能的阻塞和阻塞时间。

直接阻塞：

- 优先级最低的任务 T_5 与 T_1 共享 X，与 T_2、T_3 共享 Z。因此 T_5 可以直接阻塞 T_1 4 个单位时间（T_5 对 X 的临界区执行时间），直接阻塞 T_2、T_3 任务各 2 个单位时间（T_5 对 Z 的临界区执行时间）。
- T_3 与 T_1 共享 Y，与 T_2 共享 Z。因此 T_3 可直接阻塞 T_1 3 个单位时间（T_3 对 Y 的临界区执行时间），直接阻塞 T_2 6 个单位时间（T_3 对 Z 的临界区执行时间）。

优先级继承阻塞：

- 在最坏的情况下，T_5 阻塞 T_1 后，它可以优先级继承阻塞 T_2、T_3 和 T_4 4 个单位时间。
- 在最坏的情况下，T_5 阻塞 T_2 后，它可以优先级继承阻塞 T_3 和 T_4 2 个单位时间。
- 在最坏的情况下，T_5 阻塞 T_3 后，它可以优先级继承阻塞 T_4 2 个单位时间。
- 在最坏的情况下，T_3 阻塞 T_1 后，它可以优先级继承阻塞 T_2 3 个单位时间。

优先级上限阻塞：

- 在最坏的情况下，T_5 锁定 X 成功后，它可以优先级上限阻塞 T_2 和 T_3 4 个单位时间。
- 在最坏的情况下，T_5 锁定 Z 成功后，它可以优先级上限阻塞 T_3 2 个单位时间。
- 在最坏的情况下，T_3 锁定 Y 成功后，它可以优先级上限阻塞 T_2 3 个单位时间。

表 5-4 例 5-8 中任务的最坏情况阻塞时间

	直接阻塞				优先级继承阻塞				优先级上限阻塞			
任务	T_2	T_3	T_4	T_5	T_2	T_3	T_4	T_5	T_2	T_3	T_4	T_5
T_1		3		4								
T_2		6		2		3		4		3		4
T_3				2				4				4
T_4								4				

表 5-4 给出了所有不同种类的阻塞下的最大阻塞时间。表内包含三个子表，分别对应了直接阻塞、优先级继承阻塞和优先级上限阻塞。每个可阻塞的任务占一行。由于 T_5 的优先级最低因此未被阻塞，所以它没有在表中列出。例如，从 T_1 那行可以发现：T_1 可以被 T_3 直接阻塞 3 个单位时间，被 T_5 直接阻塞 4 个单位时间。同时还可以发现 T_1 没有优先级继承阻塞和优先级上限阻塞。从 T_3 那行可以发现：T_3 可以被 T_5 直接阻塞 2 个单位时间，被 T_5 优先级继承阻塞 4 个单位时间及优先级上限阻塞 4 个单位时间。我们也可从列中读取表格。例如，在优先级继承阻塞子表中，从 T_5 那列可以发现：T_5 可以优先级继承阻塞 T_2、T_3 和 T_4 各 4 个单位时间。

表中绝大多数条目的值均来自于我们刚才进行的分析。然而，对于一个条目有多个值的情形，我们将最大的值记录于表内，因为我们考虑的是最长阻塞时间。例如，我们之前进行的分析表明在 T_5 直接阻塞 T_1 后，T_5 可以优先级继承阻塞 T_3 4 个单位时间。在 T_5 直接阻塞 T_2 后，它还可以优先级继承阻塞 T_3 2 个单位时间。这样我们将 4 记入优先级继承阻塞子表的相应条目中。

由于一个任务仅能被阻塞一个临界区的执行时间，该任务的最大阻塞时间等于其对应行中最大条目的值，有

$$b_1(rc)=4;\ \ b_2(rc)=6;\ \ b_3(rc)=4;\ \ b_4(rc)=4$$

通常，直接阻塞的表根据资源需求描述构建。优先级继承表中的条目 (i, j) 为直接阻塞表中第 j 列和第 $1, 2, \cdots, i-1$ 行中所有条目的最大值。当所有任务的优先级不同时，优先级上限阻塞表中的条目与优先级继承阻塞表中的条目相同，但不需要任何资源的任务除外，这些任务不会被优先级上限阻塞。

5.5 堆栈共享优先级上限协议

堆栈共享优先级上限协议提供了堆栈共享能力并简化了优先级上限协议。在此协议中，任务的最坏情况阻塞时间和优先级上限协议相同，但与优先级上限协议相比，此协议会产生较小的上下文切换开销。

在任务间共享堆栈消除了堆栈空间的碎片，节省了内存。通常，每个任务有自己的运行堆栈，用于存储任务的本地变量和返回地址，如图 5-13a 所示。任务堆栈使用的内存在任务创建时自动分配。当系统中任务的数目过于庞大，几个任务共享运行堆栈是降低总体内存需求的必要手段，如图 5-13b 所示。

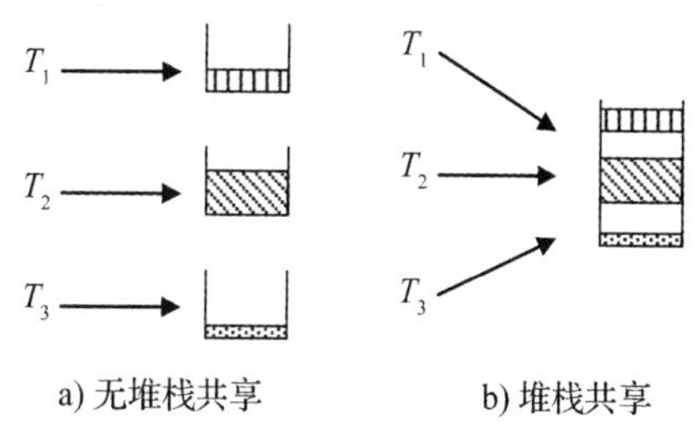

图 5-13 任务的运行堆栈

5.5.1 堆栈共享优先级上限协议的规则

当多个任务共享公用的运行堆栈时，执行的任务会是堆栈顶部的那个任务。当它运行完时，任务空间会被释放。当任务 T_i 被另一个任务 T_j 抢占时，T_j 取代 T_i，占据了栈顶的位置。被抢占的任务只能在回到栈顶时恢复运行，即总是执行占据栈空间顶部的任务。显然，这样的空间共享原理不允许出现任何种类的阻塞。

假设当 T_j 抢占了 T_i 之后，如果 T_j 请求一个被 T_i 占用的资源，位于堆栈顶部的 T_j 被阻塞，而阻塞它的任务 T_i 在回到堆栈顶部前也无法运行，这样死锁就产生了。所以，当一个任务被调度执行时，我们需要确定在该任务完成前它不会因资源访问而被阻塞。

堆栈共享优先级上限协议的规则如下：

- 优先级上限更新：当所有资源可用时，系统的优先级上限 $\Pi(t)=\Omega$。$\Pi(t)$ 在每次资源被分配或释放时更新。
- 调度规则：在一个任务发布后，它将被阻止执行直到它的分配优先级高于 $\Pi(t)$。在所有的时间内，没有被阻塞的任务按照它们的分配优先级在基于优先级抢占的处理器上调度。
- 分配规则：当任务请求资源时，它可以得到请求的资源。

例 5-9 堆栈共享优先级上限协议

先利用堆栈共享优先级上限协议重新调度表 5-3 中的五个任务。图 5-14 给出了新的时间表，该表比图 5-10 中基于优先级上限协议的时间表更加简单。相关解释如下：

在时刻 0，T_5 发布，且堆栈是空的，故它开始运行。

在时刻 1，T_5 请求 X。根据分配规则，T_5 获得 X。系统优先级上限 $\Pi(t)$ 从 Ω 更新为 Π_X，$\Pi_X=1$。

在时刻 2，T_4 发布。由于 T_4 的分配优先级低于 $\Pi(t)$，它被阻塞。T_5 继续执行。

在时刻 3，T_3 发布。由于 T_3 的分配优先级低于 $\Pi(t)$，它被阻塞。T_5 继续执行。

在时刻 4，T_5 解锁了 X。$\Pi(t)$ 变为 Ω。同时，T_2 发布。由于 T_2 的分配优先级高于 $\Pi(t)$，它被调度执行。T_5 被抢占。T_2 所占的堆栈空间在 T_5 的上方。

在时刻5，T_2 请求 Y，此时 Y 是可用的。根据分配规则，T_2 获得 Y。而 $\Pi(t)$ 从 Ω 更新为 Π_Y，$\Pi_Y=2$。

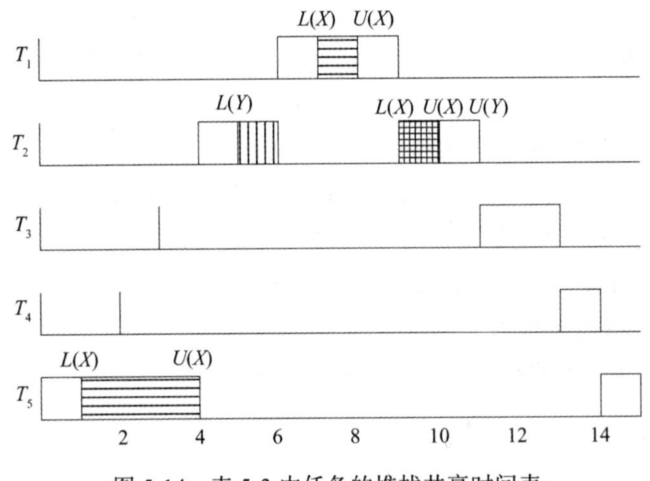

图 5-14 表 5-3 中任务的堆栈共享时间表

在时刻6，T_1 发布。由于 T_1 的分配优先级高于 $\Pi(t)$，它被调度执行。T_2 被抢占。T_1 所占的堆栈空间在 T_2 的上方。现在 T_5 在堆栈的底部，T_2 在中间，T_1 在顶部，正在运行。

在时刻7，T_1 请求 X，此时 X 是可用的。T_1 获得 X。$\Pi(t)$ 从 Π_Y 更新为 Π_X，$\Pi_X=1$。T_1 继续执行。

在时刻8，T_1 解锁了 X。$\Pi(t)$ 变为 Π_Y。T_1 继续执行。

在时刻9，T_1 完成。T_2 回到堆栈的顶部。此时，T_5 在 T_2 的下面。还有两个被阻塞的任务：T_3 和 T_4。因为 T_2 的优先级最高，所以 T_2 执行。T_2 请求并获得 X。$\Pi(t)$ 从 Π_Y 更新为 Π_X。

在时刻10，T_2 同时解锁了 X 和 Y。$\Pi(t)$ 降低为 Ω。T_2 继续执行。

在时刻11，T_2 完成。T_5 回到堆栈的顶部。被阻塞的任务 T_3 和 T_4 还在等待运行。因为 T_3 的优先级最高，T_3 被分配于 T_5 上方的堆栈空间，并开始执行。

在时刻13，T_3 完成。T_5 回到堆栈的顶部。然而，由于 T_4 的优先级高于 T_5，T_4 被分配于 T_5 上方的堆栈空间，并开始执行。

在时刻14，T_4 完成。剩下最后一个任务 T_5 执行并在时刻15执行完成。

5.5.2 堆栈共享优先级上限协议的特性

堆栈共享优先级上限协议是上一节中所介绍的优先级上限协议的改进版。它具有优先级上限协议所有的优点，包括：没有无界优先级反转、无死锁、无链式阻塞。在堆栈共享优先级上限协议下，阻塞仅发生在任务发布时。一旦任务开始执行，它只可能被抢占但在完成前不会被阻塞。因为这样，没有一个任务遭受两次以上上下文切换。相比之下，在优先级上限协议中，需要访问资源的任务可能遭受四次上下文切换：两次由抢占导致，两次由阻塞导致。

尽管堆栈共享优先级上限协议是在考虑堆栈共享的情况下开发的，但它可以针对非堆栈共享系统进行重新制定。重新制定的协议的规则如下：

调度规则：

1）当任务没有占用资源时，每个任务以分配优先级执行。

2）具有相同优先级的任务根据 FIFO 调度。

3）每个占用资源的任务的优先级是该任务所占用的资源中的最高优先级上限。

分配规则：当任务请求资源时，它可以得到请求的资源。

习题

1. 什么是优先级反转？在基于优先级的系统中，所有任务可抢占，且执行只需要处理器，优先级反转会发生吗？在本章介绍的四种协议中，哪种协议可以阻止优先级反转？
2. 什么是死锁？死锁可以发生的条件是什么？ NPCS 协议可以阻止死锁吗？优先级继承协议可以阻止死锁吗？
3. 解释以下每一个术语：
   (a) 分配优先级
   (b) 当前优先级
   (c) 资源优先级上限
   (d) 系统优先级上限
   (e) 直接阻塞
   (f) 优先级继承阻塞
   (g) 优先级上限阻塞
4. 如何评估一个资源访问控制协议的性能？
5. 判断以下表述是否正确，请简要阐述理由。
   (a) 在 NPCS 协议中，当两个任务共享资源时，高优先级的任务可以阻塞低优先级的任务。
   (b) 在优先级继承协议中，占用资源的任务在系统所有任务中的优先级最高。
   (c) 优先级上限阻塞也称为避免阻塞，因为阻塞阻止了任务间的死锁。
   (d) 优先级继承协议和优先级上限协议最基本的差别是它们的优先级继承规则不同。
   (e) 在堆栈共享优先级上限协议中，如果任务不需要任何资源，它不会遭遇优先级反转。
   (f) 在优先级上限协议中，任务最大的阻塞时间是它的直接阻塞时间、优先级继承阻塞时间和优先级上限阻塞时间之和。
6. 以下任务在单个处理器上调度，且可抢占。

任务	优先级	发布时间	执行时间	资源利用
T_1	1	7	3	[1,2) 使用 X
T_2	2	5	3	[1,3) 使用 X;[2,3) 使用 Y
T_3	3	4	2	无
T_4	4	2	2	[1,2) 使用 X
T_5	5	0	5	[1,4) 使用 X

（a）构建没有资源访问控制时的时间表。

（b）利用 NPCS 协议构建时间表，并详细解释该时间表。

（c）利用优先级继承协议构建时间表，并详细解释该时间表。

7. 以下五个任务在单个处理器上调度，且可抢占。

任务	优先级	发布时间	执行时间	资源利用
T_1	1	8	2	[1,2) 使用 X
T_2	2	5	4	[2,3) 使用 Y
T_3	3	3	2	[1,2) 使用 X
T_4	4	2	1	无
T_5	5	0	5	[1,4) 使用 X

（a）利用优先级继承协议构建时间表，并详细解释该时间表。

（b）利用优先级上限协议构建时间表，并详细解释该时间表。

8. 以下四个任务在单个处理器上调度，且可抢占。

任务	优先级	发布时间	执行时间	资源利用
T_1	1	8	2	[1,2) 使用 X
T_2	2	5	4	[2,3) 使用 Y
T_3	3	3	2	[1,2) 使用 X
T_4	4	2	1	无
T_5	5	0	5	[1,4) 使用 X

（a）利用优先级上限协议构建时间表，并详细解释该时间表。

（b）利用堆栈共享优先级上限协议构建时间表，并详细解释该时间表。

9. 系统有五个任务，及三个资源 X、Y、和 Z。任务的资源请求如下：

T_1：[X;1][Y;2]

T_2：[Z;4]

T_3：[X;2]

T_4：[X;2][Y;3]

T_5：[X;1][Z;3]

上述任务按照优先级降序编号，且采用优先级上限协议调度。请为每个任务找出最大阻塞时间。

10. 系统有七个任务及三个资源 X、Y、和 Z。任务的资源请求如下：

T_1：[Y;2]

T_2：[Z;1]

T_3：[X;2]

T_4：[X;2][Y;3]

T_5：[Y;1][Z;3]

T_6：[X;2]

T_7：[X;2][Z;2]

上述任务按照优先级降序编号，且采用优先级上限协议调度。请为每个任务找出最大阻塞时间。

阅读建议

Lamposn 和 Redell 最早指出优先级反转问题 [1]。Sha、Rajkumar 和 Lehoczky[2] 介绍了优先级继承协议和优先级上限协议。参考文献 [3] 中 Baker 针对实时处理，提出了基于堆栈的资源分配策略。Chen 和 Lin[4] 在动态优先级系统中实现了优先级上限协议。Chen 和 Ras[5] 讨论了优先级上限协议在 Ada-2005 系统中的实现。参考文献 [6] 全面地介绍了优先级反转控制策略。

与其他许多操作系统教材类似，参考文献 [7] 给出了死锁发生的四个 Coffman 条件。Davison 和 Lee[8] 讨论了并发实时系统中避免死锁的技术。

参考文献

1 Lampson, B. and Redell, D. (1980) Experience with processes and monitors in MESA. *Communications of the ACM*, **23** (2), 105–117.
2 Sha, L., Rajkumar, R., and Lehoczky, J. (1990) Priority inheritance protocols: an approach to real-time synchronization. *IEEE Transactions on Computers*, **39** (9), 1175–1185.
3 Baker, T.P. (1991) A stack-Based Resource Allocation Policy for Real-Time Processes. *Proceedings of the 12th IEEE Real-Time Systems Symposium*, San Antonio.
4 Chen, M.L. and Lin, K.J. (1990) Dynamic priority ceilings: A concurrency control protocol for real-time systems. *Real-Time Systems Journal*, **2** (4), 325–346.
5 Cheng, A. and Ras, J. (2007) The implementation of the Priority Ceiling Protocol in Ada-2005. *ACM SIGADA Ada Letters*, **27** (1), 24–39.
6 Liu, J. (2000) *Real-Time Systems*, Prentice Hall.
7 Silberschatz, A. (2006) *Operating System Principles*, 7th edn, Wiley-India.
8 Davidson, S. and Lee, I. (1993) Deadlock prevention in concurrent real-time systems. *Real-Time Systems*, **5**, 305–318.

第 6 章
Real-Time Embedded Systems

并发编程

前几章主要介绍了实时任务、任务调度及资源访问控制的概念和理论。本章将介绍实时嵌入式软件的实现，主要介绍任务间同步和通信机制。本章中所有程序示例均已在 Ubuntu 集成开发环境 Code::Blocks 中进行测试。

6.1 简介

并发编程是一种表征潜在并行性的技术。它将整体计算划分为若干个可同时执行的子计算，即在重叠的时间周期内执行若干个计算。

实际上，所有的实时系统本质上都是并发式的，因为现实世界中多个设备是同时运行的。例如，洗衣机常常在同一时间需要完成多项工作：注水、监测水位、监测水温、定时清洗周期、释放洗涤剂、控制搅拌器、旋转缸体等。一个温控器至少有三个任务一直在运行：监控室温、监控定时器和轮询键盘。因此，这些设备控制器编程的固有方式就是并发编程。

对于程序设计人员和使用者而言，并行编程有一些突出的优点。首先，它能提高应用程序的响应速度。利用并发计算，即使系统正在执行其他复杂的运算，它也可以立即响应每个用户的请求。其次，它可以提高处理器的利用率。多个任务争用处理器时间，并在任务准备好运行时保持处理器繁忙。当一个任务被阻塞，其他任务仍可以运行。第三，它为故障隔离提供了便利的结构。

你也许困惑于是否可以用串行编程技术应对并发任务。如果你选择这样做，你必须构建一个可以循环执行程序序列的系统，以处理基本上彼此无关的各种并发活动。由此产生的程序将更加晦涩和混乱，从而使问题的分解更加复杂。

值得注意的是并发编程和并行编程这两个概念彼此关联，但并不相同。并发编程的目标是允许任务在单个处理器上复用它们的执行，并解决问题的复杂性。然而并发计算中，在任一时刻，只有一个任务在执行。

相反，并行计算中的多个任务的执行在同一时刻发生。例如，发生在多处理器系统的任意一个独立的处理器上，以提高计算速度。并行计算不可能在单个处理器上实现，因为在任何时刻只能进行一次计算。

6.2 POSIX 线程

本章使用 POSIX（可移植操作系统接口）线程，或 Pthread，作为并发编程中问题和解决方案的示例。原因在于 POSIX 给实时嵌入式系统提供了一套标准的应用编程接口（API）。虽然许多 RTOS 供应商都有自己的专有编程接口，但仍需要保持与 POSIX

的一致性，这样使得软件具备了跨不同操作系统和硬件实现的互操作性。由于本章的目的不是介绍 Pthread，因此并不会介绍很多 Pthread 的细节内容。相反地，仅简要介绍了并发编程概念所必需的实例。有 C、C++ 或 Java 编程经验的读者可以理解本章给出的例程。

Pthread 被定义为一组 C 语言程序的类型和过程调用，使用 pthread.h 头文件和线程库实现。Pthreads API 例程是为线程管理、互斥锁、条件变量以及具有读 / 写锁和障碍的线程同步而提供的。

通过调用 pthread_create() 可创建一个新线程，该例程具有以下原型：

```
int pthread_create(pthread_t *thread,
        const pthread_attr_t *attr,
        void *(*start_routine) (void *),
        void *arg);
```

其中，例程的第一个参数 thread 是新线程的不透明的、唯一的标识符。attr 参数指向 pthread_attr_t 结构体，用于设置新线程的属性。新线程通过调用 start_routine() 开始执行；arg 作为 start_routine() 的唯一参数被传递。成功则返回 0；失败则返回错误编号。

属性用于指定线程的行为。表 6-1 列出了所有属性及其简要说明。

表 6-1　Pthread 属性

属性	描述
Scope	线程竞争资源的范围
Detachstate	线程是否可以连接
Stackaddr	线程的栈空间分配
Stacksize	线程的栈尺寸
Priority	线程的优先级
Policy	线程的调度策略
Inheritsched	调度策略和参数是否继承自父线程
Guardsize	线程堆栈的保护区域的大小

默认的属性对象为 NULL，此时堆栈大小通常设定为 1MB，线程的优先级与其父线程的优先级相同，调度策略为分时复用。属性只有在创建线程时设定，在线程创建并运行时属性无法修改。属性对象是不透明的，且不能直接通过赋值修改。每个属性对象的初始化、配置和销毁可调用相应的函数来完成。例如，pthread_attr_setscope(attr) 用于设置指定属性的范围。属性对象的类型是 pthread_attr_t。pthread_attr_init(attr) 函数用于初始化属性对象。当已经创建的线程不再需要时，可以调用 Pthread_attr_destory(attr) 函数释放该对象的内存。

其他重要的线程管理函数如下：

- void pthread_exit(void *status) 该函数用于结束一个已经调用的线程。

- int pthread_join(pthread_t thread, void *status) 该函数用于阻塞一个已经调用的线程，直到指定的线程 thread 结束。如它的名字所表述的，这是一个同步函数。所有的 Pthread 默认都是可连接的。
- int pthread_cancel(pthread_t thread) 该函数用于取消线程 thread。

注意程序的 main() 函数包含了一个默认的线程。其他所有的线程必须通过调用 pthread_create() 创建。线程可以在代码的任何位置创建。一旦创建，线程就是对等体，可以创建其他线程。

图 6-1 中的代码显示了如何创建一个默认属性的线程和一个自定义属性线程。第 1 行包含了一个 pthread.h 头文件，因为所有的 Pthread API 都定义在该文件里。第 4 行声明了一个线程属性的对象，该对象在 41 行通过调用 pthread_attr_init() 函数进行初始化。第 46 行调用 pthread_attr_getdetachstate() 函数将 detachstate 属性设置为 PTHREAD_CREATE_JOINABLE。

在起始于第 36 行的主函数中，第 37 行声明了两个线程 ID，即 threadD 和 threadC。第 51 行创建了一个默认属性对象的线程，其属性对象的参数为 NULL。该线程的实例是第 6～10 行的 threadDefault()。第 57 行创建了一个属性对象为 attr 的线程。该线程的实例是第 12～34 行的 threadCustomized()。第 61 和 62 行调用 pthread_join() 函数使得刚创建的两个线程和默认的主线程同步。第 65 行释放了属性对象的内存。第 66 行退出主线程及整个程序。

默认属性的线程只输出一个信息，表示线程已经创建并运行。在自定义属性的线程实例中，在第 18 行通过调用函数 pthread_attr_getdetachstate() 从属性对象 attr 中检索分离状态，然后将其打印出来。在第 25 行从 attr 检索了调度策略。由于创建线程前，并没有设置策略值，检索到的策略值是默认值。

```
1.  #include <pthread.h>
2.  #include <stdio.h>
3.
4.  pthread_attr_t attr;
5.
6.  void *threadDefault(void *arg) {
7.      printf("A thread with default attributes is created!\n\n");
8.      pthread_exit(NULL);
9.      return NULL;
10. }
11.
12. void *threadCustomized(void *arg) {
13.     int policy;
14.     int detachstate;
15.     printf("A thread with customized attributes is created!\n");
16.
17.     /* Print out detach state */
18.     pthread_attr_getdetachstate(&attr, &detachstate);
19.     printf("  Detach state: %s\n",
20.         (detachstate == PTHREAD_CREATE_DETACHED) ?
              "PTHREAD_CREATE_DETACHED" :
21.         (detachstate == PTHREAD_CREATE_JOINABLE) ?
```

图 6-1　Pthread 的建立与退出

```
            "PTHREAD_CREATE_JOINABLE" :
22.         "???");
23.
24.     /* Print out scheduling policy */
25.     pthread_attr_getschedpolicy(&attr, &policy);
26.     printf("  Scheduling policy: %s\n\n",
27.         (policy == SCHED_OTHER) ? "SCHED_OTHER" :
28.         (policy == SCHED_FIFO)  ? "SCHED_FIFO" :
29.         (policy == SCHED_RR)    ? "SCHED_RR" :
30.         "???");
31.
32.     pthread_exit(NULL);
33.     return NULL;
34. }
35.
36. int main(int argc, char* argv[]) {
37.     pthread_t threadD, threadC;
38.     int rc;
39.
40.     /* Inlitialize attributes */
41.     rc = pthread_attr_init(&attr);
42.     if (rc)
43.         printf("ERROR; RC from pthread_attr_init() is %d \n", rc);
44.
45.     /* Set detach state and  */
46.     rc = pthread_attr_setdetachstate(&attr,
      PTHREAD_CREATE_JOINABLE);
47.     if (rc)
48.         printf("ERROR; RC from pthread_attr_setdetachstate()
           is %d \n", rc);
49.
50.     /* Creating thread  with default attributes */
51.     rc = pthread_create(&threadD, NULL, threadDefault, NULL);
52.     if (rc)
53.         printf("ERROR when creating default thread; Code is
           %d\n", rc);
54.
55.     /* Creating thread  with constructed attribute object */
56.     rc = pthread_create(&threadC, &attr, threadCustomized,
      NULL);
57.     if (rc)
58.         printf("ERROR when creating customized thread;
           Code is %d\n", rc);
59.
60.     /* Synchronize all threads */
61.     pthread_join(threadD, NULL);
62.     pthread_join(threadC, NULL);
63.
64.     /* Free up attribute object and exit */
65.     pthread_attr_destroy(&attr);
66.     pthread_exit(NULL);
67. }
```

图 6-1 （续）

注意第 9 和 33 行并不会执行，因为它们是空行，不会被编译。

程序的输出如图 6-2 所示。

6.3 同步机制

并发程序需要小心地构建以使得进程或线程可以交换信息，但不会相互干扰并导致错误。它们通常需要满足交错执行的某些约束。由于竞争条件行为，这种同步要求是必要的。为了有效地防止多个任务访问共享数据，大多数 RTOS 内核提供同步对象以帮助程序员实现同步。其中，互斥锁、条件变量和信号量就是最常见的内核对象。本节首先介绍竞争条件和临界区的概念，然后介绍进程同步的一些解决方案。

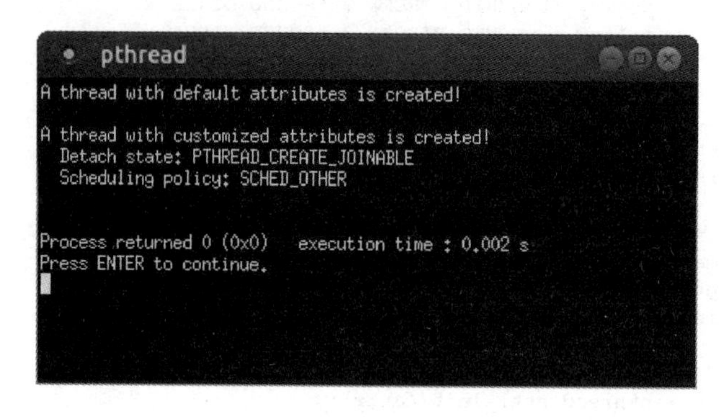

图 6-2　图 6-1 中程序的输出

6.3.1　竞争条件和临界区

在并发计算中，同时运行着多个进程或线程。通常，程序员无法控制何时交换进程。交换或抢占受控于操作系统的调度器，而不是程序员。任何进程可能在任意一条指令执行后被中断。当两个或多个进程通过共享数据进行交互时会发生竞争条件，最终结果取决于进程的确切指令顺序。

考虑 ATM 机有两个进程：将钱存入账户的进程 P1 和从账户支取资金的进程 P2。每个进程顺序执行如下三个步骤：

- 读取账户余额
- 修改余额
- 写回余额

假设一对夫妇的联合账户余额为 1000 美元。当丈夫通过一台 ATM 机向账户存入 200 美元时，妻子在另一台 ATM 机上提取 200 美元。如果两个进程按照如下顺序执行：

- P1：读取账户余额
- P1：增加余额
- P1：写回账户余额
- P2：读取账户余额
- P2：减少余额
- P2：写回账户余额

或者按照如下顺序执行：

- P2：读取账户余额
- P2：减少余额
- P2：写回账户余额
- P1：读取账户余额

- P1：增加余额
- P1：写回账户余额

最终的余额仍是 1000 美元，这是正确的。然而如果两个进程按如下顺序交错执行：

- P1：读取账户余额
- P2：读取账户余额
- P1：增加余额
- P1：写回账户余额
- P2：减少余额
- P2：写回账户余额

最后会得到错误的余额：800 美元。问题的根本原因在于存取款业务不是互斥的。互斥操作是不可中断的。访问共享地址空间就是一个例子。

程序中，访问共享数据的代码段称为临界区。进入临界区是任务的一个特殊状态。当任务进入临界区读取共享数据时，其他需要访问该数据的任务会等待。这样避免了竞争条件。由于实时系统中，任务必须满足其时间截止期，临界区代码必须尽可能的短。通常，任务在大多数情况下仅对局部变量执行非关键性工作。我们不应将不必要的代码放入临界区。此外，如无限循环等临界区的编码错误必须仔细检查并删除。

第 5 章曾经提到在进入临界区前，进程必须锁定互斥锁或信号量。在接下来的几节中将会介绍大多数 RTOS 均会提供的这种任务同步机制。

6.3.2 互斥

互斥（Mutex）是互斥对象的缩写形式，用于允许多个任务共享同一个资源，如全局数据，但不能同时访问。对互斥对象有如下两个基本操作：

- LOCK（mutex）：它阻塞调用该函数的任务，直到互斥对象可用为止，然后锁定互斥对象使其对其他任务不可用。
- UNLOCK（mutex)：它解锁互斥对象并使得其对其他任务可用。

在一个资源被多个任务共享的程序中，每个资源会创建一个具有唯一名字的互斥对象。此后，任何一个需要共享资源的任务必须从其他使用该资源的任务手中锁定相应的互斥对象。当该数据不再需要或者任务结束时，互斥对象会解锁。

在 POSIX 中有三个处理互斥操作的函数：

- int pthread_mutex_lock(pthread_mutex_t *mutex)：该函数锁定由参数 mutex 指定的互斥对象。若该对象已经被其他线程锁定，该调用将阻塞调用线程直到该对象被解锁。
- int pthread_mutex_unlock(pthread_mutex_t *mutex)：当该函数被所在线程调用时，将解锁由参数 mutex 指定的互斥对象。如果调用该函数的线程没有锁定该互斥对象，或该互斥对象已经被解锁，将返回错误。
- int pthread_mutex_trylock(pthread_mutex_t *mutex)：调用该函数以锁定由参数 mutex 指定的互斥对象。然而，若该互斥对象已经被锁定，它立即返回“busy”错误代码。

上述函数调用成功将返回0；否则，将返回一个代表错误类型的错误代码。互斥对象的类型是pthread_mutex_t。互斥对象必须在使用前通过调用pthread_mutex_init()函数初始化。

图6-3中给出了使用互斥对象的代码示例。该程序创建了两个线程，分别为thread1和thread2。线程thread1的创建函数为deposit()，它提示用户输入一个双数，然后将其添加到全局变量balance中。在程序进入临界区，修改全局变量前，调用pthread_mutex_lock()函数（第11行）锁定全局互斥对象my_mutex，该对象在第5行声明并在第50行初始化。在访问balance后，第17行调用pthread_mutex-unlock()函数解锁了该互斥对象。注意：一般情况下，第13、14和16行的代码不应在临界区内，因为它们会影响运行时间。作为一个说明性的例子，我们将它们放在临界区内只是为了方便实验；否则，程序的输出将是凌乱的。线程thread2的创建函数是withdraw()，它提示用户输入一个双数，并从balance中取出该数。

```
1.  #include "pthread.h"
2.  #include <stdio.h>
3.
4.  double balance=0;
5.  pthread_mutex_t my_mutex;
6.
7.  void *deposit(void *dummy){
8.      double credit = 0;
9.
10.     /* enter critical section */
11.     pthread_mutex_lock(&my_mutex);  /* lock mutex */
12.         /* put printf and scanf inside critical section ONLY for
               experiment */
13.         printf("\nI am in thread 1. Enter amount to deposit: ");
14.         scanf("%lf", &credit);
15.         balance = balance + credit;
16.         printf("The new balance is: %lf\n", balance);
17.     pthread_mutex_unlock(&my_mutex); /* unlock mutex */
18.
19.     pthread_exit(NULL);
20.     return NULL;
21. }
22.
23. void *withdraw(void *dummy){
24.     double debit = 0;
25.
26.     /* enter critical section */
27.     pthread_mutex_lock(&my_mutex);   //lock mutex
28.         /* put printf and scanf inside critical section ONLY for
              experiment */
29.         printf("\nI am in thread 2. Enter amount to withdraw: ");
30.         while (1){
31.             scanf("%lf", &debit);
32.             if (balance - debit < 0)
33.                 printf("Insufficient balance. Please enter a
                       smaller amount: ");
34.             else
35.                 break;
36.         }
37.
38.         balance = balance - debit;
```

图6-3　互斥对象的使用

```
39.         printf("The new balance is: %lf\n", balance);
40.     pthread_mutex_unlock(&my_mutex);  //unlock mutex
41.
42.     pthread_exit(NULL);
43.     return NULL;
44. }
45.
46. int main(int argc, char* argv[]){
47.     pthread_t thread1, thread2;
48.
49.     /* initialize mutex */
50.     pthread_mutex_init(&my_mutex, NULL);
51.
52.     /* creating threads */
53.     pthread_create(&thread1, NULL, deposit, NULL);
54.     pthread_create(&thread2, NULL, withdraw, NULL);
55.
56.     /* wait until threads to finish */
57.     pthread_join(thread1, NULL);
58.     pthread_join(thread2, NULL);
59.
60.     /* delete mutex */
61.     pthread_mutex_destroy(&my_mutex);
62.
63.     pthread_exit(NULL);
64. }
65.
```

图 6-3 （续）

在第 61 行，调用函数 pthread_mutex_destory() 销毁了互斥对象并释放了内存。值得重点提示的是，在互斥对象销毁前，必须确认两个线程已经完成访问它。为此，第 57 和 58 行，调用了函数 pthread_join() 去阻塞默认的主函数的运行直到两个线程完成运行，然后分别在第 19 和 42 行调用函数 pthread_exit()。

图 6-4 给出了程序执行结果的截图。记住你不可能知道两个已经创建的线程中哪个先执行，即使我们先调用 thread1 的创建函数，后调用 thread2 的创建函数。换句话说，当执行程序时，可能首先看到“I am in thread 2. Enter amount to withdraw:”信息提示。

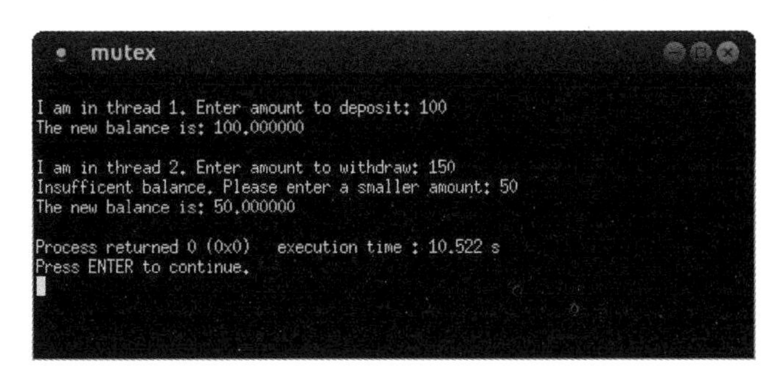

图 6-4 图 6-3 中程序执行的结果

6.3.3 条件变量

有时，当一个任务执行到某个临界区时，会遇到等另一些任务对保护的数据进行某种特别操作以后才能继续进行的情形。条件变量是一种同步对象，与互斥对象配合使用，以允许任务根据某些数据的实际值进行同步。条件变量对于可能使用它的所有任务而言应该是全局变量。条件变量的两个基本操作如下：

- WAIT(condition, mutex)：挂起发出请求的任务直到另一个任务执行了 SIGNAL(condition)。
- SIGNAL(condition)：恢复因为 WAIT 操作而挂起的任务。如果没有任务在等待，该信号不会有任何效果。

由于条件变量是全局变量，对其访问必须由互斥对象进行保护。

在 POSIX 中，WAIT 操作由调用 pthread_cond_wait() 函数实现：

```
int pthread_cond_wait(pthread_cond_t *condition,pthread_mutex_t *mutex);
```

它会阻塞调用线程直到第一个参数 condition 指定的条件对象发出信号为止。在它等待时，第二个参数 mutex 指定的互斥对象被释放，从而解除互斥锁上一个线程的阻塞。当条件变量发出信号后，调用的线程被唤醒，锁定互斥对象并使用。如果成功完成，返回 0；否则返回一个用于指示何种错误的错误代码。

与 pthread_cond_wait() 类似的函数为：

```
int pthread_cond_timewait(pthread_cond_t *condition,
      pthread_mutex_t *mutex,
      const struct timespec *restrict abstime);
```

唯一的区别是，如果 abstime 指定的绝对时间在 condition 指定的条件被发出或广播之前已经错过了，或者 abstime 指定的绝对时间已经在调用时错过了，则此时间等待函数将返回错误。在实时应用中，此函数在实现实时任务时更有帮助。

有两个 POSIX 函数可用于发条件信号：

- int pthread_cond_signal(pthread_cond_t *condition) 该函数给正在等待指定条件变量的线程发信号。如果没有线程在等待，此函数无效。
- int pthread_cond_broadcast(pthread_cond_t *condition) 该函数给所有正在等待指定条件对象的线程发信号。如果没有线程在等待，此函数无效。否则，当作为广播对象的线程被唤醒后，它们将争用与调用 pthread_cond_wait() 产生的条件变量相关联的互斥对象。

我们以经典的生产者 - 消费者（producer-consumer）问题为例，来说明如何使用条件变量解决任务同步问题，该问题也被称为有界缓存（bounded-buffer）问题。在这个问题中，生产者和消费者共享一个固定大小的缓存作为队列。生产者的工作是重复地产生一条数据并将其添加到缓存。同时，消费者消费数据，一次将一条数据从缓存中移出。没有生产者试图向已经满的缓存中加入新的数据。类似地，消费者也不会从已经空的缓存中移走数据。

解决方案是如果生产者发现缓冲区已满，它将一直等待，直到消费者从缓冲区中删除了一项，并通知生产者，然后生产者开始填充缓冲区。以同样的方式，如果消费者发现缓冲区为空，则进入睡眠状态。下一次生产者将数据添加到缓冲区时，它会唤醒睡眠的消费者。

解决方案是使用一个互斥对象保护共享缓存使得它不可能同时被多个任务访问。同时还需要一个全局计数器跟踪缓存中数据的个数。若该计数值为0，消费者任务将被阻塞；若该计数值等于缓存大小，生产者任务将被阻塞。执行生产者任务可能会唤醒消费者任务，同时执行消费者任务可能解除生产者任务的阻塞。使用条件变量对象可以实现阻塞和解除阻塞。

图6-5给出了解决生产者－消费者问题的一个实例程序。该程序实现了两个生产者和一个消费者。缓存的容量是一个长度为4的整型数组。缓存中整型数的个数由全局变量size追踪。第85和86行表示两个生产者线程共享同一个实现函数produce()。消费者线程的实现函数为consume()。第9和10行分别声明了一个互斥对象和一个条件变量对象。每个生产者线程迭代5次，向缓存写入5个数。每次生产者线程向缓存写入1个数后，将睡眠1ms，如第38行所示，以允许其他线程运行。消费者线程迭代10次，这样可从缓存中读取并移除10个数。每次消费者线程从缓存中移除1个数后，将睡眠2ms，如第69行所示。

```
1.  #include <pthread.h>
2.  #include <stdio.h>
3.  #include <stdlib.h>
4.  #include <unistd.h>
5.
6.  #define BUFFER_SIZE 4
7.
8.  int theArray[BUFFER_SIZE], size=0;
9.  pthread_mutex_t myMutex;
10. pthread_cond_t myCV;  /* declare condition variable object */
11.
12. void *produce(void *arg) {
13.     int id = (int)arg;
14.     int i;
15.
16.     for (i = 0; i<5; i++){
17.         pthread_mutex_lock(&myMutex);  /* lock mutex */
18.
19.         if (size == BUFFER_SIZE){
20.             printf("Producer %d waiting...\n", id);
21.
22.             /* wait for a space to be freed up */
23.             pthread_cond_wait(&myCV, &myMutex);
24.         }
25.
26.         theArray[size] = i;
27.         printf("Producer %d added %d.\n", id, i);
28.         size++;
29.
30.         if (size == 1) {
31.             /* signal consumer to resume */
32.             pthread_cond_signal(&myCV);
33.         }
34.
35.         pthread_mutex_unlock(&myMutex);  /* unlock mutex */
36.
37.         /* sleep for 1 millisecond, so that other threads can run */
38.         usleep(1000);
39.     }
```

图6-5　使用条件变量解决生产者－消费者问题

```
40.     return NULL;
41. }
42.
43. void *consume(void *arg) {
44.     int item;
45.     int i;
46.
47.     for (i=0; i<10; i++){
48.         pthread_mutex_lock(&myMutex);  /* lock mutex */
49.
50.         if (size == 0) {
51.             printf("Consumer waiting...\n");
52.
53.             /* waiting for an item to be added */
54.             pthread_cond_wait(&myCV, &myMutex);
55.         }
56.
57.         item = theArray[size-1];
58.         printf("Consumer removed %d.\n", item);
59.         size--;
60.
61.         if (size == BUFFER_SIZE-1) {
62.             /* signal producer to resume */
63.             pthread_cond_signal(&myCV);
64.         }
65.
66.         pthread_mutex_unlock(&myMutex);  /* unlock mutex */
67.
68.         /* sleep for 1 millisecond so that other threads can run */
69.         usleep(1000);
70.     }
71.
72.     return NULL;
73. }
74.
75. int main(int argc, char* argv[]) {
76.     int t1=1, t2=2;
77.     pthread_t consumer, producer1, producer2;
78.
79.     /* Initialize mutex and condition variable objects */
80.     pthread_mutex_init(&myMutex, NULL);
81.     pthread_cond_init (&myCV, NULL);
82.
83.     /* Create one consumer thread and two producer threads */
84.     pthread_create(&consumer, NULL, consume, NULL);
85.     pthread_create(&producer1, NULL, produce, (void *)t1);
86.     pthread_create(&producer2, NULL, produce, (void *)t2);
87.
88.     /* Wait for all threads to complete */
89.     pthread_join(consumer, NULL);
90.     pthread_join(producer1, NULL);
91.     pthread_join(producer2, NULL);
92.
93.     /* Clean up and exit */
94.     pthread_mutex_destroy(&myMutex);
95.     pthread_cond_destroy(&myCV);
96.     pthread_exit(NULL);
97.
98.     return 0;
99. }
```

图 6-5 （续）

现在我们演示如何同时使用互斥对象和条件对象解决程序中同步问题。在一个生产者线程锁定互斥对象后（第 17 行），第 19～24 行的 if 语句将检测缓存是否已满。如缓存已满，程序调用的 pthread_cond_wait(&my_CV, &my_mutex) 函数根据条件变量 my_CV 阻塞这个线程，直到它收到信号为止。若缓存未满，或者它虽满了但一个空间刚被释放（my_CV 被信号通知了），它将继续向缓存中加入 1 个整型数（第 26 行），然后增加缓存的计数值（第 28 行）。如果计数值增加后的值等于 1，表明之前缓存是空的，这意味着消费者线程可能被阻塞了。因此，调用 pthread_cond_signal() 函数（第 32 行）通知消费者线程恢复执行。第 35 行调用 pthread_mutex_unlock() 函数退出临界区。

消费者线程的行为与生产者线程的行为类似。它先锁定互斥对象（第 48 行），然后第 50～55 行的 if 语句检查缓存是否已空。如果缓存是空的，调用 pthread_cond_wait() 函数阻塞该线程直到条件变量 my_CV 被通知为止。该变量仅能够被消费者线程执行到第 32 行时通知。如果缓存不是空的，或者它虽然已空但一个整型数刚加入（my_CV 被通知），它继续从缓存中拿走整型数（第 57 和 59 行）。第 61～64 的 if 语句在取走一个整型数前检查缓存是否已满。如果缓存已满，一个或者两个生产者线程可能被阻塞。因此，第 63 行调用 pthread_cond_signal() 函数将唤醒一个生产者线程。

图 6-6 给出了程序执行的结果。

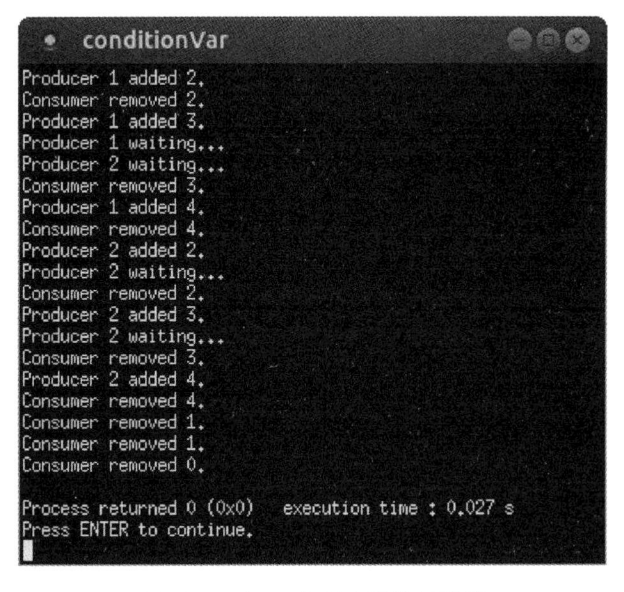

图 6-6　图 6-5 中程序的执行结果

6.3.4　信号量

信号量是 Edsger Dijkstra 在 20 世纪 60 年代设计的同步机制。信号量本质上是一个共享计数器，它与两个操作相关联：

- P(sem)：它是一个原子动作，等待信号量 sem 的值大于 0，然后递减它。
- V(sem)：它也是一个原子动作，给信号量 sem 的值加 1。

表 6-2 给出了信号量的行为。

表 6-2　对一个初始化为 1 的信号量的操作

动作 #	任务	操作	值	结果
1	A	P()	0	任务 A 继续
2	A	P()	0	任务 A 被阻塞
3	B	V()	0	任务 A 被解除阻塞
4	A	V()	1	—
5	B	P()	0	任务 B 继续
6	A	V()	1	—
7	B	V()	2	—

注意到在第 3 个操作后，信号量首次增加到 1，然后任务 A 调用 P() 后被立即递减到 0。

信号量的初始值对信号量操作的结果有很大的影响。如果将初始值修改为 0 或 2，则表 6-2 中的结果完全不同。特别地，如果信号量的初始值为 0，则任务 A 会因动作 #1 而阻塞；如果信号量的初始值为 2，任务 A 在动作 #1 和动作 #2 后仍继续执行。

信号量可以用来实现阻塞。例如，如下伪代码表示一个信号量可以用来保护对银行账户的余额的访问：

```
semaphore mySem = 1;

void deposit(account, amount){
     P(mySem);
          balance = get_balance(account);
          balance -= amount;
          put_balance(account, balance);
     V(mySem);
}
```

尽管信号量可以实现互斥对象的功能，但两者之间存在一个很大的区别。互斥对象受一个任务控制，但信号量对象没有。当互斥对象被一个任务锁定，它只能被同一个任务解锁。另一方面，当 P(mySem) 被一个任务调用并阻塞了调用的任务，一个后续的 V(mySem) 可以被另一个任务调用并解除第一个任务的阻塞。

以经典的读者作者问题为例，讨论基于信号量的解决方法。该问题描述如下：许多任务试图在同一时间访问同一个共享资源。部分任务可能是读取，部分可能是写入。约束条件是当一个任务写入共享数据时，其他任务无论读还是写都不能访问它。然而，它允许两个或多个的读者在同一时间访问共享数据。

该问题的一种解决方法可以用如下伪代码说明：

```
semaphore write = 1;
int readcount = 0;

reader() {
      readcount++;
      if (readcount == 1) {
            P(write);
      }
```

```
        do_read(); // access shared data
        readcount--;
        if (readcount == 0) {
              V(write);
        }
}

writer() {
      P(write);
            do_write(); // access shared data
      V(write);
}
```

从逻辑上，该解决方法是可行的：仅当有任务读取共享数据（readcount>1）时，读者任务可以读取共享数据，且若没有任务读取共享数据，读者任务调用 P() 以锁定信号量。从作者任务角度看，一个作者任务在可以写入共享数据前始终调用 P() 锁定信号量。然而，因为系统中有多个读者和作者任务，并且上下文切换能在任何时刻发生，所以可能出现下列情况：

- 读者任务 #1 执行直到 readcount++ 执行完毕；
- 读者任务 #1 被移出；
- 读者任务 #2 移入并执行 readcount++；
- 读者任务 #2 被移出；
- 作者任务 #1 移入，执行 P() 并开始运行 do_write()；
- 作者任务 #1 被移出；
- 读者任务 #1 移入，由于 readcount 当前值为 2 略过 P()，并开始执行。

所以系统进入这样一个状态，当一个作者任务写入时，一个读者任务也在读。这是一个错误，导致该错误的原因在于多个任务在检测条件及 P() 运行结束前修改了 readcount 的值。这是一个竞争条件问题。为了改正错误，可以引入另外一个信号量以执行“递增，检测，P()”和“递减，检测，V()”操作。修正后的伪代码如下：

```
semaphore read = 1;
semaphore write = 1;
int readcount = 0;

reader() {
    P(read);
    readcount++;
    if (readcount == 1) {
          P(write);
    }
    V(read)
    do_read(); // access shared data
    P(read)
    readcount-;
    if (readcount == 0) {
         V(write);
    }
    V(read);
}

writer() {
      P(write);
```

```
            do_write(); // access shared data
        V(write);
    }
```

在 POSIX 中，信号量并没有包含在 Pthread 库内。与信号量相关的必要声明在 semaphore.h 文件中。信号量函数包含了如下内容：

- int sem_wait(sem_t *sem)：这是一个对 sem 所指向的信号量对象的 P() 操作。
- int sem_post(sem_t *sem)：这是一个 V() 操作。
- int sem_init(sem_t *sem, int pshared, unsigned int val)：将 sem 指定的一个新的信号量对象初始化为 val 值。注意第二个参数表示信号量如何共享。省略该参数表示该信号量将被线程共享，而非进程。
- int sem_destroy(sem_t *sem)：释放由 sem 指定的信号量对象。

图 6-7 中给出的代码解决了刚才讨论的读者作者问题。有几点值得提醒：首先，读者线程和作者线程的实现函数采用了无限 while 循环，这是实现周期任务的典型方法。通过在主函数中调用 pthread_cancel() 函数停止这些线程的运行。其次，线程同步是这种实现方法的焦点，因而省略了读取和写入共享数据的代码。最后，程序的输出随着第 7～10 行中定义的四个常数的不同而变化。

图 6-7 给出了上述程序的输出结果。

```
1.  #include <semaphore.h>
2.  #include <pthread.h>
3.  #include <stdio.h>
4.  #include <stdlib.h>
5.  #include <unistd.h>
6.
7.  #define READERS 5
8.  #define WRITERS 3
9.  #define READER_SLEEP_TIME 20000
10. #define WRITER_SLEEP_TIME 50000
11. #define MAIN_SLEEP_TIME 5000000
12.
13. sem_t semRead;
14. sem_t semWrite;
15. int readCount;
16.
17. void *reader(void *arg) {
18.      int *p = (int *)arg;
19.
20.      while(1) {
21.           /* lock semaphore semRead to update readCount*/
22.           sem_wait(&semRead);
23.           readCount++;
24.           printf("                 Number of readers: %d
               \n", readCount);
25.
26.           if (readCount == 1) {
27.               /* lock semaphore semWrite */
28.               sem_wait(&semWrite);
29.           }
30.
31.           /* release semaphore semRead */
32.           sem_post(&semRead);
33.
```

图 6-7　利用信号量解决读者作者问题

```
34.           /* entered critical section. reading code goes here */
35.           printf("                    Reader #%d reading
                ...\n", (int) *p);
36.
37.           /* lock semaphore semRead to update readCount*/
38.           sem_wait(&semRead);
39.           readCount-;
40.
41.           if (readCount == 0) {
42.               /* release semaphore semWrite */
43.               sem_post(&semWrite);
44.           }
45.
46.           /* release semaphore semRead */
47.           sem_post(&semRead);
48.           usleep(READER_SLEEP_TIME);
49.       }
50.       return NULL;
51. }
52.
53. void *writer(void *arg) {
54.     int *p = (int *)arg;
55.     while(1){
56.         sem_wait(&semWrite);
57.
58.         /* writing code goes here */
59.         printf("Writer #%d writing ...\n", (int) *p);
60.
61.         sem_post(&semWrite);
62.         usleep(WRITER_SLEEP_TIME);
63.     }
64.     return NULL;
65. }
66.
67. int main(int argc, char* argv[]) {
68.     pthread_t readers[READERS];
69.     pthread_t writers[WRITERS];
70.     int i, rc, r[READERS], w[WRITERS];
71.     readCount = 0;
72.
73.     /* initialize the semaphores to 1. */
74.     sem_init(&semRead, 0, 1);
75.     sem_init(&semWrite, 0, 1);
76.
77.     for(i = 0; i < WRITERS; i++){
78.         w[i] = i;
79.         rc = pthread_create(&writers[i], NULL, writer, (void *)&w[i]);
80.         if (rc){
81.             perror("In writer pthread_create()");
82.             exit(1);
83.         }
84.         usleep(20000);
85.     }
86.
87.     /* create reader and writer threads */
88.     for(i = 0; i < READERS; i++){
89.         r[i] = i;
90.         rc = pthread_create(&readers[i], NULL, reader, (void *)&r[i]);
91.         if (rc){
92.             perror("In reader pthread_create()");
93.             exit(1);
94.         }
95.         usleep(20000);
96.     }
```

图 6-7 （续）

```
97.
98.     usleep(MAIN_SLEEP_TIME);
99.
100.    /* cancel all threads */
101.    for(i = 0; i < WRITERS; ++i)
102.       pthread_cancel(writers[i]);
103.    for(i = 0; i < READERS; ++i)
104.       pthread_cancel(readers[i]);
105.
106.    /* destroy semaphores */
107.    sem_destroy(&semRead);
108.    sem_destroy(&semWrite);
109.
110.    return 0;
111.}
```

图 6-7 （续）

图 6-8 给出了程序执行的结果。

```
semaphore
                   Reader #3 reading ...
Writer #2 writing ...
                   Number of readers: 1
                   Reader #0 reading ...
Writer #0 writing ...
                   Number of readers: 1
                   Reader #1 reading ...
                   Number of readers: 2
                   Reader #3 reading ...
                   Number of readers: 2
                   Number of readers: 3
                   Reader #4 reading ...
                   Reader #2 reading ...
                   Number of readers: 1
                   Reader #0 reading ...
Writer #1 writing ...
                   Number of readers: 1
                   Reader #4 reading ...
                   Number of readers: 1
                   Reader #3 reading ...
                   Number of readers: 2
```

图 6-8　图 6-7 中程序的输出结果

6.4　任务间通信

操作系统提供了任务间通信机制以共享数据。消息队列、管道、命名管道、套接字和共享内存是最为常用的通信机制。本节主要介绍消息队列和共享内存。

6.4.1　消息队列

消息队列用于任务间的信息传输，有如下两个基本操作：

- SEND(msg)：发送消息 msg。
- RECEIVE(msg)：接收消息并将其存入 msg。

消息内容可以是发送者和接收者之间可以相互理解的任何内容。通常，消息是数据结构的实例。

在直接消息传输中，每个试图通信的进程必须清晰地命名通信的收件人或发件人。因此，这两个操作必须有参与通信的任务作为参数：

- SEND(P, msg)：发送消息 msg 给任务 P。
- RECEIVE(Q, msg)：从任务 Q 接收消息并存入 msg。

在间接消息传输中，消息发往共享消息队列、邮箱或端口，也是从这些地方接收消息。消息队列可以视为任务放置消息和其他任务拿走消息的对象。在实际应用中，可能有多个消息队列。间接消息传输的多个消息队列操作模型如下：

- SEND(MQ, msg)：发送消息 msg 到消息队列 MQ。
- RECEIVE(MQ, msg)：从消息队列 MQ 中接收消息并将之存入 msg。

与消息队列的通信可以同步或异步进行。在同步通信中，发送消息的任务会阻塞自身直到它发出的消息被接收者接收为止。在异步通信中，发送者可以持续发送即使接收者并没有收到消息。当然，在异步通信中，需要使用消息缓冲机制来存储消息，直到接收者检索消息。通常，异步通信更为理想，因为它可以提高并发性的层次。通信可以是点对点、多对点、点对多和多对多的。

在任务可以发送或接收消息前，必须创建并初始化消息队列。队列的属性在初始化过程中设置。属性包括队列的最大容量、一条消息的最大长度、通信类型（阻塞或非阻塞）等。

在 POSIX 消息队列中，消息根据优先级进行排列（也是这样接收的）。消息属性的数据结构定义如下：

```
struct mq_attr {
    long int mq_flags;  /* Message queue flags. */
    long int mq_maxmsg; /* Maximum # of messages. */
    long int mq_msgsize; /* Maximum message size. */
    long int mq_curmsgs; /* # of messages in queue. */
};
```

消息队列相关的定义包含在 mqueue.h 头文件中。创建一个新的或打开一个已经存在的 POSIX 消息队列的实例为

```
mqd_t mq_open(const char *name,
              int oflag,
              mode_t mode,
              struct mq_attr *attr
);
```

它创建和打开一个由参数 name 指定的消息队列以供访问。消息队列的名称必须遵循与普通文件路径名相同的构造规则。实际上，它必须起始于一个“/”，且名字中不能包含其他的“/”。

第二个参数 oflag 控制着消息队列打开的方式，O_RDONLY 表示接收消息，O_WRONLY 表示发送消息，O_RDWR 表示同时发送和接收消息。这个标志可以与 O_CREATE 进行或运算，这意味着调用函数来创建队列。仅当使用 O_CREATE 时，才需要最后两个参数。它也可能与其他标志进行或运算。例如，你可以使用 O_NONBLOCK 指定队列工作于非阻塞模式。默认情况下，mq_send() 在队列已满时将阻塞，mq_receive() 在队列已空时阻塞。但如果在 flag 中指定 O_NONBLOCK，在上述情形中调用会立即返回错误。因此，这样的标志

```
O_RDONLY | O_CREATE
```

表示调用该函数将创建一个只读的队列，且当队列已空时，mq_receive() 调用将被阻塞直到一条消息发送到队列中为止。

参数 mode 是一个位掩码，用于指定队列的访问权限，其位值与文件的位值相同。例如，0222 表示只写，0444 表示只读，0666 表示读和写。

最后一个参数 attr 是对与队列关联的属性结构实例的引用。如果是 NULL，队列按照默认属性创建队列。

如果队列创建或打开成功，调用 mq_open() 将返回消息队列的描述符。该描述符用于给其他消息队列函数指示该消息队列。当队列已经存在，调用失败。

为了打开一个已经存在的队列，可以调用：

```
mqd_t mq_open(const char *name,
                int oflag);
```

这与上个函数相同，但只有两个参数。其中，O_CREATE 不应该出现在 oflag 参数中。

发送消息的函数是：

```
int mq_send(mqd_t mqdes,
                const char* msgbuf,
                size_t length,
                unsigned int priority);
```

它将 msgbuf 指向的消息添加到描述符 mqdes 指示的消息队列中。该消息的长度必须小于或等于 mq_msgsize，这个在队列创建时指定的属性参数。最后一个参数是消息的优先级。优先级相同的消息按照 FIFO 的顺序存储于队列中。

接收消息的函数是：

```
size_t mq_receive(mqd_t mqdes,
                  char *msgbuf,
                  size_t length,
                  unsigned int *priority);
```

该函数从由描述符 mqdes 指定的队列中检索消息。被检索的消息将被移出队列并存储于 msgbuf 指向的区域，该消息的长度为 length。消息根据优先级以 FIFO 次序从队列中检索。优先级高的消息优先检索，消息的优先级存储在 priority 中。如果成功，函数调用返回所接收到消息的字节数。否则，返回 -1。

其他重要的函数如下：

- int mq_setattr(mqd_t mqdes, struct mq_attr *new_attr, struct mq_attr *old_attr)：该函数设置由描述符 mqdes 指定的消息队列的属性。新的属性根据 new_attr 指定的结构体中给出的值设置。如果 old_attr 指针非空，旧的属性存储于 old_attr 指向的地址。然而，调用该函数可以修改的唯一属性是 mq_falgs 中的 O_NONBLOCK 标志。new_attr 指明的结构体中其他的区域将被忽略。
- int mq_getattr(mqd_t mqdes, struct mq_attr attr)：该函数检索由描述符 mqdes 指向的消息队列的属性，并将其存储于 attr 指向的缓存。

- int mq_close(mqd_t mqdes)：该函数结束由描述符 mqdes 指向的消息队列的访问。
- int mq_unlink(const char *name)：该函数移除由 name 指出的消息队列的名称，在所有进程关闭该消息队列后，将其标记为删除。

消息的发送和接收可以超时。也就是说，如果未设置标志 NONBLOCK，则消息队列调用（无论是发送消息还是接收消息）将阻塞指定参数限制的时间。有超时设置的发送和接收函数有：

- mq_timedsend(mqdes, msgbuf, length, priority, timeout);
- mq_timedreceive(mqdes, msgbuf, length, priority, timeout);

其中超时是自 Epoch 以来的秒和纳秒的绝对值。为使用相对超时，一种方法是调用 clock_getting() 函数以获得当前时间，并将其与时间的相对值相加。

图 6-9 给出了创建消息队列并发送消息至该队列的程序（sender），图 6-10 给出了打开由 sender 程序创建的队列并从队列中检索一条消息的程序（receiver）。注意两个程序都使用了相同的消息队列名称。此外，当 sender 程序第一次执行时，调用了有四个参数的 mq_open() 函数（见第 18～19 行）并返回了一个有效的队列 ID。当程序再次执行时，该函数试图创建一个已经存在的队列，这样返回 -1 和错误代码 EEXIST。当这种情形发生时，应调用有两个参数的 mq_open() 函数打开一个已存在的队列。这就是我们采用 if 语句（第 22～35 行）的原因。在 receiver 程序中，只可以调用有两个参数的 mq_open() 函数。

```
1.  #include <stdio.h>
2.  #include <mqueue.h>
3.  #include <sys/stat.h>
4.  #include <stdlib.h>
5.  #include <unistd.h>
6.  #include <string.h>
7.  #include <errno.h>
8.  #define QUEUE_NAME    "/my_queue"
9.  #define MAX_MSG_LEN   100
10.
11. int main(int argc, char *argv[]) {
12.     mqd_t myQ_id;
13.     unsigned int msg_priority = 0;
14.     pid_t my_pid = getpid();
15.     char msgcontent[MAX_MSG_LEN];
16.
17.     /* create a message queue */
18.     myQ_id = mq_open(QUEUE_NAME, O_RDWR | O_CREAT | O_EXCL,
19.                                      S_IRWXU | S_IRWXG, NULL);
20.
21.     /* if not successful */
22.     if (myQ_id == (mqd_t)-1) {
23.         /* if the queue already exists, simply open it */
24.         if (errno == EEXIST){
25.             myQ_id = mq_open(QUEUE_NAME, O_RDWR );
26.                     if (myQ_id == (mqd_t)-1) {
27.                             perror("In mq_open(2)");
28.                             exit(1);
29.                     }
30.         }
```

图 6-9 发送消息到消息队列

```
31.         else {
32.             perror("In mq_open(4)");
33.             exit(1);
34.         }
35.     }
36.
37.     /* compose a message */
38.     snprintf(msgcontent, MAX_MSG_LEN, "Hello from process
          %u", my_pid);
39.
40.     /* send the message */
41.     if (mq_send(myQ_id, msgcontent, strlen(msgcontent)+1,
          msg_priority) == 0){
42.         printf("A message is sent. \n");
43.         printf("    Content: %s\n", msgcontent);
44.     }
45.     else {
46.             perror("In mq_send()");
47.             exit(1);
48.     }
49.
50.     /* close the queue */
51.     mq_close(myQ_id);
52.
53.     return 0;
54. }
```

图 6-9 （续）

```
1.  #include <stdio.h>
2.  #include <mqueue.h>
3.  #include <sys/stat.h>
4.  #include <stdio.h>
5.  #include <mqueue.h>
6.  #include <stdlib.h>
7.  #include <unistd.h>
8.  #include <string.h>
9.
10. #define QUEUE_NAME     "/my_queue"
11. #define MAX_MSG_LEN    10000
12.
13. int main(int argc, char *argv[]) {
14.     mqd_t myQ_id;
15.     char msgcontent[MAX_MSG_LEN];
16.     int msg_size;
17.     unsigned int priority;
18.
19.     /* open the queue created by the sender */
20.     myQ_id = mq_open(QUEUE_NAME, O_RDWR);
21.     if (myQ_id == (mqd_t)-1) {
22.         perror("In mq_open()");
23.         exit(1);
24.     }
25.
26.     /* retreve a message from the queue */
27.     msg_size = mq_receive(myQ_id, msgcontent, MAX_MSG_LEN,
          &priority);
28.     if (msg_size == -1) {
29.         perror("In mq_receive()");
30.         exit(1);
31.     }
```

图 6-10 从消息队列中接收消息

```
32.
33.     /* output message info */
34.     printf("Received a message.\n");
35.     printf("    Content: %s\n", msgcontent);
36.     printf("    Size: %d bytes.\n", msg_size);
37.     printf("    Priority: %d\n", priority);
38.
39.     /* close the qeueu */
40.     mq_close(myQ_id);
41.
42.     return 0;
43. }
```

图 6-10 （续）

此外，注意到两个程序都调用了 mq_close() 函数以关闭队列。然而，在程序执行完以后，内核为队列分配的内存依然保留。为了释放内存，必须显式调用 my_unlink() 函数。可以在 receiver 程序的最后添加调用该函数的语句，或编写一个新的程序以调用该函数移除内核中的队列。

两个程序的执行结果见图 6-11。

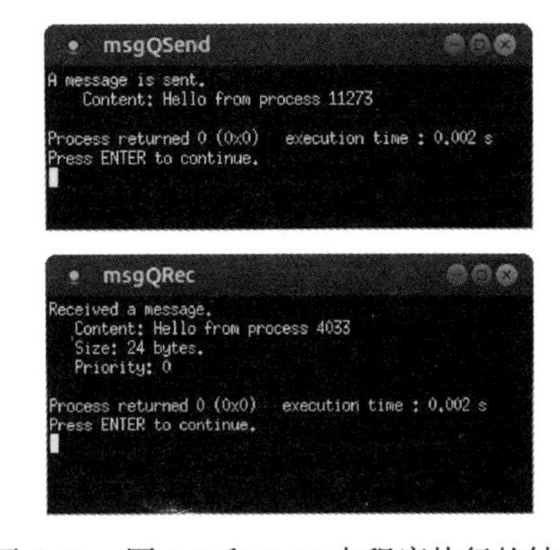

图 6-11 图 6-9 和 6-10 中程序执行的结果

6.4.2 共享内存

共享内存是任务相互通信的底层解决方案。需要交换的数据存储于由多个任务共享的内存页面。共享内存会映射到所有相关任务的地址空间。如果一个任务向共享内存的一个字节写入一个值，这个变化立即反映给其他任务。这意味着内核并不介入利用共享内存进行的数据传输，因此共享内存相比消息队列而言是一种比较快速的任务通信机制。这是因为在消息队列方法中，发送者需要从它的本地空间中将信息拷贝至内核内存，同时接收者需要将信息从内核拷贝至其本地空间。当然，附加的机制，例如互斥锁、条件变量、和 / 或信号量，也必须用于保护对共享数据的访问。与消息队列相同，我们可以将任何一个结构的数据放入共享内存空间。

POSIX 共享内存对象以文件方式实现。对象具有内核持续性，也就是说它们会始终存在直到被删除或者系统重启。为了设置共享内存空间，首先需要打开一个共享内存对象，然后利用所得到的描述符将对象映射到任务的地址空间。用于建立或打开一个已有共享内存对象的函数是：

```
int shm_open(const char *name,
             int oflag,
             mode_t mode);
```

函数的第一个参数 name 指向共享内存对象。共享内存对象的名称必须遵循文件路径名的构造规则，必须以“/”开始，并不得含有其他的“/”。

第二个参数 oflag 控制着共享内存的打开方式，O_RDONLY 表示只读，O_RDWR

表示读和写。只写并不是共享内存的选项。这个标志可以和O_CREATE进行或运算，表示调用该函数以创建一个共享内存对象。只有当O_CREATE使用时，才需要最后一个参数mode。它也可能和其他标志进行或运算。例如，可以通过指定O_EXCL修改O_CREATE的行为：如果由name指定的对象已经存在且O_CREATE已经设置，但O_EXCL并未在调用shm_open()时设定，那么这种调用会简单地返回那个已经存在的对象的描述符。如果两个标志都设置了，这种调用会返回一个错误。

最后一个参数mode指定共享内存对象的访问权限位。

如果成功，shm_open()返回一个非负的文件描述符。如果失败，shm_open()返回 -1。

将共享内存映射到调用进程的地址空间，可以调用mmap()函数：

```
void *mmap(void *addr,
        size_t length,
        int prot,
        int flags,
        int fd,
        off_t offset);
```

该函数的功能是创建一个由文件描述符fd指向空间的虚拟内存映射，该描述符是调用函数shm_open()的返回值。这个共享内存空间起始于偏移量offset，长度为length，会映射到由addr指向的进程虚拟地址空间。第三个参数prot表示内存保护模式，这个模式必须和shm_open()函数中访问模式一致。参数flags只有一个可选项MAP_SHARED，这个选项使得调用者对于内存映射的修改对其他映射相同对象的进程是可见的。

其他重要的函数如下：

- int munmap(void *addr, size_t length)：该函数删除包含从addr开始并持续length字节的进程地址空间的任何部分的整个页面映射。
- int close(int fd)：该函数关闭由shm_open()调用返回的文件描述符fd指向的共享内存空间。
- int shm_unlink(const char *name)：该函数在所有进程关闭共享内存空间后，移除内存空间对象的名称并标记为删除。
- fstat(int fd, struct stat *buf)：该函数获取与文件描述符fd相关联的已打开文件的信息，并将其写入buf指向的空间。

注意struct stat是一个系统定义的存放文件信息的结构体。它用于一些系统调用，例如fstat、lstat和stat。

图6-12给出了一个程序（writer），该程序创建了一个共享内存区域（第19行），配置了它的大小（第26行），将该内存区域映射到本地空间（第29行），然后将数据写入共享内存（第40行）。图6-13给出了一个程序（reader），该程序打开了由writer程序创建的共享内存（第16行），将共享内存映射到自身的本地空间（第23行），从共享内存中读取数据（第31行），并将这些数据从共享内存中删除（第34行）。图6-14给出了两个程序运行的结果。

```
1. #include <stdio.h>
2. #include <stdlib.h>
3. #include <unistd.h>
4. #include <sys/types.h>
5. #include <fcntl.h>
6. #include <sys/shm.h>
7. #include <sys/mman.h>
8.
9. int main(){
10.     const int SHM_SIZE = 4096;
11.     const int MSG_SIZE = 100;
12.     const char *name = "/my_shm";
13.     char message[MSG_SIZE];
14.
15.     int shm_fd;
16.     void *ptr;
17.
18.     /* create the shared memory segment */
19.     shm_fd = shm_open(name, O_CREAT | O_RDWR, 0666);
20.     if (shm_fd == -1){
21.         perror("In shm_open()");
22.         exit(1);
23.     }
24.
25.     /* configure the size of the shared memory segment */
26.     ftruncate(shm_fd,SHM_SIZE);
27.
28.     /* now map the shared memory segment in the address space
          of the process */
29.     ptr = mmap(0,SHM_SIZE, PROT_READ | PROT_WRITE, MAP_SHARED,
          shm_fd, 0);
30.     if (ptr == MAP_FAILED) {
31.         printf("Map failed\n");
32.         return -1;
33.     }
34.
35.     /* input a message from keyboard */
36.     printf("Type a message:\n");
37.     fgets (message, MSG_SIZE, stdin);
38.
39.     /* write the message to the shared memory region */
40.     sprintf(ptr,"%s",message);
41.
42.     printf("Your message has been written to the shared
          memory.\n");
43.     printf("    Content: %s\n", message);
44.     return 0;
45. }
```

图 6-12 写入共享内存区域

```
1. #include <stdio.h>
2. #include <stdlib.h>
3. #include <fcntl.h>
4. #include <sys/shm.h>
5. #include <sys/mman.h>
6.
7. int main()
8. {
9.     const char *name = "/my_shm";
10.     const int SIZE = 4096;
```

图 6-13 从共享内存区域读取数据

```
11.
12.     int shm_fd;
13.     void *ptr;
14.
15.     /* open the shared memory segment */
16.     shm_fd = shm_open(name, O_RDONLY, 0666);
17.     if (shm_fd == -1) {
18.         perror("in shm_open()");
19.         exit(1);
20.     }
21.
22.     /* now map the shared memory segment in the
          address space of the process */
23.     ptr = mmap(0,SIZE, PROT_READ, MAP_SHARED, shm_fd, 0);
24.     if (ptr == MAP_FAILED) {
25.         perror("in mmap()");
26.         exit(1);
27.     }
28.
29.     /* now read from the shared memory region */
30.     printf("Content in the shared memory:\n");
31.     printf("    %s", ptr);
32.
33.     /* remove the shared memory segment */
34.     if (shm_unlink(name) == -1) {
35.         perror("in shm_unlink()");
36.         exit(1);
37.     }
38.
39.     return 0;
40.}
```

图 6-13 （续）

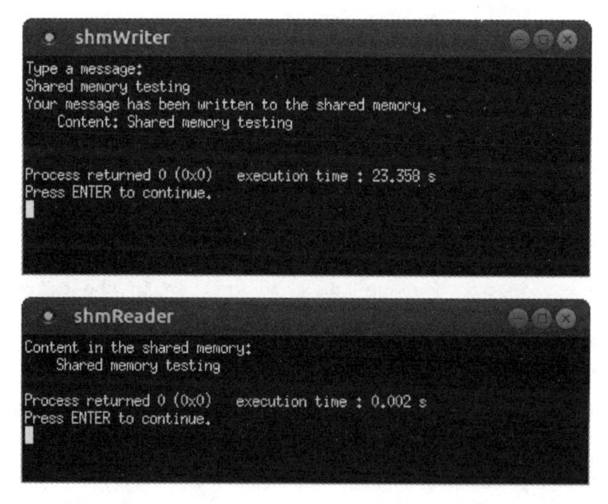

图 6-14　图 6-12 和图 6-13 中程序执行的结果

6.4.3　共享内存保护

访问共享内存的进程需要同步，这样任何一个进程不会影响另一个进程对共享内存的操作。本章之前介绍的互斥锁、条件变量和信号量方法仅适用于一个进程的多个线程之间的同步。进程间同步共享数据的一种方法是使用命名信号量。

命名信号量遵循消息队列所有命名规则。可以用信号量名称和通用标志作为参数，使用 sem_open() 函数打开一个已经存在的信号量：

```
sem_t *sem_open(const char *name, int oflag);
```

建立一个新的命名信号量可以使用相同的函数，但是需要附加两个参数：

```
sem_t *sem_open(const char *name, int oflag,
        mode_t mode, unsigned int value);
```

在两种形式的 sem_open 函数调用中，我们只能设置两个与信号量的创建有关联的标志：O_CREAT 和 O_EXCL。当它们已设定后，就需要采用四个参数的调用方式。

与命名信号量有关的其他两个函数是 sem_close 和 sem_unlink。sem_close 的功能是删除进程与指定信号量的连接，而 sem_unlink 的功能是销毁一个信号量。sem_wait 和 sem_post 的作用与未命名信号量的相同。

图 6-12 和图 6-13 给出的程序并不安全，因为对共享内存的访问并没有同步。图 6-15 给出了具有信号量控制的共享内存写入代码，其中与信号量相关的代码用粗体标出。图 6-13 给出的读取程序可以相同地修改。

```
1.  #include <stdio.h>
2.  #include <stdlib.h>
3.  #include <unistd.h>
4.  #include <sys/types.h>
5.  #include <fcntl.h>
6.  #include <sys/shm.h>
7.  #include <sys/mman.h>
8.  #include <semaphore.h>
9.
10. int main(){
11.     const int SHM_SIZE = 4096;
12.     const int MSG_SIZE = 100;
13.     const char *shm_name = "/my_shm";
14.     const char *sem_name = "/my_sem";    /* semaphore name */
15. char message[MSG_SIZE];
16.
17.     int shm_fd;
18.     sem_t *sem;  //semaphore descriptor
19.     void *ptr;
20.
21.     /* create the shared memory segment */
22.     shm_fd = shm_open(shm_name, O_CREAT | O_RDWR, 0666);
23.     if (shm_fd == -1){
24.         perror("In shm_open()");
25.         exit(1);
26.     }
27.
28.     /* create the named semahphore. initial value: 1 */
29.     sem = sem_open(sem_name, O_CREAT, 0664, 1);
30.
31.     /* configure the size of the shared memory segment */
32.     ftruncate(shm_fd,SHM_SIZE);
33.
34.     /* now map the shared memory segment in the address space
          of the process */
35.     ptr = mmap(0,SHM_SIZE, PROT_READ | PROT_WRITE, MAP_SHARED,
          shm_fd, 0);
36.     if (ptr == MAP_FAILED) {
37.         printf("Map failed\n");
38.         return -1;
39.     }
40.
41. /* input a message from keyboard */
42.     printf("Type a message:\n");
```

图 6-15　在信号量控制时写入共享内存区域

```
43.     fgets (message, MSG_SIZE, stdin);
44.
45. /* write the message to the shared memory region */
46. /* access controlled by the named semaphore */
47.     sem_wait(sem);
48.         sprintf(ptr,"%s",message);
49.     sem_post(sem);
50.
51.     printf("Your message has been written to the shared
          memory.\n");
52.     printf("    Content: %s\n", message);
53.
54.     sem_close(sem);  /* close the semaphore */
55.     sem_unlink(sem_name);  /* destroy the semaphore */
56. return 0;
57. }
```

图 6-15 （续）

6.5 实时设施

在实时应用中，大部分的任务都是周期任务。为实现这些任务，我们需要一个有效的追踪时间的方法。这对于确保没有任务错过截止期同样重要。本节中，我们将介绍广泛使用的实时信号和定时器。讨论怎么使用这些内核设施以实现周期任务。

6.5.1 实时信号

与互斥锁、条件变量、信号量、消息队列和共享内存类似，信号也是许多实时内核多任务的组成部分。信号可以用于几种不同的用途，如异常处理、因异常导致的进程终止，以及任务间通信。本节将集中讨论异步事件发生，特别是定时器溢出时的进程通知。

POSIX 的信号相当于软件中断。信号是发送给一个进程或同一进程中指定线程的异步通知，告知其发生了一个事件。这里，异步的意思是该事件随时可发生，与进程的执行无关。一个例子是 CTRL-C 的键击。

信号可以由内核、设备驱动程序或其他进程发出。例如，UNIX 命令

```
$ kill -KILL 1234
```

发送一个 SIGKILL 信号给 ID 为 1234 的进程。信号由其编号标识。每个符合 POSIX 标准的系统都支持一系列信号编号。通常，头文件 signal.h 定义了信号的符号名。每个信号编号都有特别的意义并影响接收信号的进程。例如，如果敲击 CTRL-C，OS 会产生一个 SIGINT 信号。当一个进程进行了一个非法内存指向，该事件受到 OS 的关注，OS 将立即停止该进程并发送一个 SIGSEGV 信号。这个信号被 SIGSEGV 默认的信号处理函数接收，并打印一条错误信息，然后使得该进程退出。

用户进程可以通过调用 kill() 或 sigqueue() 给其他进程发送信号。如果接收到信号，进程可以忽略信号、阻塞信号或处理该信号。某些信号，例如 SIGKILL（结束一个进程）和 SIGSTOP（暂停一个进程），是不能被忽略的。

当一个 POSIX 定时器由于异步 I/O 竞争、空消息队列有消息到达等产生实时信号时，没有服务进程发送这些信号。利用数据结构 sigevent 可以将需要发布的信息设置为

定时器、异步 I/O 或消息队列初始化的一部分。

```
union sigval {  /* data passed with notification */
      int     sival_int;   /* integer value */
      void   *sival_ptr;   /* points to timer_id */
};

struct sigevent {
     int sigev_notify; /* notification method. */
     int sigev_signo;  /* notification signal */
     union sigval sigev_value;
                   /* data to pass with notification */
};
```

struct sigevent 中 sigev_notify 参数用于指明通知如何被执行。若被设置为 SIGV_NONE，则当事件发生时，没有信号发送；若被设置为 SIGV_SIGNAL，进程会被提示发送由 sigev_signo 参数指明的信号。在定时器溢出时，信号应该是 SIGALRM。第三个参数 sigev_value 是应用定义的值，在信号发送时发送给特定的信号处理函数。在定时器溢出时，我们只需要设置结构体中前两个参数。

如需将一个进程挂起至某个预期的未决信号出现，可以调用 sigwait() 函数：

```
int sigwait(const sigset_t *set, int *sig);
```

函数的第一个参数是一个信号集合。第二个参数存储着接收到的信号。如果调用成功，函数将返回 0。否则，返回一个正的错误编码。

1. 阻塞信号

阻塞一个信号指将其放入队列中，并在稍晚的时间发布。阻塞信号的目的是避免竞争条件，即当一个 X 类型的信号到达时其处理函数正在运行。当信号处理函数返回后，队列中最前的信号解除阻塞。POSIX 信号系统使用 signal set 来处理未决信号，否则当一个信号正在处理时，该信号可能会被错过。系统提供了一些函数用于创建、修改、检验信号集合，它们都包含在 signal.h 文件中。

- int sigemptyset(sigset_t *set)：初始化信号集合为空。
- int sigfillset(sigset_t *set)：初始化信号集合为满。
- int sigaddset(sigset_t *set, int signo)：将编号为 signo 的信号添加到指定的集合。
- int sigdelset(sigset_t *set, int signo)：将编号为 signo 的信号从集合中删除。
- int sigismember(const sigset_t *set, int signo)：检查编号为 signo 的信号是否在指定集合中。

当前被阻塞的信号集合称为信号掩码。每个进程在内核中都有它自己的信号掩码。当一个新进程创建时，它会继承其父进程的掩码。可以通过修改信号掩码来阻塞信号或解除阻塞。信号掩码由 sigprocmask() 函数来操纵和查询：

```
int sigprocmask(int iHow, const sigset_t *psSet,
                sigset_t *psOldSet);
```

函数中，参数 psSet 指向某个信号集合。第一个参数修改信号掩码，它可以设置为如下三个值中的一个：

- SIG_BLOCK：添加psSet所指向的信号集中的信号添加到当前掩码。
- SIG_UNBLOCK：从当前掩码中删除psSet所指向的信号集中的信号。
- SIG_SETMASK：安装psSet所指向的信号集中的信号作为信号掩码。

最后一个参数psOldSet用于存储旧的进程信号掩码。

例如，如下代码段阻塞了信号SIGINT。

```
...
sigset_t sSet;
sigemptyset(&sSet);
sigaddset(&sSet, SIGINT);
sigprocmask(SIG_BLOCK, &sSet, NULL);
    ...
```

注意sigpromask()只用于单线程的进程。对于多线程的进程，应该用pthread_sigmask()。

2. 处理信号

信号可以按照默认的方式处理，也可以用户自定义处理程序来处理。如果采用用户自定义的处理程序处理某些类型的信号，需要设计一个函数，并在一个特定编码的信号到来时调用它。进程需要如何处理接收到信号的细节定义在结构体sigaction中：

```
struct sigaction {
   void (*sa_handler)(int); /* address of signal handler */
   sigset_t sa_mask; /* signals */
   int sa_flags;     /* signal options */
   void (*sa_sigaction)(int, siginfo_t *, void*);
                       /* alternate signal handler */
};
```

指针sa_handler指向该信号的处理函数。信号处理函数的唯一的参数（整型）是信号编码。指针sa_sigaction指向一个备份的信号处理函数。通常，我们不会同时安排sa_handler和sa_sigaction。

要在收到特定信号时更改进程所采取的操作，可以调用sigaction函数：

```
int sigaction(int signum, const struct sigaction *act,
              struct sigaction *oldact);
```

其中，signum指向信号，且可以是除了SIGKILL和SIGSTOP之外的任何一个有效的信号。如果act是non-NULL的，信号signum新的处理动作会从act中安装。如果oldact是non-NULL的，之前的处理动作会保存至oldact。

图6-16给出了一个简单的程序，该程序捕获CTRL-C（终止一个进程）和CTRL-Z（挂起一个进程）按键，并向信号处理函数my_handler发送一个信号，处理函数my_handler输出一条消息。

根据sigaction结构体定义的约束及第5行的提示，my_handler只有一个整型参数signo，即信号的编码。在main函数中，首先定义了一个sigaction结构体的实例，命名为action。action的数据个数在第19～29行中设定。第28和29行表明由CTRL-C和CTRL-Z按键产生的信号将被sigaction的实例action处理。While循环只是让进程始终运行，这样用户可以输入并看到结果。图6-17给出了执行的结果截屏。

必需的。

```
1.  #include <stdio.h>
2.  #include <signal.h>
3.  #include <unistd.h>
4.
5.  void my_handler(int signo){
6.      /* handling Ctrl-C */
7.      if (signo == SIGINT)
8.          printf("You hit Ctrl-C. \n");
9.
10.     /* handling Ctrl-Z */
11.     if (signo == SIGTSTP)
12.         printf("You hit Ctrl-Z. \n");
13. }
14.
15. int main(void){
16.     struct sigaction action;
17.
18.     /* set up signal handler */
19.     action.sa_handler = my_handler;
20.
21.     /* initialize signal set */
22.     sigemptyset(&action.sa_mask);
23.
24.     /* set signal option to 0 that makes no change to
          signal behavior */
25.     action.sa_flags = 0;
26.
27.     /* specify signals to be handled by action */
28.     sigaction(SIGINT, &action, NULL);
29.     sigaction(SIGTSTP, &action, NULL);
30.
31.     /* wait forever */
32.     while(1)
33.         sleep(1);
34.
35.     return 0;
36. }
```

图 6-16　处理由键入 CTRL-C 和 CTRL-Z 产生的信号

图 6-17　图 6-16 中程序的执行结果

6.5.2　定时器

为了对一个进程的执行进行计时使得其按照一定的频率运行，实时时钟和定时器是必需的。

所有类 Unix 系统都使用 Unix 时间，这也称为 POSIX 时间或 Epoch 时间。该系统用自 1970 年 1 月 1 日 00：00AM 以来经过的秒数来描述时间瞬间。通过无参数调用函数 time() 将返回当前时间：

```
#include <time.h>
time_t time(time_t *what_time_it_is);
```

若调用时带有指针，返回的时间会被保存在指针指向的内存中。POSIX 函数 clock_gettime() 可以返回纳秒级精度的时间：

```
int clock_gettime(clockid_t c_id,
                  struct timespec *current_time);
```

调用后，当前时间被保存于由 current_time 指向的 timespec 对象中。timespec 结构体定义如下：

```
struct timespec {
     time_t tv_sec;   /* seconds */
     time_t tv_nsec;  /* nanoeconds */
};
```

我们还可以调用 clock_getres() 函数来获得时钟分辨率。

实时系统经常利用间隔定时器来调度。间隔定时器有两种类型：单次触发或周期性的。单次触发的定时器是已经配置完参数的定时器（armed timer），来确定是否已经到达相对于当前时间或绝对时间的时限。当时间到达，则该定时器失效。这样的定时器可用于单次执行的任务，例如在数据传输并存储或一个操作超时后清空缓存。周期性定时器会配置一个初始的溢出时间（绝对值或相对值）和重复间隔。每次间隔定时器溢出，时间间隔和配置将会重新装载。这个定时器可用于周期性任务。

POSIX 定义了一系列使用 Unix 时钟的定时器函数。最为基础的一个是：

```
int timer_create(clock_id clockid, struct sigevent sigev,
                 timer_t *timerid);
```

用于创建一个新的进程间隔定时器。参数 clockid 指明了新定时器用于计时的时钟。所有符合 POSIX 的 RTOS 必须支持 CLOCK_REALTIME，这个可设置的全系统实时时钟。当该定时器成功创建，新定时器的 ID 将返回 timerid 指向的缓存中，当然 timerid 必须是一个非空指针。这个 ID 在该进程中是唯一的，直到定时器被删除。新的定时器创建时未配置。

第二个参数 sigev 是一个指向 struct sigevent 数据结构的指针。该数据结构用于通知内核，计时器在触发时应该传递什么类型的事件。在本书中，设定结构体的前两个成员如下：

```
sigev.sigev_notify = SIGEV_SIGNAL;
sigev.sigev_signo = SIGALRM;
```

当定时器创建后，需要设置定时器，函数为：

```
int timer_settime(timer_t timerid, int flags,
          const struct itimerspec *new_setting,
          struct itimerspec *old_setting);
```

该函数将 timerid 指向定时器设定为周期性溢出或单次溢出。最后两个参数是 itimerspec 结构体的指针，定义如下：

```
struct itimerspec {
    struct timespec it_interval;  /* Timer interval *
    struct timespec it_value;     /* Initial expira-
tion */
};
```

设置定时器时，我们将 new_setting-> it_value 设置为定时器第一次溢出的时间间隔，并将 new_setting-> it_interval 设置为后续定时器溢出时间间隔。如果 new_setting-> it_value 设置为 0，则定时器将永不溢出；如果 new_setting-> it_interval 设置为 0，则定时器将仅在 it_value 指示的时间溢出一次。

如果 flags 参数设置为 0，则 new_setting-> it_value 字段将被视为相对于当前时间的时间。如果设置为 TIMER_ABSTIME，则时间是绝对的。

其他与定时器相关的 POSIX 函数还有：

- int timer_delete(timer_t timerid)：删除 ID 在 timerid 给的定时器。
- int timer_getoverrun(timer_t timerid)：返回 ID 在 timerid 给的定时器的溢出次数。

注意在调用间隔定时器函数时，小于系统硬件周期定时器分辨率的时间值将向上舍入到硬件定时器间隔的下一个倍数。例如，若时钟分辨率为 10ms 且定时器的溢出常数为 95ms，则定时器将会在 100ms 时溢出，而不是 95ms 时。

6.5.3 周期任务的实现

当我们实现一个周期任务时，需要确保任务在每个周期的起始时刻开始重复执行，且在每个周期循环内完成执行后会被挂起直到下一个循环开始。周期任务实现的框架如下：

```
aPeriodicTask{
   initialize phase, period, etc.;
   set_timer(phase, period);
   while (condition) {
      task_body();
      wait_next_activation();
   }
}
```

在上述框架中，任务的实时控制通过两个动作实现：第一个动作是设置一个定时器以在指定的周期唤醒任务，即调用 set_timer(phase,period) 函数。第二个动作是使得任务等待直到下一个周期开始，即调用 wait_next_activation() 函数。本节将讨论如何实现这两个动作。通常，任务主体所执行的工作如下：

```
task_body(){
     receive data;
     computation;
     update state variables;
     output data;
}
```

实际的实现方法根据每个具体任务而变化。

1. 使用 sleep() 函数

使得任务周期性运行的简单方法是在一个任务的实例运行完成后调用 sleep() 或类似的函数使得该任务休眠到下一个周期开始。使用这种方法，不需要设置定时器这个动作。等待下一个周期动作可以通过如下代码实现：

```
wait_next_activation(){
     current_time = time();
     sleep_time = next_activation_time - current_time;
     next_activation_time = next_activation_time + period;
     sleep(sleep_time);
}
```

这种方法是不可靠的。如果进程或线程在休眠时间已完成计算且未调用 sleep() 函数前被抢占，则该进程将会“过度休眠”。例如，若计算得到的休眠时间为 5ms，并且从进程被抢占到恢复的时间跨度是 3ms，那么该进程应该只休眠 2ms，而不是 5ms。

2. 使用定时器

实现周期任务的另一个方法是使用实时定时器。此方法中，我们创建定时器并在设置定时器动作中配置该定时器，然后在等待下一个周期动作中等待定时器溢出信号。设置定时器的伪代码如下：

```
set_timer(phase, period){
      set up an itimerspec instance with phase and period;
      add SIGALRM to an empty signal set and mask it;
      set up a sigevent instance with signal SIGALRM
            and notification method SIGEV_SIGNAL;
      create a timer with the sigevent instance;
      arm the timer with phase and period;
}
wait_next_activation(){
     wait for signal SIGALRM;
}
```

图 6-18 给出了上述伪代码的程序实现。定时器每隔 500ms 溢出一次。偏移量设置为 1000ms，意味着定时器的第一次溢出将发生在定时器激活后 1500ms。在主函数中，首先调用函数 start_periodic_timer() 设置与激活定时器。然后进程进入一个无限循环，在循环里调用 wait_next_activation() 函数等待下一次定时器溢出信号。当信号到达时，调用返回，并调用函数 task_body() 执行，该函数只是计算并输出自定时器首次溢出后连续两个函数实例的平均时间间隔。图 6-19 给出了程序执行结果。

```
1.  #include <sys/time.h>
2.  #include <signal.h>
3.  #include <time.h>
4.  #include <stdlib.h>
5.  #include <stdint.h>
6.  #include <string.h>
7.  #include <stdio.h>
8.
9.  #define ONE_THOUSAND 1000
10. #define ONE_MILLION 1000000
11. /* offset and period are in microseconds. */
12. #define OFFSET 1000000
13. #define PERIOD 500000
14.
15. sigset_t sigst;
16.
17. static void wait_next_activation(void){
```

图 6-18　周期任务的实现

```
18.     int dummy;
19.     /* suspend calling process until a signal is pending */
20.     sigwait(&sigst, &dummy);
21. }
22.
23. int start_periodic_timer(uint64_t offset, int period){
24.     struct itimerspec timer_spec;
25.     struct sigevent sigev;
26.     timer_t timer;
27.     const int signal = SIGALRM;
28.     int res;
29.
30.     /* set timer parameters */
31.     timer_spec.it_value.tv_sec = offset / ONE_MILLION;
32.     timer_spec.it_value.tv_nsec = (offset % ONE_MILLION) *
          ONE_THOUSAND;
33.     timer_spec.it_interval.tv_sec = period / ONE_MILLION;
34.     timer_spec.it_interval.tv_nsec = (period % ONE_MILLION) *
          ONE_THOUSAND;
35.
36.     sigemptyset(&sigst);  /* initialize a signal set */
37.     sigaddset(&sigst, signal);  /* add SIGALRM to the
          signal set */
38.     sigprocmask(SIG_BLOCK, &sigst, NULL);  /* block the signal */
39.
40.     /* set the signal event at timer expiration */
41.     memset(&sigev, 0, sizeof(struct sigevent));
42.     sigev.sigev_notify = SIGEV_SIGNAL;
43.     sigev.sigev_signo = signal;
44.
45.     /* create timer */
46.     res = timer_create(CLOCK_MONOTONIC, &sigev, &timer);
47.
48.     if (res < 0) {
49.         perror("Timer Create");
50.         exit(-1);
51.     }
52.
53.     /* activiate the timer */
54.     return timer_settime(timer, 0, &timer_spec, NULL);
55. }
56.
57. static void task_body(void){
58.     static int cycles = 0;
59.     static uint64_t start;
60.     uint64_t current;
61.     struct timespec tv;
62.
63.     if (start == 0) {
64.         clock_gettime(CLOCK_MONOTONIC, &tv);
65.         start = tv.tv_sec * ONE_THOUSAND + tv.tv_nsec / ONE_MILLION;
66.     }
67.
68.     clock_gettime(CLOCK_MONOTONIC, &tv);
69.     current = tv.tv_sec * ONE_THOUSAND + tv.tv_nsec / ONE_MILLION;
70.
71.     if (cycles > 0){
72.         printf("Ave interval between instances: %f milliseconds\n",
73.                                  (double)(current - start)/cycles);
74.     }
75.
76.     cycles ++;
77. }
```

图 6-18 （续）

```
78.
79. int main(int argc, char *argv[]){
80.     int res;
81.
82.     /* set and activate a timer */
83.     res = start_periodic_timer(OFFSET, PERIOD);
84.     if (res < 0) {
85.         perror("Start Periodic Timer");
86.         return -1;
87.     }
88.
89.     while(1) {
90.         wait_next_activation(); /* wait for timer expiration */
91.         task_body();  /* executes the task */
92.     }
93.
94.     return 0;
95. }
```

图 6-18 （续）

```
periodicTask
Avg interval between instances: 500.000000 milliseconds
Avg interval between instances: 500.000000 milliseconds
Avg interval between instances: 500.000000 milliseconds
Avg interval between instances: 500.000000 milliseconds
Avg interval between instances: 500.000000 milliseconds
Avg interval between instances: 500.000000 milliseconds
Avg interval between instances: 500.000000 milliseconds
Avg interval between instances: 500.000000 milliseconds
Avg interval between instances: 500.000000 milliseconds
Avg interval between instances: 500.000000 milliseconds
Avg interval between instances: 500.000000 milliseconds
Avg interval between instances: 500.000000 milliseconds
```

图 6-19　图 6-18 中程序执行的结果

6.5.4　多周期任务系统的实现

实际上，即使一个简单的实时系统也有不止一个周期任务。根据任务的计算复杂程度，一个周期任务可以用一个进程或线程实现。简单的任务通常用线程实现。不管如何，每个周期任务需要创建并激活一个定时器。每个定时器将相应任务的周期和偏移量作为其参数。一个程序（进程）可以创建多个定时器，每个任务（线程）分配一个。定时器设置和激活的通用定义和说明以及其他应用相关函数应放在头文件中，而每个线程应仅包含相应任务的代码。

习题

1. 请使用 C 语言写一个使用 Pthread 创建一个默认属性的线程的程序。所创建的线程生成一个有 1 000 000 个整型元素的数组，并将其初始化为 0～100 之间的随机数，然后输出一条显示初始化完成的消息。运行该程序并观察结果。然后，修改代码使得其创建一个自定义属性的线程，其中栈空间的大小为 20MB。再次运行程序并观察结果。请解释其中的不同。

2. 当调用 pthread_create() 函数创建一个新 Pthread 线程时，可以且只可以传递一个参数给线程启动函数，这个参数必须强制转换为（void *）。如下调用传递了一个整型变量 *t* 给线程启动函数 myRoutine：

```
rc = pthread_create(&thread, NULL, myRoutine, (void *)t);
```

为了在 myRoutine 中检索 *t*，我们执行了如下强制转换：

```
void *myRoutine(void *arg)
{
   int a = (int) arg;   //a gets the value of t
   ...
}
```

如下代码试图向启动函数传递一个整型的地址。请问是否安全？

```
for(t=0; t<NUM_THREADS; t++)
{
   printf("Creating thread %ld\n", t);
   rc = pthread_create(&th[t], NULL, myRoutine,
    (void *) &t);
   ...
}
```

3. 如果在线程创建时，需要向该线程传递多个数据项，我们可以定义一个将这些数据项作为成员的结构体，声明一个实例并将所有数据成员的值设置为期望的值，然后将实例的指针传递给线程启动函数。写一个程序将如下数据传递给一个线程：

```
int    student_id;
char   *first_name;
char   *last_name;
double      gpa;
```

在主函数中初始化这些数据并在线程启动函数中输出这些数据。

4. 图 6-20 中的程序创建了 3 个线程，每个线程含有一个 for 循环。程序中使用了一个全局计数变量来跟踪三个线程的总迭代次数。在每个循环中，线程读取全局计数值并将其值赋给本地计数值，然后递增本地计数值并将该值写回全局计数值。多次运行该程序，并观察全局计数值是否总是正确的。如果不是，请解释原因并订正错误。

```
1.  #include <pthread.h>
2.  #include <stdio.h>
3.  #include <stdlib.h>
4.
5.  #define ITERATION 100000
6.
7.  int count = 0;
8.
9.  void * Count(void * a){
10.     int i, local_count;
11.     for(i = 0; i < ITERATION; i++){
12.      local_count = count;
           /* copy the global count to a local_count */
13.      local_count++;
           /* increment the local_count */
14.      count = local_count;
```

图 6-20　习题 4 程序

```
        /* store the local value into the global count */
15.     }
16.}
17.
18.int main(int argc, char * argv[]){
19.     pthread_t tid[3];
20.     int i, correctCount;
21.
22.     for (i = 0; i <3; i++){
23.         if(pthread_create(&tid[i], NULL, Count, NULL)){
24.             printf("\n ERROR creating thread 1");
25.             exit(1);
26.         }
27.     }
28.
29.     for (i = 0; i <3; i++){
30.         if(pthread_join(tid[i], NULL)){
31.             printf("\n ERROR joining thread");
32.             exit(1);
33.         }
34.     }
35.
36.     correctCount = 3 * ITERATION;
37.     if (count < correctCount)
38.printf("\n BOOM! count is %d, should be %d\n",
   count, correctCount);
39.     else
40.printf("\n OK! cnt is %d\n", count);
41.
42.     pthread_exit(NULL);
43.}
```

图 6-20 （续）

5. 设给定一个有 200 000 个 double 类型元素的数组，我们想用两个线程计算这个数组中所有元素的和。第一个线程计算该数组前一半的数据之和并将和赋给全局变量 total。同时，第二个线程计算该数组另一半的数据之和并将和加到 total。请编写一个程序实现上述功能。将数组声明为全局数组，并在线程创建前的主函数中将所有元素赋值为 0.99。对 total 的访问应该采用互斥对象进行保护。
6. 重新考虑上一题中的程序，但通过指定要创建的线程数并将工作平均分配给每个线程来实现。注意应确保线程数可以划分数组大小。
7. 编写程序创建一个单独的线程。使用条件变量和互斥对象实现“join”函数，并使得主线程在退出前一直等待子线程运行完成，而不是调用 pthread_join 函数。
8. 利用信号量代替条件变量和互斥对象重新编写程序，实现上一题的功能。
9. 编写一个使用两个线程寻找双向链表的程序。要求如下：

（1）创建一个双向链表。将 10 000 个节点添加到链表中。每个节点存储一个位于 [0,50 000] 之内的整型随机数。

（2）创建两个线程。一个从链表的头向尾部搜索存储数数值为 x 的节点，另一个从尾部向头部搜索该节点。当一个线程发现该节点时，所有的线程停止搜索。

（3）当搜索停止后，每个线程输出它搜索过的节点的数量。

（4）需要搜索的值 x 由用户输入。它必须位于 [0,50 000] 之内。

（5）如果链表中存在多个存储的数值为 x 的节点，在发现第一个节点时停止搜索。如果没有一个节点存储的数值是 x，那么在一个线程搜索完所有的节点后停止搜索。

10. 修改图 6-5 中的程序，使得三个线程一直运行直到在创建它们 5s 后主线程通过调用 pthread_cancel() 函数终止它们。
11. 如果信号量被初始化为 2，在执行表 6-2 中列出的每个动作后信号量的值和结果是什么？请重绘表格。
12. 利用信号量代替互斥对象重新编写图 6-3 的代码解决同步问题。
13. 修改图 6-9 和图 6-10 中的程序，使得发送者可以重复接收键盘的信息（字符串）并将其发送至消息队列，直到接收到并发送完“stop”。同时，接收者持续从队列中接收消息，直到接收到“stop”消息。
14. 对上一个题目中的程序，添加两个发送者，使得三个发送者通过同一个队列发送消息到同一个接收者。设定第一个发送者发送的消息优先级最高，第二个发送者发送的消息优先级居中，第三个发送者发送的消息优先级最低。首先运行发送者，直到所有的消息无序地发送完。然后，启动接收者并检查是否所有的消息都按照它们的优先级次序接收。
15. 开发一个有两个周期任务的工程。任务 1 打开一个共享内存空间，存入一个有 1000 个整型数的数组，并将所有数组元素初始化为 0。它每隔 500ms 向数组写入一个在 [1,100] 内随机生成的整型数。另一方面，任务 2 每隔 400ms 计算一次添加到数组中的数值个数，并显示该数目。
16. 开发一个有三个周期任务的工程，其中一个任务作为服务器，其他两个任务是客户。服务器任务打开两个消息队列，每个客户分配一个。客户每隔 500ms 利用消息将 POSIX 时间发送给服务器。同时，服务器每隔 500ms 检索来自每一个消息队列的消息并显示它们。

阅读建议

Edsger W. Dijkstra[1] 首先确定并解决了互斥的要求，这被认为是并发算法研究的第一个主题。参考文献 [2-4] 详细地讨论了 POSIX 编程。Bruno[5] 和 Wellings [6] 介绍了利用 Java 语言进行并发性和实时编程。Burns [7] 介绍了利用 Ada 语言进行并发性和实时编程。

参考文献

1 Dijkstra, E.W. (1965) Solution of a problem in concurrent programming control. *Communications of the ACM*, **8** (9), 569.
2 Buttlar, D. (1996) PThreads Programming: A POSIX Standard for Better Multiprocessing *(A Nutshell Handbook)*, O'Reilly Media.
3 Butenhof, D.R. (1997) *Programming with POSIX Threads*, Addison-Wesley Professional.
4 Gallmeister, B. (1995) *POSIX.4: Programming for Real World*, O'Reilly and Associations, Inc..
5 Bruno, E.J. (2009) *Real-Time Java Programming: With Java RTS*, Prentice Hall.
6 Wellings, A.J. (2004) *Concurrent and Real-Time Programming in Java*, Wiley.
7 Burns, A. (2007) *Concurrent and Real-Time Programming in Ada*, 3rd edn, Cambridge University Press.

第 7 章

Real-Time Embedded Systems

有限状态机

实时嵌入式系统是反应系统。它们的基本目的是对外界的信号做出响应或反应。这些系统的设计是一个复杂的过程，需要综合利用多种软件和硬件的设计方法，以满足功能性和非功能性的需求。设计模式为常见的设计问题提供了抽象的解决方案，已广泛应用于软件和硬件领域。有限状态机（FSM）是一种描述反应系统行为的强有力的数学和图形工具。在近二十年里，FSM 已经成为实时嵌入式系统一个最流行的设计模式。本章介绍传统的 FSM。

7.1 有限状态机基础

FSM 是一种用于设计软件和时序逻辑电路的抽象计算模型。通常，状态机是在给定时间存储对象的上下文并且对输入事件进行操作以改变上下文和 / 或使得动作发生或者对于任何给定的改变进行输出的设备。上下文被称为状态（state），它捕获对象历史的相关方面。FSM 可以处于有限数量的状态之一。从一个状态到另一个状态的变化称为状态转换。由于某些触发事件或条件的发生，发生状态转换。在给定时间处于的状态称为当前状态。

一个 FSM 可以由有向图表示，称为状态图（state diagram）。其中每个状态用一个节点（圆圈）表示，状态转换用边（edge）表示。

例 7-1　一盏灯的状态图

图 7-1 给出了一盏用开关控制的灯的状态图。它有两个状态：开和关。当灯处于关的状态，按下开关这个事件将改变灯的状态到开。类似的，如果灯处于开的状态，按下开关这个事件将改变灯的状态到关。

对于许多状态机而言，有必要将状态分为初始状态、最终状态和中间状态三类。通常，初始状态在图形上用一个向内的箭头进行标识，而最终状态用两个小圆圈标识，如图 7-2 所示。

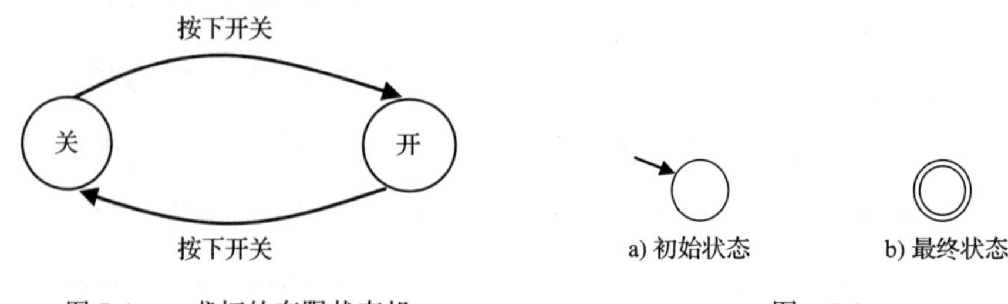

图 7-1　一盏灯的有限状态机

图　7-2

例 7-2 保险箱的状态图

考虑一个保险箱的开锁密码是 2-0-1-7。我们感兴趣的状态如下：

- 状态 q_0：闭锁，没有有效输入。
- 状态 q_1：闭锁，密码输入序列的结尾为“2”。
- 状态 q_2：闭锁，密码输入序列的结尾为“2-0”。
- 状态 q_3：闭锁，密码输入序列的结尾为“2-0-1”。
- 状态 q_4：开锁（在密码输入序列的结尾为“2-0-1-7”之后）。

图 7-3 给出了该保险箱的状态图。

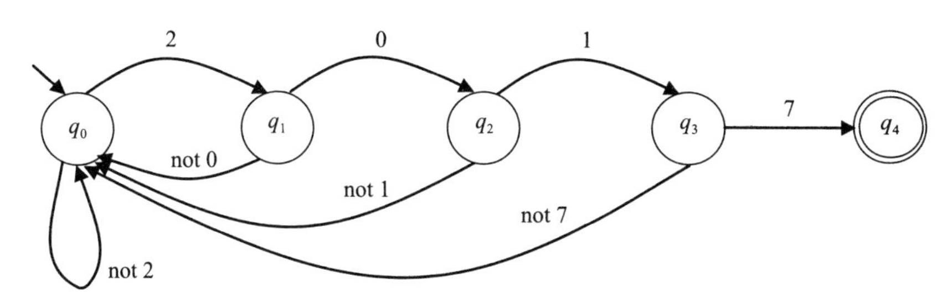

图 7-3 一个保险箱的有限状态机

7.2 确定性有限自动机

FSM 主要有两种：确定性有限自动机（DFA）和非确定性有限自动机（NDFA）。对于 DFA，我们可以确定任意一个触发事件将系统转换到哪个状态。

DFA 也被称为确定性有限接收器，是接受和拒绝有限输入序列的装置，对于每个输入序列仅产生自动机的唯一计算（或运行）。例如，如图 7-4 所示的 DFA 只接收密码“pw123”，其他的输入字符串将导致系统错误并进入死锁状态 q_6。

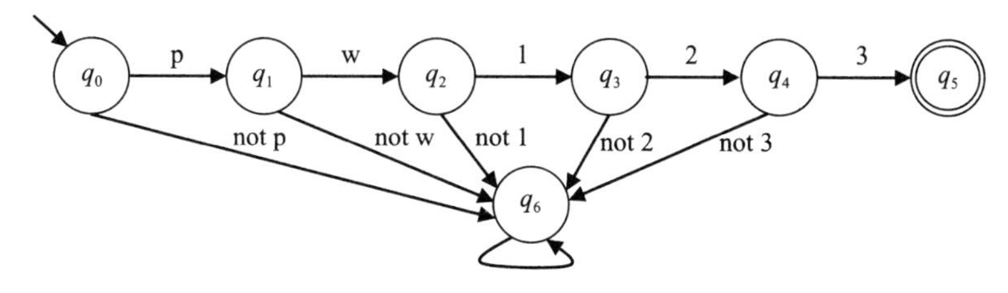

图 7-4 一个只接收密码 pw123 的接收器

在数学上，一个 DFA 可以标记为 $M = (Q, \Sigma, \delta, q_0, F)$，其中

- Q 是状态的有限集。
- Σ 是符号的有限集。
- $\delta : Q \times \Sigma \to Q$ 是转换函数。
- q_0 是初始状态，$q_0 \in Q$。
- F 是最终状态的集合，$F \subseteq Q$。

在上述定义中，Q 是一个有限个元素的集合，其中的每个元素都是一个状态的名称。Σ 也是一个有限个元素的集合，其中的每个元素都是输入。转换函数 δ 也称为下一状态函数（next state function），意味着机器如果在处于状态 q 时，接收到输入 ε，则将转换到状态 $\delta(q, \varepsilon)$。

例 7-3 图 7-2 中 FSM 的数学模型

如图 7-3 所示的 FSM 是一个 DFA。它的数学描述如下：

$$
\begin{aligned}
&Q=\{q_0, q_1, q_2, q_3, q_4\} \\
&\Sigma=\{0,1,2,3,4,5,6,7,8,9\} \\
&\delta:(q_0, 2) \rightarrow q_1,(q_0, \varepsilon) \rightarrow q_0, \text{对所有} \varepsilon \neq 2 \\
&\quad (q_1, 0) \rightarrow q\ ,(q_1, \varepsilon) \rightarrow q_0, \text{对所有} \varepsilon \neq 0 \\
&\quad (q\ , 1) \rightarrow q_3,(q_2, \varepsilon) \rightarrow q_0, \text{对所有} \varepsilon \neq 1 \\
&\quad (q_3, 7) \rightarrow q_4,(q_3, \varepsilon) \rightarrow q_0, \text{对所有} \varepsilon \neq 7 \\
&F=\{s_4\}
\end{aligned}
$$

初始状态为 q_0。

状态转换也可以用状态转换表来描述。例如，表 7-1 给出了图 7-3 中有限状态机的所有状态转换。表中的列标题为状态，行标题为输入，每个元素表示下一个状态。

表 7-1 图 7-2 中 FSM 的状态转换表

	0	1	2	3	4	5	6	7	8	9
q_0	q_0	q_0	q_1	q_0	q_0	q_0	q_0	q_0	q_0	q_0
q_1	q_2	q_0	q_0	q_0	q_0	q_0	q_0	q_0	q_0	q_0
q_2	q_0	q_3	q_0	q_0	q_0	q_0	q_0	q_0	q_0	q_0
q_3	q_0	q_0	q_0	q_0	q_0	q_0	q_0	q_4	q_0	q_0

状态机可能有与每一个转换相对应的输出。有两种 FSM 会产生输出：

- Moore 机（Moore machine）
- Mealy 机（Mealy machine）

Moore 机是一种 DFA，它的输出仅依赖于当前状态。而 Mealy 机的输出依赖于当前输入和当前状态。任何一个 Moore 机都可以转变成 Mealy 机，反之亦然。

7.2.1 Moore 机

基本上，Moore 机只是一个输出与每个状态相关联的 DFA。该装置在进入每个状态时产生相应的输出。从数学上，Moore 机可以标记为 $M=(Q, \Sigma, O, \delta, \lambda, q_0)$，其中

- Q 是状态的有限集。
- Σ 是输入符号的有限集。
- O 是输出符号的有限集。
- $\delta: Q \times \Sigma \rightarrow Q$ 是转换函数。
- $\lambda: Q \rightarrow O$ 是输出函数。
- q_0 是初始状态，$q_0 \in Q$。

注意到在 Moore 机的定义中没有最终状态。这是因为 Moore 机器被认为是输出生

成器，而不是语言识别器（接收器）。输出函数 λ 是一个从状态集到输出集的映射，意味着输出仅与状态有关。图 7-5 显示了 Moore 机中下一个状态和输出是如何计算的。

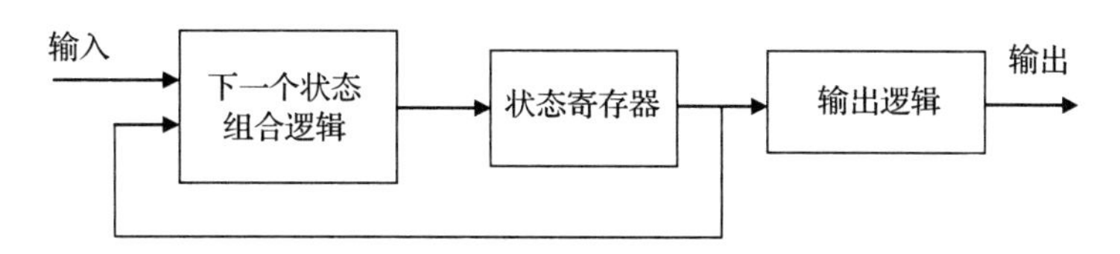

图 7-5 Moore 机：输出仅依赖于当前状态

例 7-4 自动售货机的 Moore 机

考虑一个自动售货机出售糖果棒，每个售价 20 美分。假设自动售货机只接收 5 美分、10 美分和 25 美分的硬币。当投入 20 美分或更多的硬币时，自动售货机吐出糖果棒及找零。

为给自动售货机的行为建模，我们应找出所有可能的状态和输入，然后确定状态之间的转换。所有可能的输入事件如下：

- 5c（投入一个 5 美分的硬币）
- 10c（投入一个 10 美分的硬币）
- 25c（投入一个 25 美分的硬币）

每投入一个硬币，自动售货机中顾客的余额会发生变化。所有可能的余额如下：

- 0c（0 美分）
- 5c（5 美分）
- 10c（10 美分）
- 15c（15 美分）

此外，每投入一个硬币，根据投入硬币的总额，顾客可能接收到如下输出：

- “-”（无）
- “bar”（一个糖果棒）
- “bar，5c”（一个糖果棒和 5 美分的硬币）
- “bar，10c”（一个糖果棒和 10 美分的硬币）
- “bar，15c”（一个糖果棒和 15 美分的硬币）
- “bar，20c”（一个糖果棒和 20 美分的硬币）

除了“-”，其他输出只有在余额为 0c 时产生。由于在 Moore 机中输出仅由状态确定，这个问题中余额和输出的组合构成了状态，如表 7-2 所示。

表 7-2 例 7-4 的 Moore 机状态

状态	余额	输出
q_0	0c	—
q_1	0c	糖果棒
q_2	0c	糖果棒，5c

（续）

状态	余额	输出
q_3	0c	糖果棒，10c
q_4	0c	糖果棒，15c
q_5	0c	糖果棒，20c
q_6	5c	—
q_7	10c	—
q_8	15c	—

Moore 机状态图为图 7-6。

考虑一个 10c、10c、5c 和 25c 的输入序列，从这个状态机中我们可以容易地发现这个机器的状态变化经历了 $q_0q_7q_3q_6q_3$，而相应的输出为（无）、（无）、一个糖果棒、（无）、一个糖果棒和 10c。

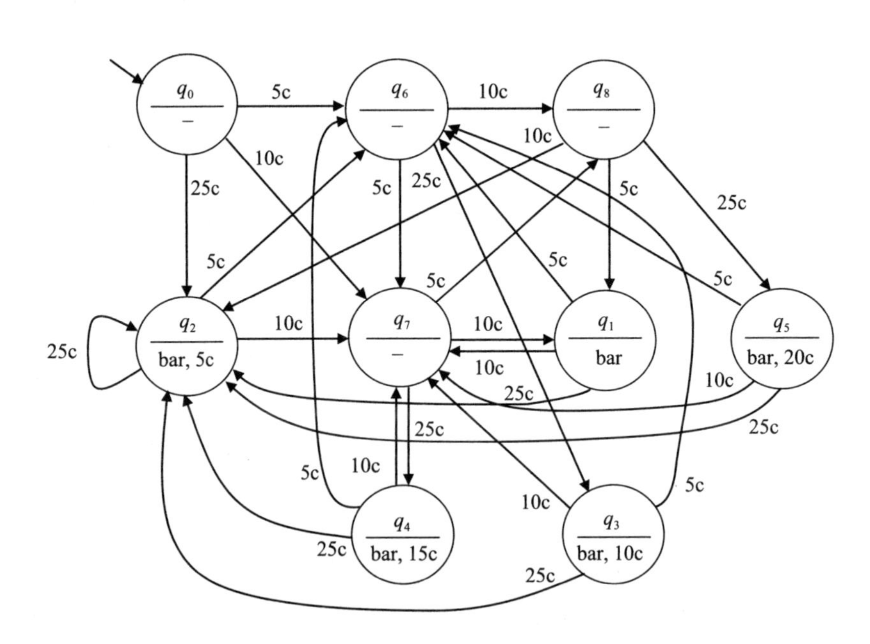

图 7-6　自动售货机的 Moore 机状态图

7.2.2　Mealy 机

直观地说，Moore 机和 Mealy 机之间的区别在于 Mealy 机将输出从状态节点移动到转换过程。Mealy 状态框图中的转换过程标识为 i/o，其中 i 为输入，o 为输出。在数学上，Mealy 机描述为 $M=(Q,\ \Sigma,\ O,\ \delta,\ \lambda,\ q_0)$，其中

- Q 是状态的有限集。
- Σ 是输入符号的有限集。
- O 是输出符号的有限集。
- δ: $Q\times\Sigma\to Q$ 是转换函数。

- $\lambda : Q \times \Sigma \to O$ 是输出函数。
- q_0 是初始状态，$q_0 \in Q$。

因与 Moore 机相同的原因，Mealy 机也没有定义最终状态。从另一方面来讲，Mealy 机和 Moore 机中输出函数 λ 的定义就显示出两种类型装置的差别。在 Mealy 机中，输出函数是 Q 和 Σ 笛卡尔积向 O 的映射，表明输出取决于状态和输入。图 7-7 说明了 Mealy 机中下一个状态和输出是如何产生的。

Mealy 机与 Moore 机一样富有表现力。然而，由于状态机中转换远多于状态，在指定输出时，Mealy 机通常比 Moore 机更紧凑。这个事实导致 Mealy 机的实际应用更多。例如，例 7-4 中自动售货机的行为可以用 Mealy 机进行一个更加简明地建模（如图 7-8 所示）。基本上，Moore 机中账户余额为 0 的六种状态 q_0，q_1，…，q_5 在 Mealy 机模型中可以合成一个标记为 0c 的状态，这样降低了状态的数量。

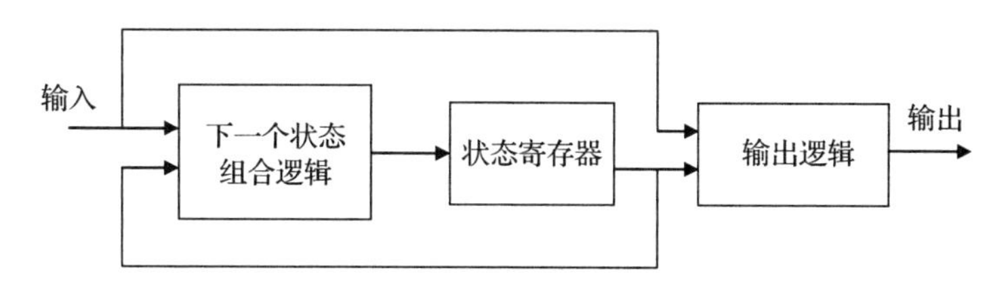

图 7-7　Mealy 机：输出同时依赖于输入和当前状态

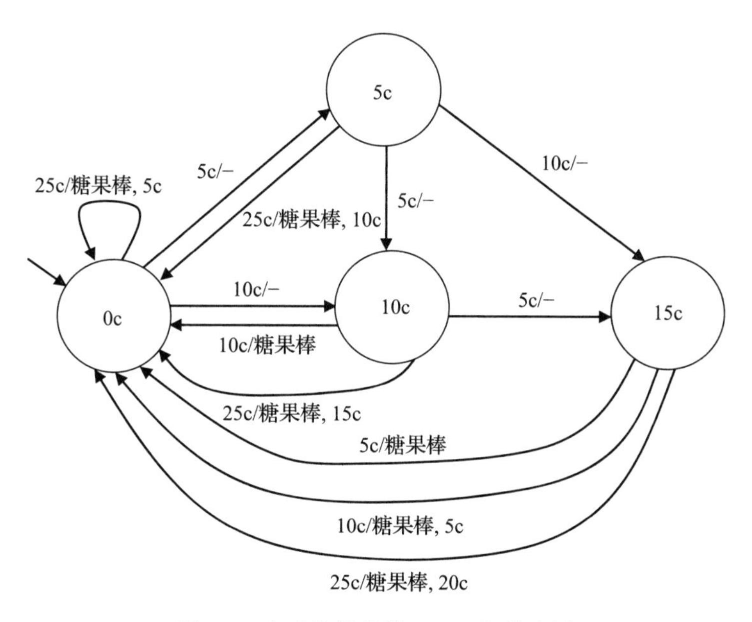

图 7-8　自动售货机的 Mealy 机状态图

例 7-5　安全带提醒系统的 Mealy 机模型

安全带是一个重要的汽车安全装置，用于防止乘客由于碰撞事故或突然停车而受到伤害。安全带提醒系统在汽车点火后，乘客未系安全带时发出信号。假设我们想设计一个安全带提醒系统以满足如下要求：

- 初始状态是汽车引擎处于关闭状态。

- 在驾驶员坐下后，他可以启动引擎或者系上安全带。
- 当引擎启动后，若驾驶员没有系上安全带，蜂鸣器定时器打开。如果驾驶员在定时器溢出前系好安全带，则定时器关闭。
- 如果定时器溢出，蜂鸣器打开。当驾驶员系上安全带，蜂鸣器关闭。
- 驾驶员在任何时刻都可以关闭汽车引擎，这将关闭定时器或蜂鸣器，如果它们中有开着的话。
- 当驾驶员坐下并已系好安全带，他可以解开安全带。
- 驾驶员在坐下前不能启动汽车引擎。
- 驾驶员在扣好安全带后或者引擎工作时不能离开座位。

系统的输入来自于汽车的钥匙、座位传感器、安全带传感器、和定时器。输入事件有：

钥匙、入座、未入座、系上安全带、未系上安全带以及定时器溢出。

输出有：

定时器关闭、定时器启动、蜂鸣器关闭和蜂鸣器开启。

在任意给定时刻，系统可能处于如下状态中的一个：

- 关闭：引擎关闭。
- 已入座：驾驶员已经入座但引擎未启动。
- 准备：驾驶员已经入座，安全带已经系好但引擎未启动。
- 计时：驾驶员已经入座，引擎已经启动，且定时器已启动。
- 已系好安全带：驾驶员已经系好安全带，且引擎已经启动。
- 蜂鸣器：蜂鸣器已经打开。

图 7-9 给出了座位安全带系统的 Mealy 机图形。状态转换在表 7-3 中列出。

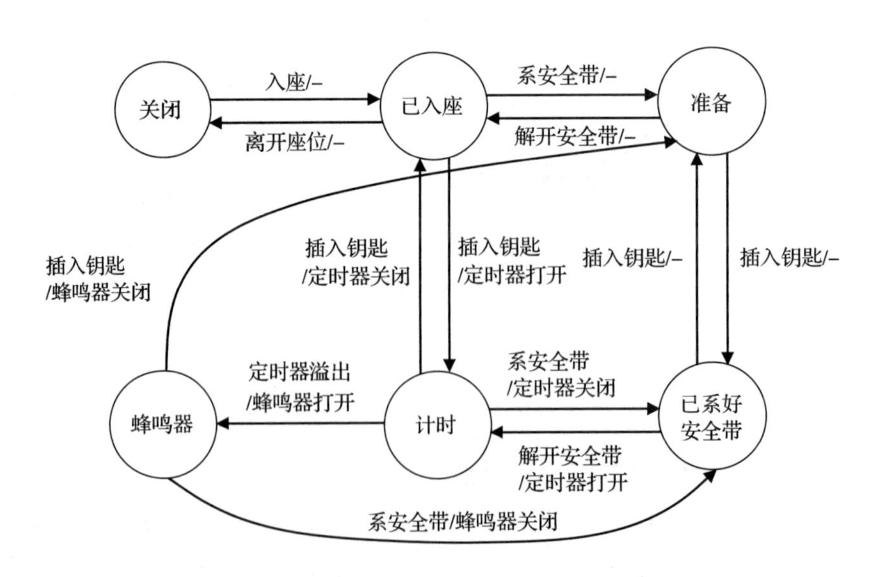

图 7-9　座位安全带系统的 Mealy 机框图

表 7-3 图 7-9 中 Mealy 机的状态转换表

当前状态	输入	下一个状态	输出
关闭	入座	已入座	—
已座	离开座位	关闭	—
	系安全带	准备	—
	插入钥匙	计时	定时器打开
准备	解开安全带	已入座	—
	插入钥匙	已系好安全带	—
系好安全带	解开安全带	计时	定时器打开
	插入钥匙	准备	—
计时	系安全带	已系好安全带	定时器关闭
	插入钥匙	已入座	定时器关闭
	定时器溢出	蜂鸣器	蜂鸣器打开
蜂鸣器	系安全带	已系好安全带	蜂鸣器关闭
	插入钥匙	准备	蜂鸣器关闭

7.3 非确定性有限自动机

在非确定性有限自动机（NDFA）中，对一个给定的状态和输入，可能会产生不止一个下一个状态；或者一个状态可以从一个状态转换到另一个状态，而无须输入；或者对某些输入，没有下一个状态。NDFA 适合于指向不明或没有指向的系统行为。对于任意一个 NDFA，它总有一个等效的 DFA。然而，NDFA 的模型比较紧凑，与 DFA 模型相比使用的状态更少。例 7-6 描述了一个 NDFA。

例 7-6 一个简单的 NDFA

图 7-10 是一个 NDFA，其中状态 q_0 的输入 α 可以使得系统转换到状态 q_1 或 q_2。换句话说，在初始状态，系统对于输入事件 α 的响应是不确定的。

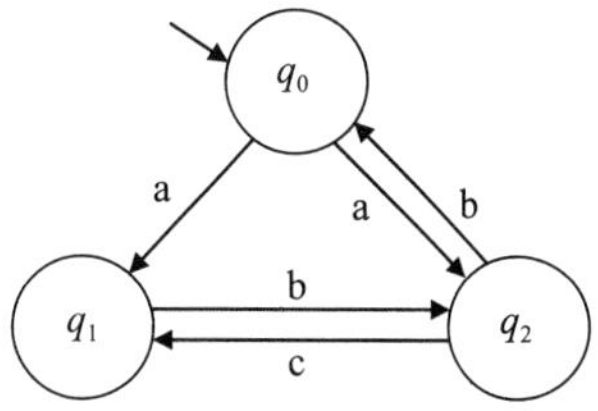

图 7-10 一个简单的 NDFA

7.4 有限状态机的编程

作为一种最常用的设计模式，FSM 在许多实时嵌入式系统中得以应用。FSM 有两种常用的实现方法。一是使用条件语句。FSM 可以编码为两级嵌套的多决策结构或 switch-case 结构。第一层 switch-case 结构包含了一个与所有状态相对应的 case 列表。结构中的每一个 case 又包含了一个第二层 switch-case 结构，罗列出所有可能的输入。或者，与之相反，第一层 switch-case 语句列出所有的输入，其中的每一个输入 case 包含与每个状态对应的 switch-case 结构。图 7-11 给出了例 7-2 中讨论的保险箱 FSM 的 C 语言实现代码。在这个简单的问题中，每一个内层的 switch-case 结构可以用一个 if-then 语句代替。

条件语句方法十分直接并易于理解。然而，随着状态和输入事件的数目增长，代码会轻易地变得臃肿。当状态机的代码在多个屏幕页中运行时，调试和维护将会变得困难，更不用提代码的可读性了。

```
int get_input();  //get the digit that is pressed
void lock_safe();  //lock the safe
void unlock_safe();  //unlock the safe

void fsm(){
   enum states {STATE0, STATE1, STATE2, STATE3, STATE4} current_state;
   lock_safe();  //initialize the safe
   current_state = STATE0; //set the initial state
   int input;

   while(true){
    input = get_input();

    switch(current_state){
         case STATE0:
            switch(input){
                case 2:
                    current_state = STATE1;
                    break;
                default:
                    current_state = STATE0;
              }
         case STATE1:
            switch(input){
                case 0:
                    current_state = STATE2;
                    break;
                default:
                    current_state = STATE0;
                }
         case STATE2:
            switch(input){
               case 1:
                    current_state = STATE3;
                    break;
                default:
                    current_state = STATE0;
              }
         case STATE3:
            switch(input){
               case 7:
                    current_state = STATE4;
                    break;
               default:
                    current_state = STATE0;
            }
         case STATE4:
            unlock_safe();
            break;
       } // switch(current_state)
    } //while(true)
}
```

图 7-11　例 7-2 中有限状态机的代码

实现有限状态机的另一种方法是基于表的方法。为了使得代码对于具有大量状态和输入事件的装置有扩展性，可以使用二维表来存储转换函数，表中一个维度表示状态，另一个维度表示事件。在 C 语言中，这种表格可以用函数指针的二维数组加以实现。

我们以图 7-9 中给出的 Mealy 机为例，介绍基于表的方法如何实现。首先定义所有的状态和输入事件为枚举类型

```
enum states {OFF, SEATED, READY, BELTED, TIMING, BUZZER} current_state;
enum events {SEAT, UNSEAT, BELT, UNBELT, KEY, TIMER_EXPIRES} new_event;
```

然后，定义状态转移表如下：

```
#define MAX_STATES 6
#define MAX_EVENTS 6
typedef void (*transition)();

transition state_table[MAX_STATES][MAX_EVENTS] = {
   {seat,  error,  error,  error,    error,     error},  // state OFF
   {error, unseat, belt_s, error,    key_s,     error},  // state SEATED
   {error, error,  error,  unbelt_r, key_r,     error},  // state READY
   {error, error,  error,  unbelt_b, key_b,     error},  // state BELTED
   {error, error,  belt_t, error,    key_t,     timer},  // state TIMING
   {error, error,  belt_b, error,    key_z,     error}}; // state BUZZER
```

表 transition 中每个元素都是一个函数，用于处理对应状态中所对应输入事件。Error 函数用于处理所有不能接受并将在状态中被忽略的事件。例如，状态 TIMING（状态机框图中的 Timing）可以接收并处理三个事件（系安全带、插入钥匙和定时器溢出），忽略所有其他的输入。除了 error 函数，表中每个函数将产生输出和下一个状态。如下为函数 belt_t() 的例子：

```
/* Function belt_t
 * Input event: BELT      Output: timer_off
 * Current state: TIMING  Next state: BELTED */
void belt_t(){
    turn_timer_off();      //turn_timer_off() should be implemented
 somewhere
    current_state = BELTED;     //this is a global variable
}
```

上述定义和所有功能的实现可以放在一个单独的文件中。Main 函数的主体可以简单地实现为：

```
while(true) {
   new_event =  get_new_event(); /* get the next event to process */

   if ((new_event >= 0) && (new_event < MAX_EVENTS)
      && (current_state >= 0) && (current_state < MAX_STATES)) {
      /* call the transition function */
      state_table[current_state][new_event]();
   }
   else {
      /* invalid event/state - handle appropriately */
   }
}
```

习题

1. 建立图 7-12a 所示的 Mealy 机的状态转换表，并给出输入序列 0011100 的输出序列。
2. 建立图 7-12b 所示的 Mealy 机的状态转换表，并给出输入序列 abaabaa 的输出序列。

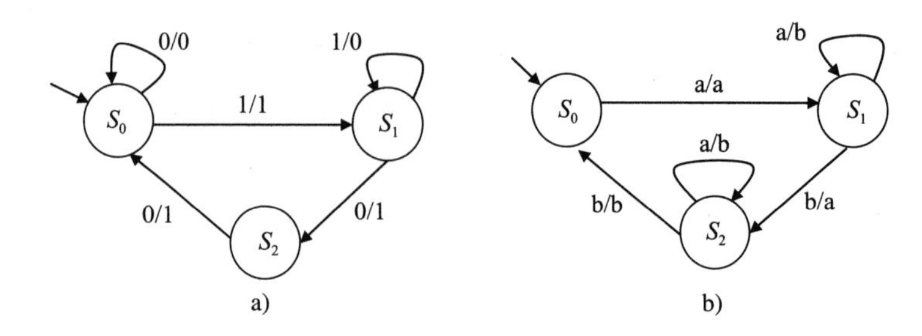

图 7-12　两个三状态的 Mealy 状态机

3. 画出表 7-4 所给的状态转换对应的 Mealy 机。A 为该状态机的输入状态。

表 7-4　习题 3 的状态转移表

当前状态	输入	下一个状态	输出
A	a	B	b
	b	C	—
B	a	C	—
	b	B	a
C	a	A	a
	b	D	a
D	a	A	b
	b	D	—

4. 建立图 7-6 中所示 Moore 机的状态转移表。
5. 画出表 7-5 所示状态转移的 Moore 状态机。A 是该状态机的输入状态。

表 7-5　习题 5 的状态转移表

当前状态	输入	下一个状态	输出
A	a	B	—
	b	C	
B	a	C	a
	b	B	
C	a	A	a
	b	D	
D	a	A	b
	b	D	

6. 画出表 7-6 所示状态转移的 Moore 状态机。A 是该状态机的输入状态。
7. 建立图 7-10 中所示的 NDFA 的状态转移表。
8. 考虑如图 7-13 所示的数字密码锁。该锁的键盘有五个数字输入按键（1-5），一个复位按键 R，以及一个显示器，用于显示系统复位后所输入的数字。锁的密码是四位数字。在初始状态，显示 0。每输入一个数字，不管输入什么数字，显示会递增 1。当输入 4 个数字后，如果输入的数字正确，显示将变为 0 并解锁该系统。如果输入了错误的数字，显示将在输入第 4 个数字后变为 E，用户必须按下 R 键使得锁复位并恢复到初始状态。用户可以在任意时刻按下 R 键复位密码锁。假设密码设为 5152。

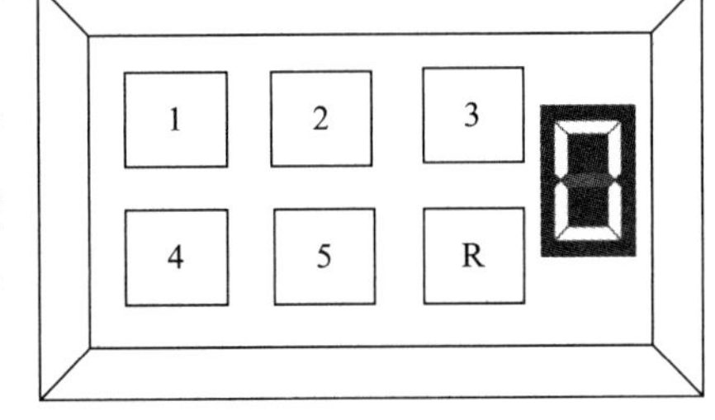

图 7-13 数字密码锁的键盘

（1）请画出这个密码锁的 Moore 状态机。

（2）请画出这个密码锁的 Mealy 状态机。

提示：可以将显示和锁的状态（锁定、解锁）作为输出。

表 7-6 习题 6 的状态转换表

当前状态	输入	下一个状态	输出
A	0	A	0
	1	B	
B	0	E	0
	1	C	
C	0	D	1
	1	C	
D	0	A	1
	1	F	
E	0	A	0
	1	F	
F	0	E	1
	1	C	

9. 考虑如图 7-14 所示的二进制密码锁，它的键盘上只有“0”和“1”两个数字按键，以及一个复位按键 R。密码锁密码的长度为 6 位。假设密码是 101101。只要锁检测到这组数字，系统就会解锁。例如，下列数字序列中的任意一组都可以解锁密码锁：

<u>101101</u>

0<u>101101</u>

011010<u>101101</u>

1110001101<u>101101</u>

任意时刻按下复位按键将使得锁恢复到初始状态。锁在检测到密码序列后将进入最终状态。请为这个锁设计状态转换图。

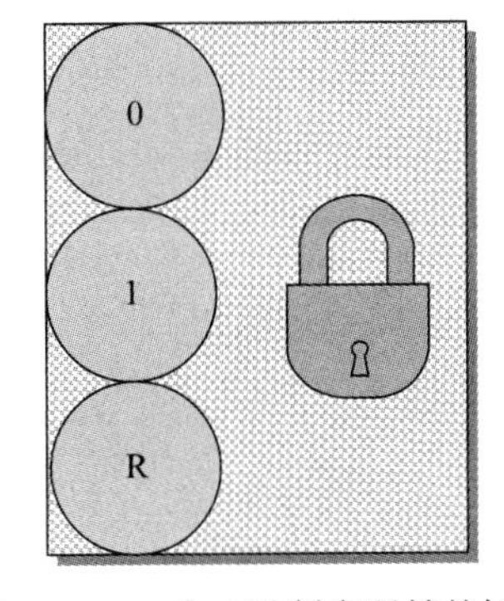

图 7-14 一个二进制密码锁的键盘

10. 完成例 7-5 中安全带提醒系统的 Mealy 状态机基于表的实现。

11. 利用 C 语言实现问题 9 中二进制数字密码锁的状态机。

（1）使用条件语句方法。

（2）使用基于表的方法。

阅读建议

有限状态机的概念通常归因于两位生理学家 Warren Mc-Culloch 和 Walter Pitts[1] 在 1943 年首次正式使用有限状态系统、神经网络来研究神经活动。这些后来被证明等同于 Kleene[2] 的有限自动机。Moore 状态机是 Edward F. Moore[3] 提出的。Mealy 状态机由 George H. Mealy[4] 提出。确定性和非确定性 FSM 的等价性由 Rabin 和 Scott[5] 证明。有关有限状态理论、算法和最新领域应用的全面介绍材料可以在参考文献 [6] 中找到。

参考文献

1 McCulloch, W.S. and Pitts, E. (1943) A logical calculus of the ideas immanent in nervous activity. *Bulletin of Mathematical Biology*, **5**, 115–133.

2 Kleene, S.C. (1956) *"Representation of Events in Nerve Nets and Finite Automata,"* Automata Studies, vol. **3–42**, Princeton University Press.

3 Moore, E.F. (1956) Gedanken-experiments on sequential machines, in *Automata Studies, Annals of Mathematics Studies*, vol. **34** (eds C.E. Shannon and J. McCarthy), Princeton University Press, pp. 129–153.

4 Mealy, G.H. (1955) A method for synthesizing sequential circuits. *The Bell System Technical Journal*, **34** (5), 1045–1079.

5 Rabin, M.O. and Scott, D. (1959) Finite automata and their decision problems. *IBM Journal of Research and Development*, **3**, 114–125.

6 Wang, J. (2013) *Handbook of Finite State Based Models and Applications*, CRC Press.

UML 状态机

UML（统一建模语言）是一种标准图形化建模语言，用于基于软件系统的建模、设计、分析与实现。它最早开发于20世纪90年代，是Booch方法、对象建模技术（OMT）与面向对象的软件工程（OOSE）概念的组合。UML当前的版本是UML2.5，发布于2015年6月。

UML用一组图形使得软件变得可视化。这些图形可以分为两组：结构化图形和行为图形。结构化图形重点在于系统建模中必须表示的事情，包括如下：

- 类图。类图将系统、子系统或组件的结构以及它们的特性、约束和关系描述为相关的类和接口。
- 包图。包图显示包及包之间的关系。
- 组件图。组件图显示了组件和它们之间的依赖关系。
- 复合结构图。复合结构图显示了类的内部部分。
- 部署图。部署图利用软件工作的部署（分发）目标描述系统的体系结构。

UML的行为图描述了系统建模时必须出现的行为，包括：

- 活动图。活动图通过对从活动到活动的控制流建模来说明系统的动态特性。
- 顺序图。顺序图描述了类在消息交换方面的相互作用。
- 用例图。用例图使用作用者和用例来建模系统的功能。
- 状态机图。状态机图描述了系统响应外部刺激的动态行为。状态图在对状态变化由特定事件触发的响应对象进行建模时特别有用。
- 通讯图。通信图按顺序描述对象之间的交互。
- 时序图。时序图显示了图表的目的，以及按时间顺序发生的交互。
- 交互概述图。通过活动图变体定义交互，以给出控制流的概述。

本章主要介绍状态机图。状态机图的元素有四种类型：命名状态、转换、事件和行为。状态表示一个对象可能的操作模式。转换表示从一个状态到另一个状态的合法变化。事件是转换的标签，定义了转换发生的条件。行为指一个状态内发生的活动。本章将介绍UML状态机的基本概念，例如层次结构、并发性和图形表示的模块化，以及大量的图形元素。本章最后，以防抱死制动系统（ABS）为例，介绍UML状态机在实际嵌入式系统行为建模中的应用。

8.1 状态

UML状态机的状态用一个带有名称标签的圆角矩形进行标识，状态名称以名称标签的形式或标识于矩形内，或标识于矩形外。图8-1给出了三种不同的标识状态名称

ON 的方法。图 8-1a 的表示方法是名称在矩形内。图 8-1b 把状态名称放在名称标签里，这种名称表示方式使用在正交复合状态的建模中。图 8-1c 中，矩形被分为两个不同的部分，状态名称位于第一个部分。这种表示方式通常用于简单动态状态或者分层复合状态的建模中。

在状态图中，大的实心点是初始状态标志，表示一个状态机的开始点。它既不是实际存在，也没有输入转换。最终状态标志是被一个圆包围着的大实心点，表示过程的终点。在 UML 状态机中，初始状态标志和最终状态标志都是伪状态，我们稍后会详细讨论。图 8-2 给出了初始状态标志和最终状态标志。不是所有的系统都有最终状态标志。

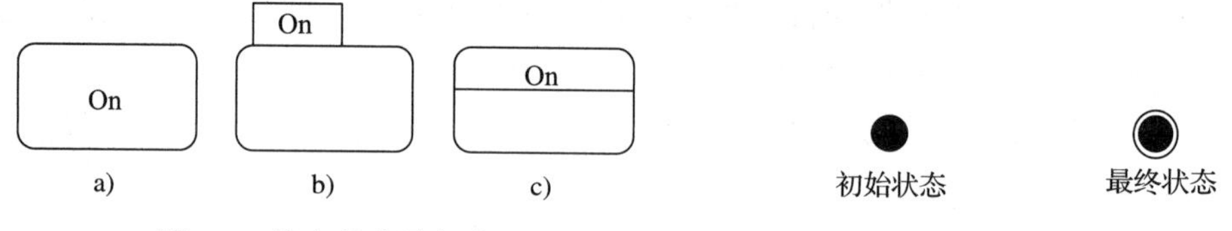

图 8-1 状态的表示方法

图 8-2 初始状态标记和最终状态标记

UML 状态机中定义了三种状态：简单状态、复合状态和子状态机状态。一个简单状态代表一个基本情况，它没有子状态——它既不包含区域也不包含子状态机状态。复合状态具有子状态，且含有至少一个区域。子状态机状态指定插入子机状态机的规范。

例 8-1 一个有线电话的 UML 状态机

以如图 8-3 所示的有限电话的行为表示为例。这是一个高层的模型，只有两个状态：空闲（idle）和活跃（active），其中空闲状态表示电话并不在使用中，而活跃状态表示电话正在使用。导致状态转换的事件是提起电话和挂断电话。

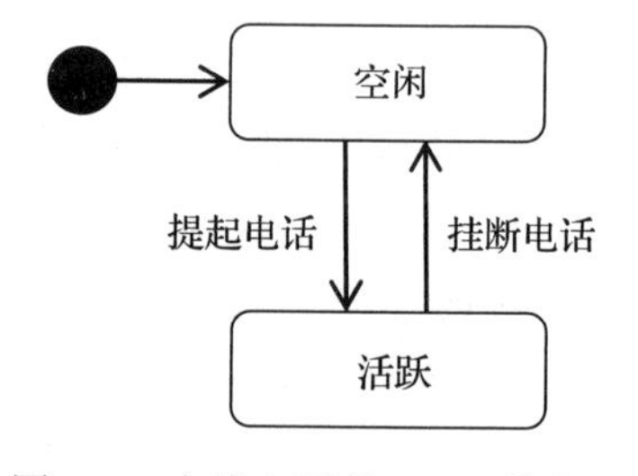

图 8-3 有线电话的 UML 状态机

状态可能是动态的，也就是说，它们可以在活跃时执行某种类型的操作。在一个动作执行的时候，状态不会接收任何事件直至该动作结束。UML 状态机的一个状态支持三种不同的行为：

- entry（进入）——这个行为在该状态变为活跃时执行。
- exit（退出）——这个行为在该状态变为非活跃时执行。
- do（进行中）——这个行为在该状态活跃期间始终执行。

这些行为可以在状态的隔间内指明。

例 8-2 带隔间的状态

图 8-4 给出了电话的具有两个隔间的活跃状态。上一个隔间有状态的名称，而下一个隔间指明了状态的行为。

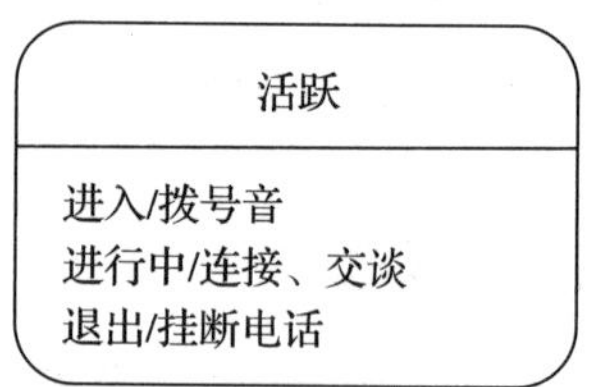

图 8-4 一个有进入、进行中和退出行为的简单状态机

8.2 转移

状态代表了给对象行为建模时我们感兴趣的操作模式。而转移用于描述模式的变化。转移在图形中是一个从源状态到目标状态的有向弧线。图 8-5 给出了转移的常用表示方式。转移有时可以用如下元素进行标识：

- 事件列表（event-list）：一个事件或一个事件列表可以触发或激发转移。在存在事件列表的情形中，列表中任何一个事件的出现就足以触发转移。
- 警戒（guard）：一个条件描述用于评估决定转移是否激活。警戒可以是一个指定的变量范围，例如 [speed>60]，或者一些必须满足的其他约束条件。
- 动作列表（action-list）：转移触发时执行的一个或一系列操作。动作通常只需要很短的时间就可以完成。它们可能发生在转移发生时、进入状态时或退出一个状态时。

在一个对象或系统执行期间，特定的状态可以是活跃的或非活跃的。一个转移的出现表明了以下事件：

- 在转移触发前源状态是一个活跃的状态。
- 源状态因转移的出现而退出并变为非活跃状态。
- 目标状态变成活跃状态。

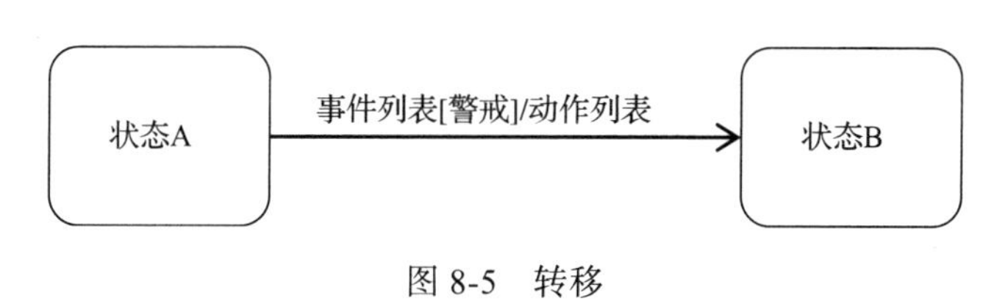

图 8-5　转移

例 8-3　烤箱的简化状态机

图 8-6 描述了一个烤箱的简化 UML 状态机。这个模型中有四个状态：门开（door-open)、加热（heating)、暂停（paused）和完成（completed)。考察从门开到加热的状态转移。导致该转移的事件是关门（doorClosed)。警戒条件是 timePreset()>0，表示用户必须给定时器设定了一个大于 0 的值以命令烤箱开始加热。当转移被触发时，定时器装载并启动，标识为 timerStart() 动作。

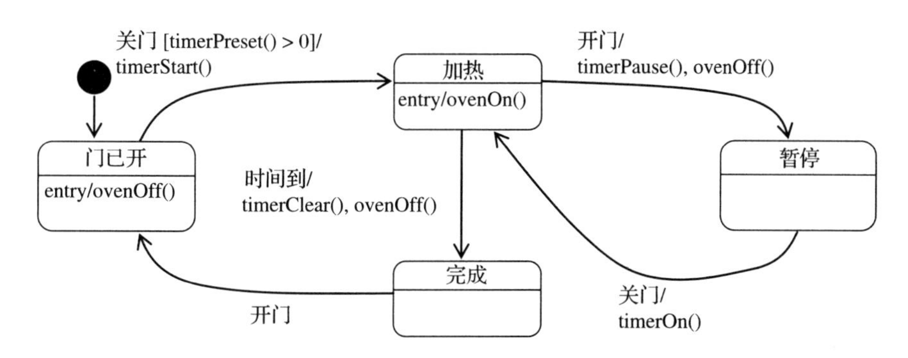

图 8-6　烤箱的简化 UML 状态机

8.3 事件

在一个对象或系统的行为中，事件是导致转移发生的内部或外部交互。例如，图 8-6 中的状态机有两个事件：开门（doorOpen）和关门（doorClose）。系统对一个事件的响应依赖于它当前的状态以及当前状态所接收的事件类型。例如，图 8-6 中显示的状态机，当烤箱处于加热状态时，开门事件将使得烤箱的状态转移到暂停，表示暂停加热。如果在事件发生时，系统正处于一个无法处理该事件的状态，则系统将忽略该事件，其行为不会改变。门已开和暂停这两个状态只能接收关门事件，而加热和完成状态只能响应开门事件。

UML 定义了四种事件：

信号事件（signal event）。信号事件是一个命名对象，由一个对象异步发出，由另一个对象接收。

调用事件（call event）。调用事件由一个操作发出，这是一个同步事件。调用事件的一般形式为：

```
event_name(parameters).
```

其中参数是可选的。如图 8-6 中的调用事件就没有参数。

变化事件（change event）。变化事件表示满足某种条件时状态的变化。这类事件的通用表示为

```
when(condition).
```

时间事件（time event）。时间事件表示时间的流逝。在状态活跃时，这类事件跟踪时间的变化，并与边界值相比较。当超出边界值时，事件发生。这类事件的通用表示为：

```
after(time),
```

其中时间可以是相对的或绝对的。当一个对象进入某个状态时，状态中的所有超时函数启动。当超过某个时间时，状态机接收超时信息并作为事件处理。当一个对象离开这个状态时，任何一个在进入该状态时启动的超时函数均取消。每个状态只能使用一个超时函数。

图 8-7 给出了一个变化事件和时间事件。这表示了一个打印机的部分行为。打印机在上电但不打印时处于空闲状态。当打印机空闲时，将在每晚 11 点 59 分进行一个自检。当启动开关按下时，打印机进入准备状态，准备打印。然而，如果它在 10 秒内并没有接收到客户的任何打印任务，打印机将返回空闲状态。

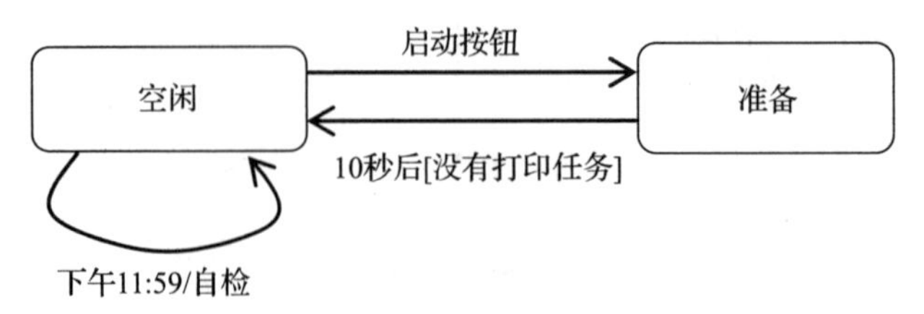

图 8-7 打印机的变化事件和时间事件

8.4 复合状态

UML 状态机对传统 FSM 形式最显著的扩展是复合状态的引入。复合状态有子状态，并包含了一个或多个区域。复合状态可以在层次结构和正交结构中指定。在层次结构中，复合状态包含一个区域。而在正交结构中，复合状态包含两个或多个区域，其中区域是并发执行的。在层次和正交状态的区域包含状态和转移。区域中的状态也可以是简单状态、复合状态或子状态机状态。

8.4.1 层次结构

引入层次结构的目的是允许状态包含其他状态。分层状态表示软件行为的抽象，其中较低级别的抽象被描述为包含在其他状态内的状态。这是处理复杂性的传统方法。分层状态是一个隐藏内部细节的理想状态机，因为设计者很容易通过放大或缩小以展示或隐藏嵌套状态。

例 8-4 图 8-3 中活跃状态的分解图

图 8-3 描述了高抽象级别的电话行为。为了分析和理解使用过程中电话的行为，有必要对电话开机时发生的事情进行更详细的表述或更低级别的抽象。这种对操作电话行为的深入表示应该包括多种感兴趣的模式，例如拨号、连接和通话。因此，需要改进活跃状态。

图 8-8 显示了支持层次结构的复合状态描述的电话行为。该复合状态由 6 个简单状态和 10 个转移组成。准备（ready）是复合状态激活后进入的默认状态，表示电话已经准备好，可以拨号使用了。播放拨号音动作在进入该状态后立即执行。当因 dialDigit 事件，退出该状态时，拨号音停止。如果用户在 10 秒内没有拨号，电话进入非准备（not ready）状态，然后用户可以按下重拨按键使得电话返回准备状态。当用户开始拨号，电话进入拨号（dialing）状态，用户必须拨完所有需要拨的号码才可以完成拨号。如果所拨号码是有效的电话号码，电话进入连接（connecting）状态；否则，进入无效（invalid）状态并给出错误信息。在给出错误信息后，电话进入非准备状态。如果呼叫的线路正在使用中，电话将从连接状态进入非准备状态；否则进入通话（talking）状态。当呼叫者挂断电话，活跃状态将变成非活跃状态。

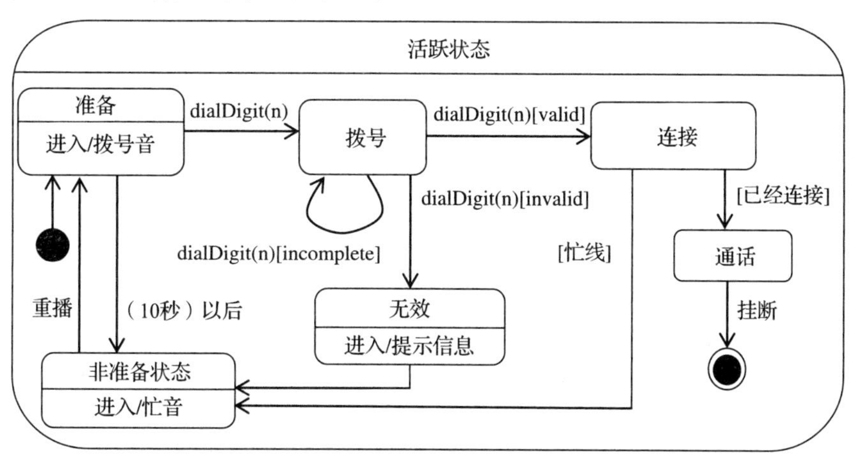

图 8-8 活跃复合状态的部分表示

我们可以进一步将子状态行为分解为更低级的抽象，并描述为一个复合状态。例如，可将图8-8中的连接（connecting）状态重新描述为一个复合状态，即描述为如图8-9所示的更细的描述。

图8-9中使用了一个新的符号，这是一个表示条件分支的菱形，称为选择伪状态（choice pseudostate）。它评估触发即将发生的转移的警戒条件，以选择其中一个转移。如图8-8所示的状态机，我们也可以使用选择伪状态来描述自拨号状态（dialing）到拨号（dialing）、连接（connecting）和无效（invalid）状态的分支，以使得条件检测更直观。

绘制的转移结束在复合状态的边界上并不好看。稍后，将引入进入点/退出点伪状态以使图表示更加结构化。

当状态机中存在大量状态时，一种理想的处理方式是隐藏复合状态的分解并用简单的状态图表示它，这样所有状态都可以体现在可用的图形空间中。为在图形表示中区分复合状态和简单状态，可以使用指定的“复合”图标，通常位于右下角。这个图标由两个水平放置并连接的状态组成，是一个可选的视觉提示，表示该状态具有未在该特定示意图中显示的分解。进而，复合状态的内容在单独的图中描述。例如，在图8-8所示的状态机中，复合状态连接可以用图8-10中的图示替代。

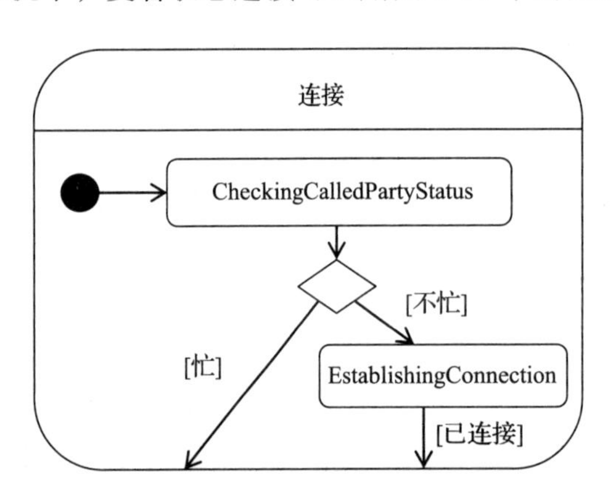

图8-9　图8-8中所示连接状态的分解

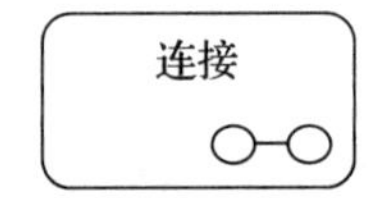

图8-10　隐藏分解的复合状态连接

8.4.2　正交性

正交状态表示并发行为。一个正交状态具有多个区域。并行状态的区域用虚线隔开。每条虚线将复合状态划分成两个隔离的区域。这些正交区域并发运行。换句话说，在复合状态变成活跃的时刻，软件系统或子系统必须运行在它所有的区域内。正交部分之间的通信可以通过信号事件和/或调用事件实现。这种正交性概念在表示系统的子组件和行为表示中的模块性方面非常有用。

例8-5　苏打水贩卖机的UML状态机图

考虑一个苏打水贩卖机。我们感兴趣的是当客户购买苏打水时该机器的行为。该贩卖机的高层模型如图8-11所示，其中发货（dispensing）状态是一个复合状态，但表示为一个具有复合状态图标的简单状态。

就其内部而言，发货状态有两个并行的操作途径。一是处理苏打水的发送，另一个进行销售记录。图 8-12 显示了发货状态的行为，它具有两个正交区域。

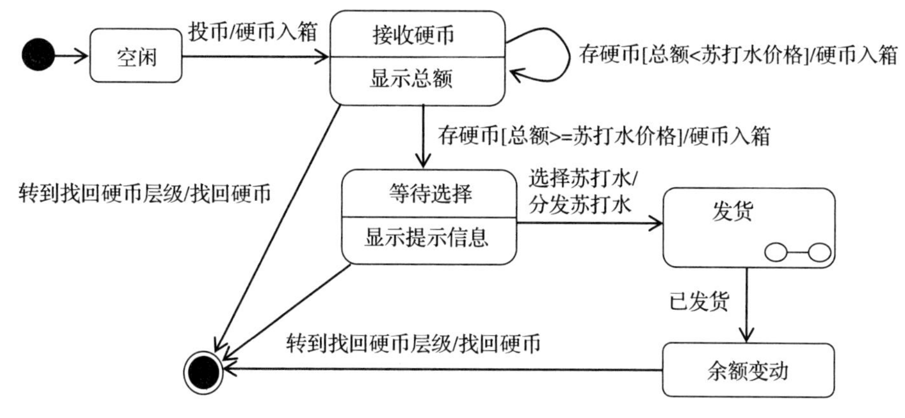

图 8-11 苏打水贩卖机的 UML 状态机

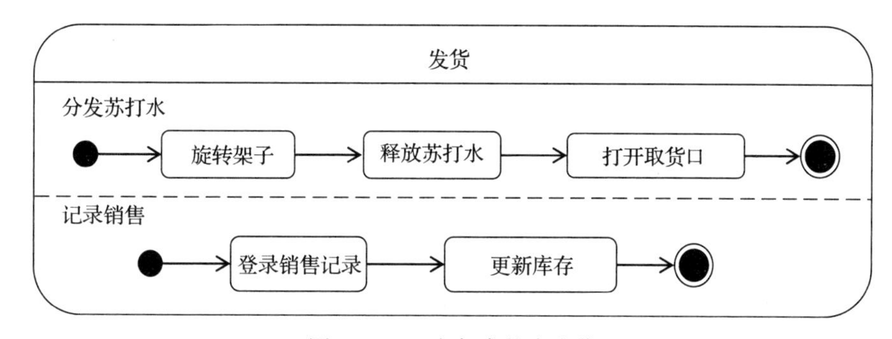

图 8-12 正交复合状态发货

8.4.3 子状态机状态

子状态机指一个状态机作为状态插入另一个状态机。同一个子状态机可以多次插入。子状态机状态在语义上等价于复合状态，都由内部状态和转移组成。然而，子状态机状态提供了一种封装状态和转移的方法，以便可以重用它们。子状态机状态的名称区域包含字符号类型的状态的名称（可选）。参考状态机的名称显示为一个跟在状态名称和“：”后面的字符串。例如，为了遵循子机器状态命名约定，我们可以将图 8-11 中的复合状态发货重命名为 Disp: Dispensing，其中 Disp 是状态的新名称，整个名称表示名为 Dispensing 的子状态机插入到此处。

8.5 伪状态

除了简单状态和复合状态，UML 状态机还定义了伪状态集，用于精确地说明系统的动态行为。我们之前已经介绍了选择伪状态。本节中，我们介绍一些其他的重要伪状态。它们是历史伪状态、进入 / 退出伪状态、分叉 / 汇入伪状态，以及终止伪状态。

8.5.1 历史伪状态

在一些系统中，当一个复合状态变为非活跃时，它需要记忆该复合状态或子状态机状态最后活跃的内部状态。例如，当我们在烤箱加热时打开烤箱门，加热状态会被系统记忆。稍后，当门关上后，烤箱恢复到加热状态。UML 状态机使用历史伪状态支持这种行为。UML 定义了两种历史：浅历史和深历史。浅历史伪状态，用一个带圈的字母 H 表示，用于记忆复合状态或子状态机状态的最后一个活跃内部状态，但不记忆最后一个活跃内部状态的子状态。进入浅历史顶点的转移等同于进入状态的最近活跃子状态的转移。最多，一个源自于历史的转移连接到默认的浅历史状态。这种转移发生于复合状态之前从未处于活跃状态的情形，因为根本没有历史记录。深历史是浅历史递归地激活最近活跃的那个子状态的子状态。用带星型标记的浅历史表示（圆圈里是 H*）。

图 8-13 给出了两个独立的状态机。它们之间唯一的不同是在复合状态 State1 中，一个使用了浅历史伪状态，另一个使用了深历史伪状态。在最高层每个状态机有两个状态：State1 和 State2。在 State1 中，有两个子状态 State11 和 State12，其中 State12 也是一个复合状态，具有两个子状态 State121 和 State122。假设任意一个状态机中，当状态 State1 处于 State122 时，转移到 State2，然后转移回 State1。当使用浅历史伪状态时，第一个状态机将回到 State12，并从 State121 开始转移。而第二个状态机将直接返回 State122，因为深历史伪状态记忆了 State1 中的叶状态。

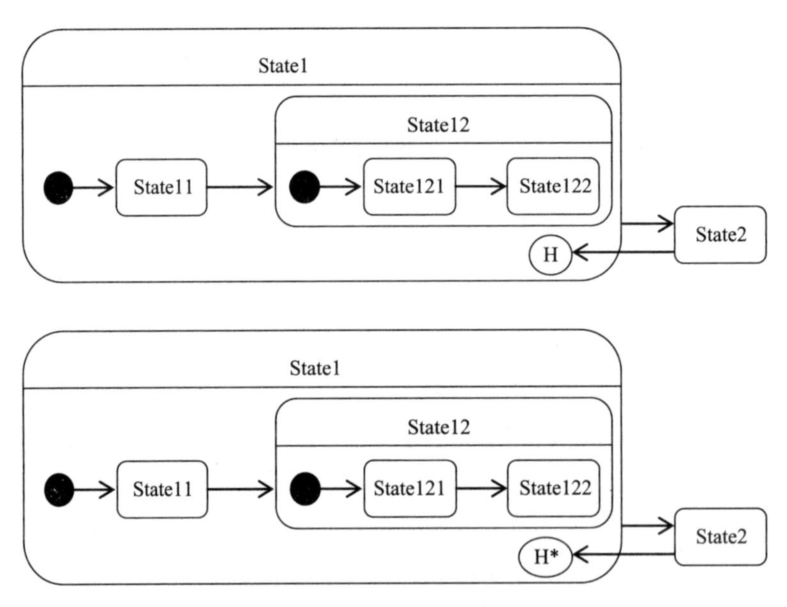

图 8-13 浅历史伪状态和深历史伪状态

例 8-6 CD 播放器的状态机

考虑图 8-14a 所示状态机描述的具有高层行为的 CD 播放器。播放状态是一个复合状态，其内部行为在图 8-14b 中指明。图 8-14b 展示了 CD 播放器如何根据用户的手动选择播放存放于 CD 中的三首歌曲。当然，这是一个简化的模型。这里的意图展现是如何使用浅历史伪代码。注意图 8-14b 显示了复合状态中浅历史伪状态的图标。

状态机开始于停止（stopped）状态。当第一次出现按下播放按钮（press play）事件时，状态机变到播放（playing）状态。因为这是第一次激活播放状态，这个复合状态从子状态 Song1 开始，且根据事件按下下一首按钮（press next）和按下前一首按钮（press prev），播放行为在 Song1、Song2 和 Song3 状态中变化。如果按下结束按钮（press stop）或按下暂停按钮（press pause）事件发生，状态机将离开播放状态，同时最近的活跃状态将被记忆为浅历史伪状态。当按下播放按钮（press play）事件再出现时，播放状态再次激活，状态机恢复到由浅历史伪状态描述的子状态，这样被中断的歌曲又被播放。

由于播放状态内部的简单状态没有子状态，所以这个例子中使用浅历史状态和深历史伪状态没有区别。

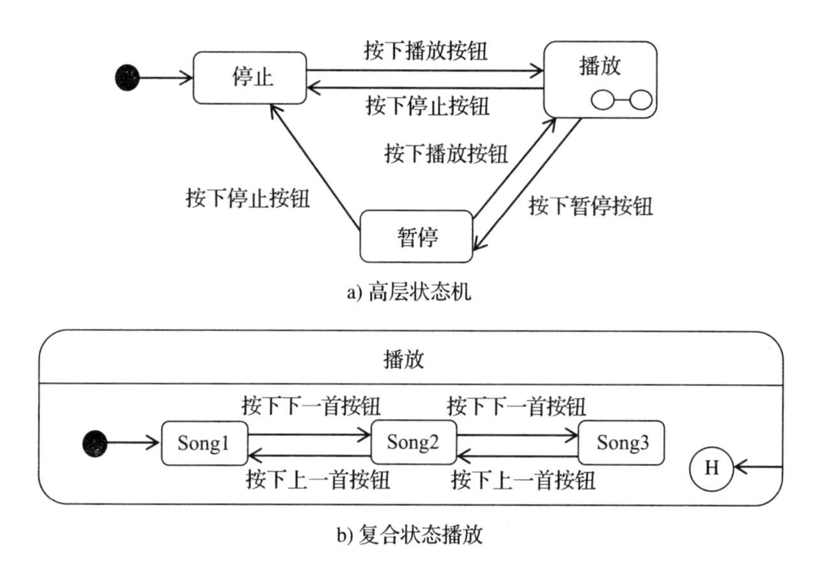

图 8-14　CD 播放器的 UML 状态机

8.5.2　进入点和退出点

当一个复合状态或子状态机状态变为活跃时，即将进入的内部子状态是每个区域默认的初始状态，如果有历史伪状态，且复合状态或子状态机状态之前曾激活过即将进入的内部子状态是上一个活跃的状态。有时，我们可能并不想进入一个子状态机的默认状态。相反的，我们想进入一个特定的内部状态。此时，需要使用一个进入点伪状态。进入点伪状态（entry point pseudostate）是状态机或复合状态的进入点。在状态机或复合状态的每个区域，一个相同的区域内最多可以有一个转移到达其顶点。进入点用一个小圈表示，这个圈位于状态机图或复合状态的边界上，旁边标有名字。

默认情况下，在复合状态的所有内部子状态变为非活跃后，状态机退出该复合状态。与进入点类似，可能有一个命名的可选退出点。退出点伪状态（exit point pseudostate）是状态机或复合状态的退出点。进入复合状态的任意一个区域的退出点意味着退出这个复合状态或子状态机状态。同时，它也意味着触发具有该退出点的转移是关闭状态机中该复合状态的源。退出点用一个带叉的小圈表示，位于状态机图或复合状态的边界上，旁边标有名字。

例 8-7　数据处理的状态机

图 8-15 给出了数据处理的一个简单状态机。该状态机具有四个高层状态，称为读取数据（reading data）、处理数据（processing data）、显示结果（displaying result）和报告错误（reporting error）。处理数据是一个复合状态，具有两个子状态：排序（sorting）和处理（processing）状态。默认情况下，数据先排序然后处理。如果数据已经排过序，则排序过程被忽略。状态机中，未排序的转移连接至默认的初始状态排序，而已排序的转移通过进入点略过排序（skip sorting）连接到处理状态。如果处理状态正确结束，状态机默认转移到显示结果（displaying result）状态。如果这个状态由于错误终止，状态机通过退出点错误转移到报告错误（reporting error）状态。

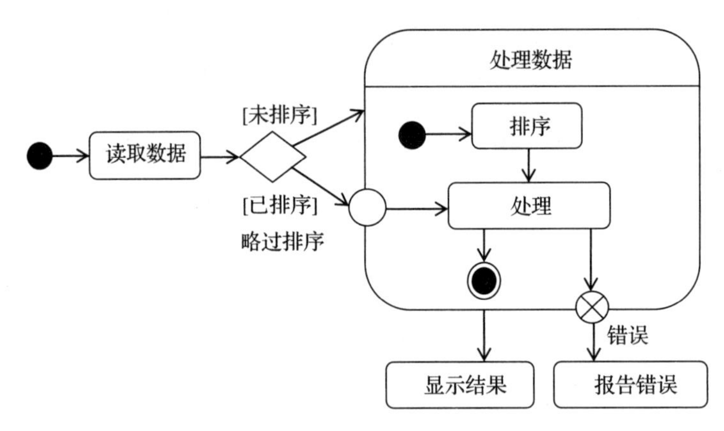

图 8-15　数据处理的简单状态机

8.5.3　分叉和汇入伪状态

分叉伪状态将进入的转移分成两个或多个转移，这些转移终止于复合状态的不同正交区域中的目标状态。从分叉伪状态传出的转移不能有警戒或触发条件，因为根据定义它是无条件的。而汇入伪状态将来自于复合状态不同正交区域的源状态的多个转移合并。进入汇入顶点的转移没有警戒或触发条件。分叉和汇入伪代码用短粗线表示，如图 8-16 所示。

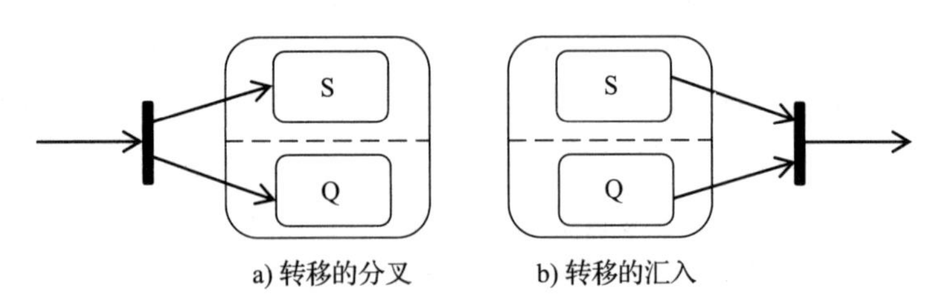

a) 转移的分叉　　b) 转移的汇入

图 8-16　分叉和汇入伪状态

8.5.4　终止伪状态

终止伪状态用于表示状态机行为的完全停止页，表示一个系统的执行终止了。在终止时刻，状态机再也不能响应事件，且无法改变行为。例如，CD 播放器因没电而停止播放，就是它行为的完全停止页。图 8-17 给出了示例 CD 播放器修改后的行为。终止伪状态在图形中用叉表示。

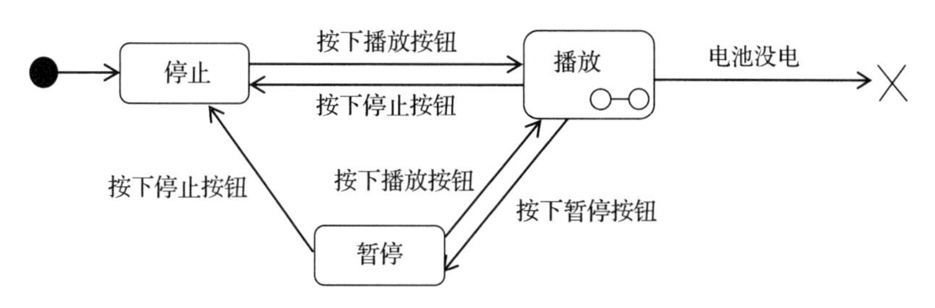

图 8-17　具有终止伪状态的 CD 播放器状态机

8.6　ABS 系统的 UML 状态机

复合状态和子状态机状态的分层和正交的定义使得 UML 状态机图支持系统行为建模的层次结构、并发性和模块化。这使得软件开发人员可以对系统进行不同层次的抽象建模并独立地设计每一个部件。在最高层的抽象中，我们考虑系统部件（或子系统）以及这些部件之间如何交互。然后对每个部件进行建模。一个部件可进一步分解为一系列子部件。这种细化过程可以继续进行下去。当部件已经细化为期望的抽象层次，我们将部件能够处于的所有状态进行标识，然后考虑状态转移、触发这些转移的事件，以及转移发生后系统的动作。本节讨论第 1 章中介绍的 ABS 的层次化建模思想。

回顾一下，在 ABS 系统中，传感器、阀门、泵和电控单元（ECU）是主要的功能部件。检测车轮锁定的关键传感器是车轮速度传感器和减速传感器。阀门包括隔离阀和排放阀。这些部件的动作是并发的。因此，ABS 的状态机有六个部件，标识为图 8-18 中的六个区域。ECU 是 ABS 的大脑。其他所有部件的动作均依照 ECU 发送的指令进行。部件之间的通信应该反映在每个部件的状态机模型中。其次，我们建立每个部件的状态机图，并讨论这些状态机如何交互。

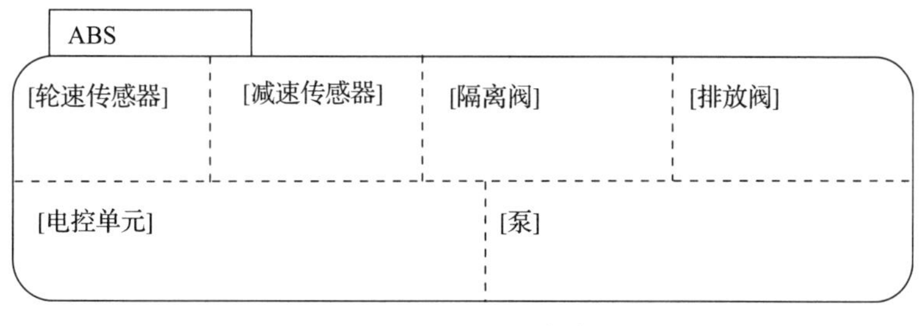

图 8-18　ABS 的部件

图 8-19 给出了轮速传感器的状态机。它只有一个状态，名为空闲（idle）。Get_wheel_speed() 事件由 ECU 发送的一个信号触发，导致一个从空闲状态出发到它自身的转移，并将一个 return_wheel_speed() 消息发回 ECU。减速传感器的状态机与轮速传感器的模型类似，唯一的区别是自我转移的标签不同，为 get_deceleration()/return_deceleration()。

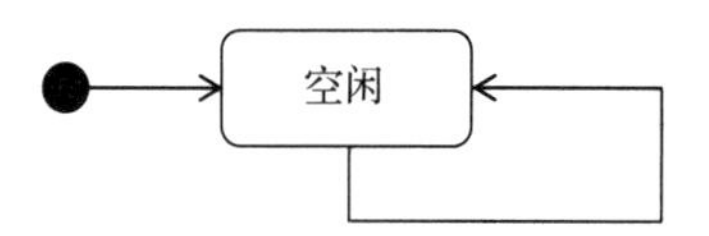

图 8-19　轮速传感器的状态机

隔离阀和排放阀都有两个状态：关闭（closed）和打开（open）状态。它们的状态机图是相同的，如图 8-20 所示。它们起初位于关闭状态。当阀接收到来自于 ECU 的打开信号时，它切换至打开状态。然后，来自 ECU 的关闭信号使得阀的状态从打开状态变为关闭状态。

泵有两个状态：空闲（idle）和泵升（pumping），空闲状态是它的进入状态。来自于 ECU 的泵升信号将触发泵转移到泵升状态。然后，来自于 ECU 的停止信号将使得泵的状态从泵升状态变为空闲状态。该状态机在图 8-21 中给出。

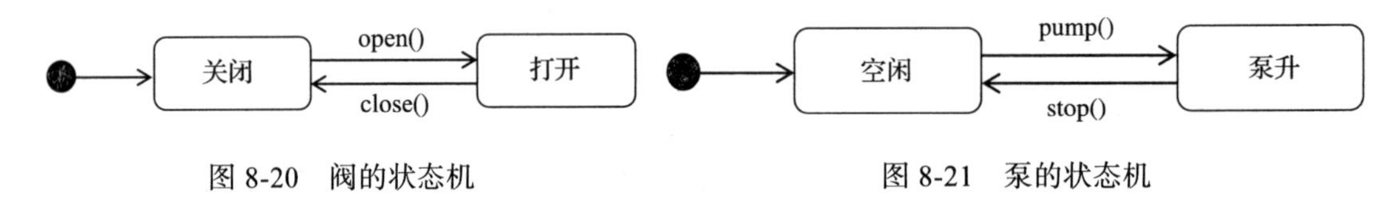

图 8-20 阀的状态机

图 8-21 泵的状态机

在最高的抽象层次，ECU 的状态机有两个状态：运行和关闭，其中关闭为进入状态，运行为复合状态，如图 8-22 所示。当 ECU 上电时，它首先进入初始化（initializing）状态。这个状态机的一个重要的内部事件是设置和激活定时器。ECU 周期性地计算控制命令。当控制单元完成初始化后，它进入计算（computing）状态。这是一个复合状态，其内部行为如图 8-23 所示。当 ECU 离开计算状态时，它进入等待（waiting）状态，等待下一个控制周期的开始。当定时器溢出，它触发 ECU 进入计算状态，同时定时器再次激活以计时下一个控制周期。

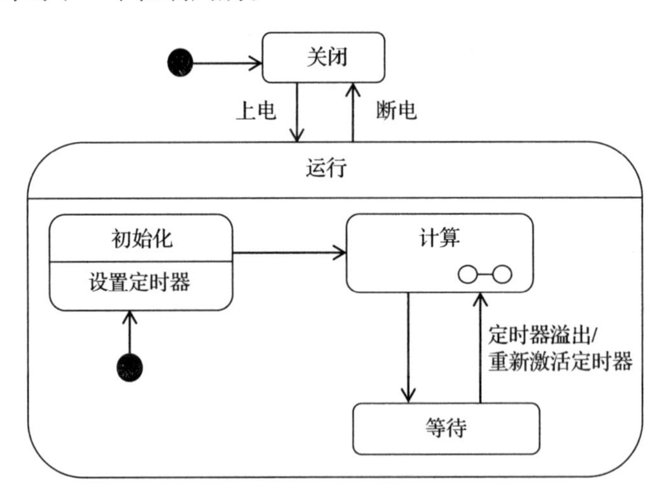

图 8-22 ECU 状态机

计算状态的进入点是预处理（preprocessing）状态，在这个状态中读取传感器数据并将其转化为数字量。如图 8-23 所示，预处理状态是一个复合状态，它的内部行为如图 8-24 所示。当传感器数据完成预处理后，ECU 进入预处理状态，开始计算控制命令。结果可能是建立刹车压力、保持刹车压力或降低刹车压力。因此，预处理状态可能转移至建立、保持和减少这三个状态中的一个，具体的依赖于计算的结果。在建立状态，ECU 发送一个打开信号给隔离阀，一个关闭信号给排放阀。在保持状态，ECU 发送一个关闭信号给隔离阀，一个打开信号给排放阀。在减少状态，ECU 发送一个关闭信号给隔离阀，一个打开信号给排放阀。在这个图中，函数

```
target_component_name.signal_name(parameter)
```

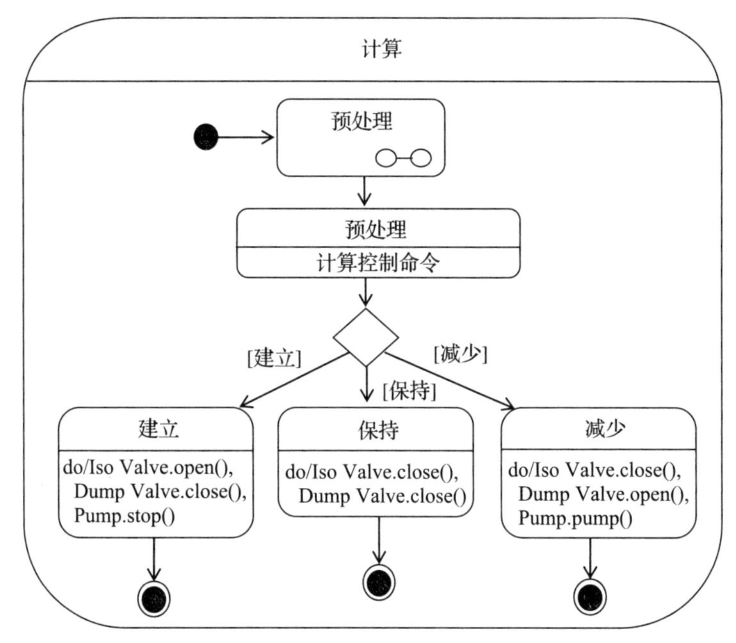

图 8-23　复合状态计算

用于部件之间的通信。例如，事件 Iso Valve.open() 表示发送了一个打开信号给隔离阀。一个部件是状态机的一个区域。

图 8-24 描述了预处理复合状态的内部行为。它具有两个区域，一个是轮速传感器数据的预处理，另一个是减速传感器数据的预处理。每个子状态机有两个状态：读取（reading）和 A/D 转换（A/D converting）。在读取状态中，ECU 发送一个读取信号给对应的传感器以获得测量数据。所得到的数据在 A/D 转换状态中转化为数字量。

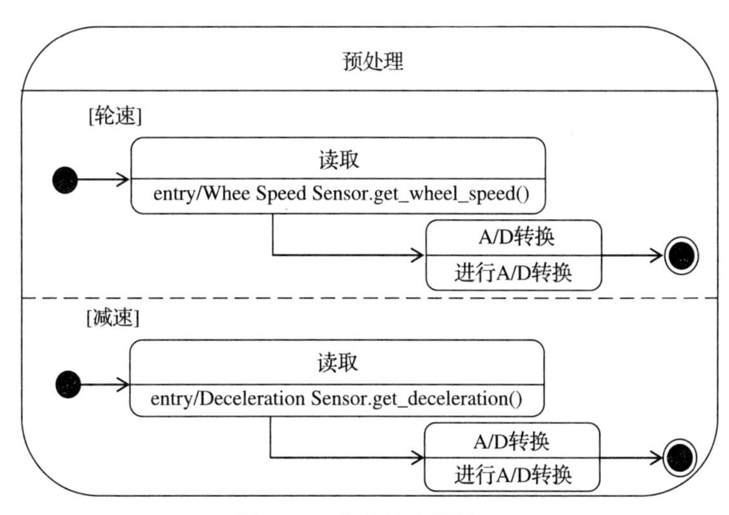

图 8-24　复合状态预处理

概括地讲，ABS 的 UML 状态机有 6 个区域，每个区域对应一个主要系统部件。除了 ECU 之外的部件的子状态机都比较简单。每个传感器的状态机只有一个状态，而每个阀的状态机有两个状态。泵的状态机也有两个状态。这些部件的动作依赖于 ECU 发送的命令信号。ECU 的动态行为可以抽象为三个层次。由 ECU 发送给其他部件的命令引发的事件反映在转移的标签中。

习题

1. 针对如图 8-25 所示的状态机：
   （1）当转移 T1 发生时，会产生什么动作序列？
   （2）当转移 T2 发生时，会产生什么动作序列？

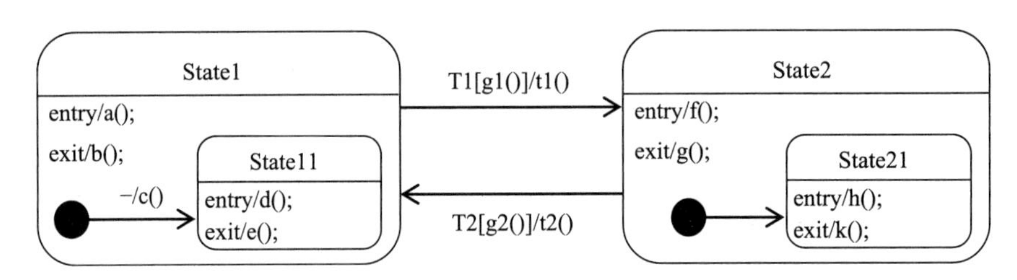

图 8-25　习题 1 的状态机

2. 建立一扇可以打开或关闭的门的动态行为的 UML 状态机。门关闭后，它可以被锁住或解锁。注意你只能在门口干净的情况下开门或关门。
   （1）只使用简单状态。
   （2）使用复合状态 Closed 描述门关闭时的行为模型。该复合状态有两个内部状态：Unlocked 和 Locked。
3. 绘制行李传送带系统的状态机。该行李传送带在启动按钮被按下时启动，并运行到结束按钮被按下或没有行李在传送带上为止。如果连续 60 秒内未检测到行李，则行李传送带进入无行李状态。
4. 绘制一个可以同时对两个电池进行充电的简易充电器的状态机。该充电器有三个模式：空闲、放电和充电。充电器在一个按钮被按下后开始给电池充电。然后，在电池充电前，它必须放电。当所有电池放电完毕，它发送一个信号给充电器，并将其模式改变为充电。当一个电池充满电后，它发送一个通知给充电器。当两个电池都充满后，充电器返回到空闲模式。
5. 表 8-1 给出了 LCD 投影仪的电源模式，其中当前电源模式由投影仪的指示灯状态指示。电源状态可以通过按遥控器上的电源按键改变。例如，当电源是关闭的时候，按下电源按键将打开电源。当电源打开后，按下电源按键将关闭电源。

表 8-1　投影仪的电源模式

指示灯状态	描　　述
Red，lit	电源关闭（待机模式），按下电源按键启动投影仪

（续）

指示灯状态	描　　述
Red，flashing	电源关闭（待机模式），且开机闪烁功能已开启
Green，lit	正在投影
Green，flashing	正在准备投影，闪烁 5 秒
Orange，lit	准备关闭电源，闪烁 5 秒
Orange，flashing	在关机准备模式中再次按下电源按键
No illumination	主电源关闭

此外，当电源打开后，如果投影仪在 5 分钟内没有接收到远程控制信号，它将视为已经接收到按下电源按键的信号。设计一个 UML 状态机来描述 LCD 投影仪电源状态的动态行为。

6. 为了拿到驾驶证，成年人必须参加并通过笔试和路考。如果没有通过笔试，他必须等待至少 1 周，然后再参加考试。当他通过笔试后，他可以在 3 个月以后参加路考。如果他通过路考，则可以拿到驾驶证。如果路考失败，他必须等至少 2 周，然后再参加路考。如果连续三次以上路考失败，他必须等至少 6 个月才能再次参加路考。绘制描述考试过程的状态图。考虑只有四个状态：Permit Testing、Waiting for Permit Testing、Road Testing 以及 Waiting for Road Testing。“wait for at least one week”的警戒条件可以用以下事件描述：

   ```
   when(waiting_time ≥ 1 week)
   ```

7. 考虑车库门开启器的壁挂式控制单元。这个控制单元有两个按键：一个门按键可以打开或关闭车库门，打开或关闭取决于门当前的状态；一个灯按键控制车辆的灯开或关。只要门按键被按下，它将在开门或关门的同时打开灯。灯持续打开 60 秒后会自动关闭。建立一个控制单元、门和灯行为的 UML 状态机。

8. 根据以下说明建立一个 UML 状态机描述手机的操作：
   - 手机有一个 On/Off 开关。
   - 它有数字键盘，产生具有数字参数的按键事件。
   - 这款手机有一个三通开关，设置为振铃、振动或两者兼有；当电话进来时，它决定了电话的动作。
   - 手机有一个动作按钮：
     - 输入七位数后发起呼叫
     - 当手机响铃或振动时接听电话
     - 如果正在进行呼叫，则终止呼叫（挂断）
   - 如果在输入的数字少于 7 位时按下操作按钮，则数字将被删除。
   - 拨号时，任意两个连续数字输入之间的间隔不能超过 10 秒；否则，超时事件将终止呼叫。
   - 最后，手机有一个显示器，显示到目前为止已输入的数字（如果有）。

在模型中使用合适的复合状态以提高其可读性。

阅读建议

UML 状态机图由 Harel Statecharts[1] 提出。David Harel[2] 描述了 Statecharts 的语言是如何形成的。UML 状态机图是 OMG UML 的一部分。最新版本的 UML 2.5 的规范可以从 OMG 官方网站下载（见参考文献 [3-4]）。

可以从状态机直接生成源代码以使得设计过程自动化。例如，IBM Rational[5] 允许从 UML 状态机生成 C、C++、Java 或 Ada 代码。Samek [6] 通过嵌入式系统的众多示例详细描述了如何从状态机生成 C 或 C++ 代码。

参考文献

1 Harel, D. (1987) Statecharts: a visual formalism for complex systems. *Science of Computer Programming*, **8** (3), 231–274.
2 Harel, D. (2009) Statecharts in the making: a personal account. *Communications of the ACM*, **52** (3), 67–75.
3 Dennis, A., Wixom, B.H., and Tegarden, D. (2015) *Systems Analysis and Design: An Object-Oriented Approach with UML*, 5th edn, Wiley.
4 OMG OMG Unified Modeling Language™ (OMG UML), http://www.omg.org/spec/UML/2.5, Version 2.5, 2015 (accessed 21 March, 2017).
5 IBM IBM Rational Software, http://www-01.ibm.com/software/rational/ (accessed 21 March, 2017).
6 Samek, M. (2008) *Practical UML Statecharts in C/C++: Event-Driven Programming for Embedded Systems*, 2nd edn, Newnes, Newton.

时间 Petri 网

Petri 网是 Carl Adam Petri 博士于 1962 年提出的。Petri 网是计算机科学、系统工程及许多其他学科中一个强有力的建模方法。Petri 网结合了良好定义的数学模型和离散事件系统动态行为的图形化表示方法。Petri 网在理论上可以精确建模、分析系统行为，同时图形化表示方式使得被建模系统的状态变化变得可视。这种组合是 Petri 网大获成功的原因所在。因此，Petri 网已经被用于许多不同种类的事件驱动系统的建模，例如嵌入式系统、通信系统、制造系统、命令与控制系统、实时计算系统、逻辑网络以及工作流程（这只是其中一部分重要的例子）。时间 Petri 网是一种标注了工作执行时间或事件经历时间的 Petri 网，具有获取系统与时间有关的性能或实时性的能力。

9.1 Petri 网定义

Petri 网是一种特殊的二分有向图，由四种类型的对象组成：库所（place）、变迁（transition）、有向弧（direct arc）和令牌（token）。有向弧连接库所和变迁或变迁和库所。在最简单的形式中，Petri 网可以用一个同时具有输入库所和输出库所的变迁表示。这种基本网络可用于描述建模系统的各个方面。例如在数据处理系统中，变迁及其输入库所和输出库所可分别表示数据处理事件及其输入数据和输出数据。若以状态和状态变化的形式研究系统的动态行为，Petri 网的每个库所或具有正数个令牌，或者没有。除了库所和变迁外，令牌也是 Petri 网中一个基本的概念。例如，一个库所中，令牌的出现或消失意味着与该库所有关的条件是正确或错误。

Petri 网正式定义为一个五元组 $N=(P,T,I,O,M_0)$，其中

- $P=\{p_1,p_2,\cdots,p_m\}$ 为库所的有限集；
- $T=\{t_1,t_2,\cdots,t_n\}$ 为变迁的有限集，$P\cup T\neq\varnothing$，且 $P\cap T=\varnothing$；
- $I:T\times P\rightarrow N$ 为输入函数，定义了从库所到变迁的有向弧，其中 N 为非负整数集；
- $O:T\times P\rightarrow N$ 为输出函数，定义了从变迁到库所的有向弧；
- $M_0:P\rightarrow N$ 为初始标记。

在 Petri 网中，标记表示将令牌分配给 Petri 网的库所。令牌保存在 Petri 网的库所中，令牌的数量和位置在 Petri 网的执行期间可能会变化。令牌用于定义 Petri 网的执行。包含一个或多个令牌的库所称为被标记的库所。

Petri 网主要的理论工作基于它的正式定义。然而，Petri 网的图形表示在说明建模系统的结构和动态时更加有用。Petri 网图是描述为二分有向图的 Petri 网。根据 Petri 网的定义，Petri 网图有两种节点：一个圆圈表示库所，一个矩形框或方框表示变迁。有向弧（箭头）连接库所和变迁，其中部分有向弧的方向是从库所到变迁，其他的有向弧是

从变迁到库所。从库所 p_j 到变迁 t_i 的有向弧表示 p_j 是 t_i 的输入库所，记为 $I(t_i, p_j)=1$。从变迁 t_i 到库所 p_j 的有向弧表示 p_j 是 t_i 的输出库所，记为 $O(t_i, p_j)=1$。如果 $I(t_i, p_j)=k$（或 $O(t_i, p_j)=k$）（$k>1$），则表明在库所（变迁）和变迁（库所）之间有 k 条并行的有向弧，它们用标记了重数或权值 k 的单条有向弧表示。内部打点的圆圈表示有令牌的库所。

例 9-1 简单的 Petri 网

图 9-1 给出了一个简单的 Petri 网。它有四个库所和三个变迁。在初始标记处，库所 p_1 有两个令牌，其他库所没有令牌。该 Petri 网的五元组表示如下：

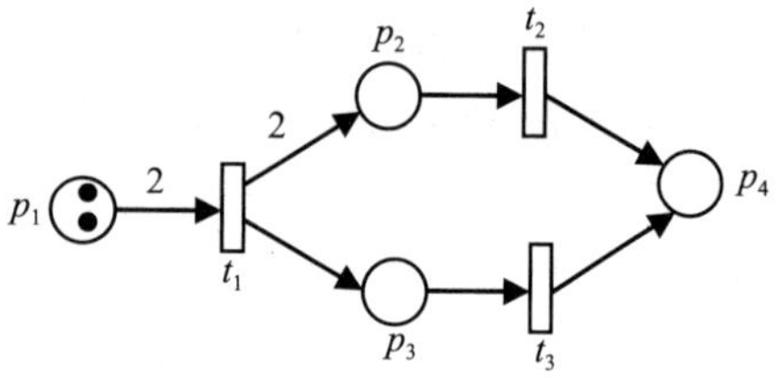

$$P=\{p_1, p_2, p_3, p_4\}$$
$$T=\{t_1, t_2, t_3\}$$

$$I(t_1, p_1)=2, I(t_1, p_i)=0, i=2,3,4$$
$$I(t_2, p_2)=1, I(t_2, p_i)=0, i=1,3,4$$
$$I(t_3, p_3)=1, I(t_3, p_i)=0, i=1,2,4$$

$$O(t_1, p_2)=2, O(t_1, p_3)=1, O(t_1, p_i)=0, i=1,4$$
$$O(t_2, p_4)=1, O(t_2, p_i)=0, i=1,2,3$$
$$O(t_3, p_4)=1, O(t_3, p_i)=0, i=1,2,3$$

$$M_0=(2,0,0,0)$$

图 9-1 一个简单的 Petri 网

在初始标记中，p_1 是唯一标记过的库所。注意从 p_1 到 t_1 的有向弧和从 t_1 到 p_2 的有向弧上标记了 2。这表示这两条有向弧的权值为 2，当 t_1 被激发，p_1 的两个令牌会被取走并放入 p_2。

9.1.1 变迁激发

Petri 网的执行受其中令牌的数量和分布控制。库所中令牌的分布变化反映了事件的出现或操作的执行，从而可以研究建模系统的动态行为。Petri 网通过激发变迁来执行。用 $M(p)$ 表示库所 p 中有 M 个令牌。现在介绍变迁的允许规则和激发规则，这些规则决定了令牌的流动：

- 允许规则（enabling rule）：变迁 t 称为被允许，如果 t 的任意一个输入库所拥有的令牌数量大于等于从 p 到 t 的有向弧的权值，即对于所有的 $p\in P$，$M(p)\geqslant I(t,p)$。若 $I(t,p)=0$，则 t 和 p 之间并没有有向弧连接，因此在考察 t 的激发时无须关注 p 的标记。
- 激发规则（firing rule）：只有被允许的变迁才能激发。一个被允许的变迁 t 的激发将从每个输入库所 p 中移走与 $I(t,p)$ 数值相等的令牌，并将与 $O(t,p)$ 数值相等的令牌放入每个输出库所 p。

在数学上，以 M 激发 t 将产生一个新的标记

$$M'(p)=M(p)-I(t,p)+O(t,p) \quad \forall p\in P$$

值得注意的是由于只有被允许的变迁可以激发，当一个变迁被激发时，每一个库所的令牌数量总是保持非负的。激发一个变迁不可能移走一个不存在的令牌。

一个没有输入库所的变迁称为源变迁（source transition），一个没有输出库所的变迁称为汇变迁（sink transition）。注意源变迁总是无条件允许的，汇变迁的激发会消耗令牌，但并不产生令牌。

如果库所 p 既是变迁 t 的输入库所也是其输出库所，则该库所 p 和变迁 t 形成自我闭环（self-loop）。如果 Petri 网没有自我闭环，则称为是纯粹的（pure）。

例 9-2　变迁激发

考虑如图 9-1 所示的简单 Petri 网。初始标记 M_0 中，只有 t_1 是允许的。t_1 的激发会产生一个新的标记 M_1。它遵循激发规则，有：

$$M_1=(0, 2, 1, 0)$$

该 Petri 网新的令牌分布如图 9-2 所示。此时在标记 M_1 中，变迁 t_2 和 t_3 都是允许的。如果 t_2 激发，则有新的标记 M_2：

$$M_2 = (0, 1, 1, 1)$$

如果 t_3 激发，则有新的标记 M_3：

$$M_3 = (0, 2, 0, 1)$$

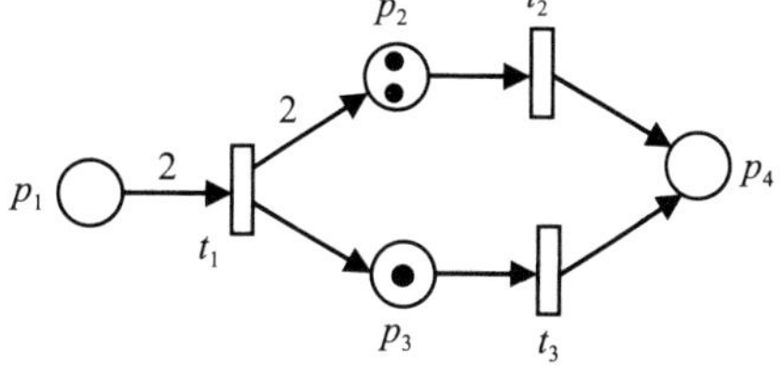

图 9-2　变迁 t_1 的激发

9.1.2　建模能力

嵌入式系统中的活动所呈现的典型特征，例如并发性、决策制定、同步和优先级，都可以利用 Petri 网有效地建模。

1）顺序执行（sequential execution）。如图 9-3，变迁 t_2 只能在变迁 t_1 激发后激发。这表示存在优先约束“t_2 在 t_1 之后”。这种优先约束在嵌入式系统中十分典型。此外，该 Petri 网构造了活动之间的因果关系模型。

2）冲突（conflict）。图 9-4 中变迁 t_2 和 t_3 发生了冲突。它们都被允许，然而其中任意一个变迁的激发将导致另一个变迁不被允许。这样的情形出现在两个任务竞争 CPU 或共享资源时。竞争导致的冲突可以通过纯粹的非确定性方法来解决，或通过概率的方法（给冲突中的变迁一个合适的概率）来解决。

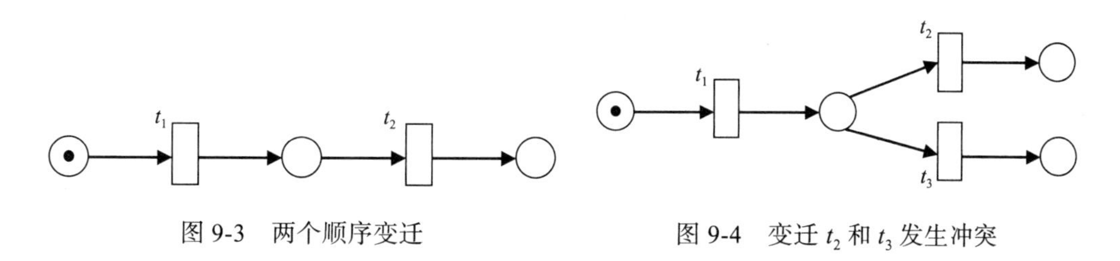

图 9-3　两个顺序变迁　　图 9-4　变迁 t_2 和 t_3 发生冲突

3）并发（concurrency）。如图 9-5，t_2 和 t_3 是并发的。并发性是系统交互中一个重要的特性。

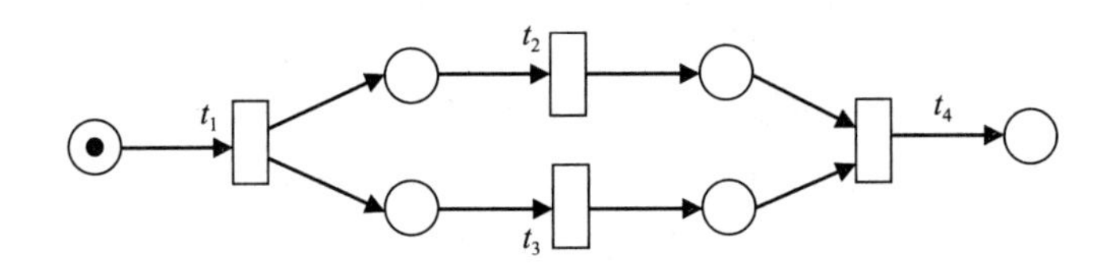

图 9-5　变迁 t_2 和 t_3 是并发的，变迁 t_4 使得这两个序列同步了

4）同步（synchronization）。在动态系统中，一个事件通常会需要多个资源。这种需求导致的资源同步可以用一个有多个输入库所的变迁表示。在图 9-5 中，t_4 只有在两个输入库所都接收到令牌后才被允许。在大多数情况下，一个令牌到达一个输入库所可能是 Petri 网模型中其余部分一系列复杂操作的结果。基本上，一个同步的变迁表示一个联合操作。

5）互斥（mutually exclusive）。如果由于共享资源使用方面的约束，两个进程不能同时运行，则这两个进程是互斥的。一个互斥的实际例子是由装载机器和卸载机器共同使用的机器人。图 9-6 给出了这个系统的结构。库所 p 中只有一个令牌，表明在任意时刻，或序列中的 t_1 和 t_2 执行，或序列中的 t_3 和 t_4 执行，但它们不能同时执行。

6）优先级（priority）。经典的 Petri 网并没有优先级机制。优先级机制通过引入抑制有向弧来实现。抑制有向弧由一个输入库区连接至一个变迁，并用一个以小圆圈结尾的弧线表示。这种抑制有向弧的出现改变了变迁允许的条件。当存在抑制有向弧时，变迁被允许的条件是：每一个通过普通有向弧连接到该变迁的输入库所至少含有与该有向弧权值相同的令牌数，且通过抑制有向弧连接到该变迁的输入库所没有令牌。变迁激发的条件和普通连接的库所相同，而且变迁不会改变由抑制有向弧连接的库所的标记。有抑制有向弧的 Petri 网如图 9-7 所示。如果 p_2 有一个令牌，则 t_2 允许；如果 p_4 有一个令牌，且 p_2 没有令牌，则 t_4 允许。这使得 t_2 优先于 t_4。当 p_2 和 p_4 都有令牌时，t_4 将不会被允许激发直到 t_2 被激发。

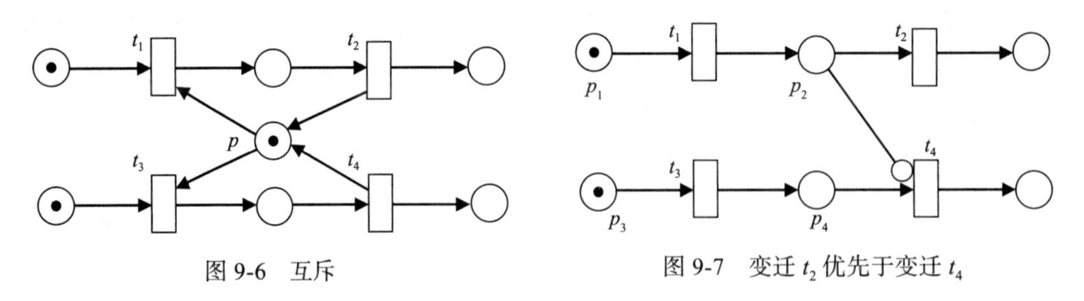

图 9-6　互斥

图 9-7　变迁 t_2 优先于变迁 t_4

7）资源约束（resource constraint）。Petri 网十分适合对资源受限的系统进行建模与分析。例如，图 9-8 给出了一个读写系统的两种模型。在图 9-8a 所示模型中，变迁 write 和 send 可以持续激发和注入任意多的令牌（邮件）到连接着 send 和 receive 的库所 mail。因此，这种模型假设在发送者和接收者之间有一个无限的缓存或邮箱。然而，在图 9-8b 所示模型中，在 Petri 网中加入了一个具有三个初始令牌的库所 mailbox。初

始令牌数量限制了 write 和 send 的连续激发次数只能是 3。实际上，在这个系统中邮箱就是一种资源。这里库所 mailbox 描述了邮箱的容量。这个例子表明 Petri 网可以描述资源约束。

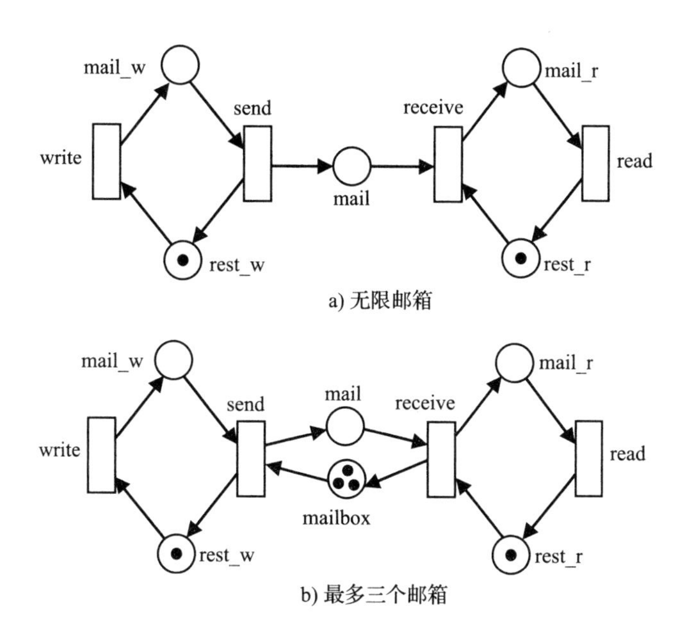

图 9-8　读写系统

9.2 Petri 网属性

作为一种数学工具，Petri 网有许多属性。在建模系统的上下文中解释时，这些属性允许系统设计者检查是否存在期望的属性，同时避免不期望的属性。有两种属性值得关注：行为和结构。行为属性依赖于初始状态或 Petri 网的标记。而结构属性并不依赖于 Petri 网的初始标记，它依赖于 Petri 的拓扑或者结构。

9.2.1 行为属性

1. 可达性

设计事件驱动系统的一种重要问题是该系统是否可以到达指定的状态或呈现特殊的函数行为。问题通常在于：用 Petri 网建模的系统是否具有需求规范中规定的所有期望属性，而没有不期望的属性。

为了确定被建模的系统是否能够如要求的函数行为那样到达指定的状态，有必要找到一个从初始标记 M_0 到期望的标记 M_j 的 Petri 网激发序列，其中 M_j 就是所需要到达的状态，而激发序列表征了需要描述的函数行为。通常，如果存在一个从 M_i 到 M_j 的变迁激发序列，则标记 M_j 称为从标记 M_i 可达。如果 M_i 中存在一个允许的变迁，激发后产生 M_j，则标记 M_j 称为从标记 M_i 立即可达（immediately reachable）。从标记 M 出发的所有可达的标记记为 $R(M)$。后文我们将介绍如何获得 $R(M)$。

一个有界的 Petri 网的可达性分析通过可达性树的构造获得。给定一个 Petri 网 N，从其初始标记M_0出发可以获得与允许的变迁数目相同的“新”标记。从每个新标记又可以到达更多的标记。重复这个过程就可以形成一个表示标记和激发变迁的树。树上的节点表示从M_0产生的标记及其后续标记，每个有向弧表示变迁的激发，代表了从一个标记到另一个标记的 Petri 网变化。

2. ω标记

如果 Petri 网是无界的，那么前文所述的树将会变得无限大。为保持树的有限性，引入一个特殊的标记ω，表示“无穷”(infinity)。该标记具有如下属性：

- $\omega > n$
- $\omega + n = \omega$
- $\omega \geqslant \omega$

其中n为任意整数。

例如，如图 9-9 所示的 Petri 网中，当t_1激发后得到新的标记$(0,1,0)$。此时t_2被允许。t_2的激发产生标记$(0,1,1)$。由于在这个标记中t_2仍然是允许的，这样再次激发，由此产生（0, 1, 2）。这样由于t_2的连续激发，可以得到 (0, 1, 3)，(0, 1, 4)，…。因此，这个 Petri 网中就存在无限多个标记。利用ω标记的定义，可以用 (0, 1, ω) 表示标记 (0, 1, n)，其中$n \geqslant 1$。

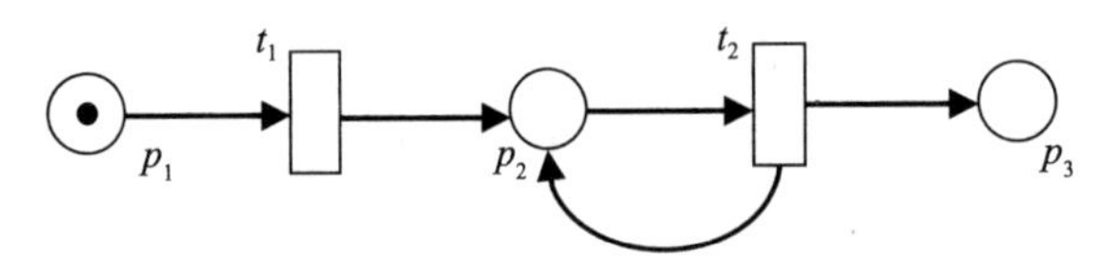

图 9-9　具有ω标记的 Petri 网

不同标记的激发条件和激发规则可以按照算术规则直接扩展至ω标记。如果一个变迁有一个具有ω个令牌的输入库所，则无论有向弧的权值是多少，该库所具有足够多的令牌以激发变迁。另一方面，如果一个库所包含了ω个令牌，则任意输出令牌的变迁激发也不会改变该库所中包含的令牌数。

3. 可达性分析算法

通常，在分析可达性之前，Petri 网是否有界是未知的。然而根据以下通用算法，如果网络是无界的，我们可以构建一个可覆盖性树，如果网络是有界的，则可以构建可达性树：

1. 将初始标记M_0标记为根，并将其标记为“新（new)”；
2. 对于每一个新的标记M：
   - 2.1　如果M标记了一个已经在树中出现过的标记，则将M标记为“老（old)”，然后考察其他的新标记；
   - 2.2　如果M处没有被允许的变迁，将M标记为“死的末端（dead-end)”，然后考察其他的新标记；
   - 2.3　当M处存在被允许的变迁时，对每一个允许的变迁t进行以下操作：
     - 2.3.1　获取从M出发的变迁t激发后的新标记M'；

2.3.2 在根节点到 M 的通道上，如果存在标记 M'' 使得对任一库所 p 以及 $M' \neq M''$，有 $M'(p) \geq M''(p)$，即 M'' 是可覆盖的，则利用任一库所 p 的 ω 代替 $M'(p)$ 使得 $M'(p) > M''(p)$；

2.3.3 将 M' 视为一个新节点，并绘制一条从 M 到 M' 且标记有 t 的有向弧，并将 M' 标记为“新（new）”。

如果 ω 出现在标记中，则 Petri 网是无界的，且该树是一个可覆盖性树；否则，Petri 网是有界的，此树为可达性树。当所有的老节点与对应的内部节点结合时，可达性树即成为一个可达性图，或可覆盖性树成为一个可覆盖性图。

例 9-3　可达性树和可达性图

考虑图 9-1 中所示的 Petri 网，具有以下 7 个可达的标记：

$M_0 = (2, 0, 0, 0)$

$M_1 = (0, 2, 1, 0)$

$M_2 = (0, 1, 1, 1)$

$M_3 = (0, 2, 0, 1)$

$M_4 = (0, 1, 0, 2)$

$M_5 = (0, 0, 1, 2)$

$M_6 = (0, 0, 0, 3)$

该 Petri 网的可达性树如图 9-10a 所示，可达性图如图 9-10b 所示。

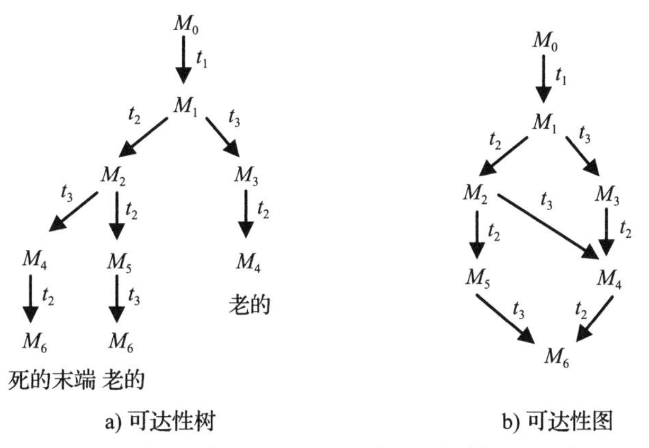

图 9-10　图 9-1 中所示 Petri 网的可达性树和可达性图

例 9-4　可覆盖性图

如图 9-11 所示的 Petri 网是一个无界的 Petri 网。其初始标记 $M_0 = (1, 0, 0, 0)$ 使得 t_1 和 t_2 被允许。激发 t_1 产生了一个新的常规标记 $M_1 = (0, 1, 1, 0)$。激发 t_2 产生 $(1, 0, 1, 0)$。比较该标记和 M_0，得 $(1, 0, 1, 0) \geq M_0$。因此，我们将增加的元素改变为 ω，因此可得 $M_2 = (1, 0, \omega, 1)$。

对于 M_1，t_3 是允许的。激发 t_3 获得一个死的末端标记 $M_3 = (0, 0, 0, 1)$。

对于 M_2，t_1 和 t_2 都是允许的。激发 t_1 获得一个新的标记 $(0, 1, \omega+1, 0)$。由于 $\omega+1=\omega$，可将其标记为 $M_4 = (1, 0, \omega, 1)$。激发 t_2 得到 $(1, 0, \omega+1, 0)$，它等于 M_2。

对于 M_4，t_3 是允许的。激发 t_3 得到 $(0, 0, \omega-1, 1)$。由于 $\omega-1=\omega$，这就是死的末端 $M_5=(0, 0, \omega, 1)$。

这样该 Petri 网中有 6 个标记，3 个是普通的标记，另外 3 个是 ω 标记：

$M_0=(1, 0, 0, 0)$

$M_1=(0, 1, 1, 0)$

$M_2=(1, 0, \omega, 1)$

$M_3=(0, 0, 0, 1)$

$M_4=(0, 1, \omega, 0)$

$M_5=(0, 0, \omega, 1)$

可覆盖性图如图 9-11b。

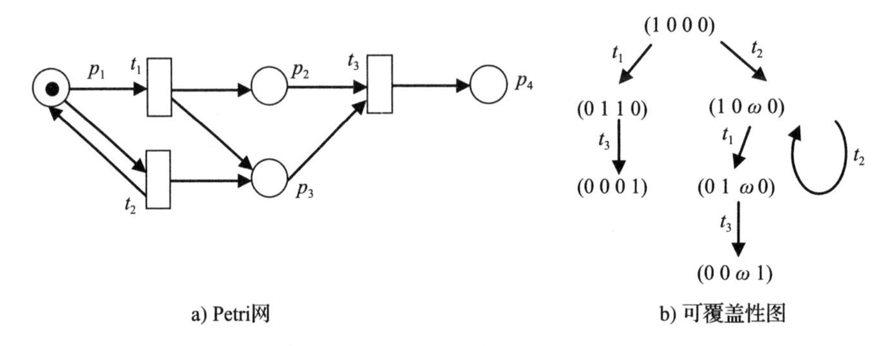

图 9-11　可覆盖性图

4. 有界性和安全性

Petri 网的库所常用于表示通信和计算机系统中存储信息的区域、制造系统中产品和工具存放的区域等。能够判断已有的控制策略是否能防止这些存储区域的溢出是十分重要的。Petri 网的有界性属性可以帮助描述所建模系统的溢出情形。

如果对于任意一个从初始标记 M_0 可以到达的标记 M，即 $M \in R(M_0)$，库所 p 中的令牌个数始终小于或等于 k（k 是一个非负的整数），则库所 p 称为是 k 有界的。当它是 1 有界的时候，它是安全的。

如果 P 中所有的库所都是 k 有界（安全）的，则 Petri 网 $N=(P, T, I, O, M_0)$ 是 k 有界（安全）的。如果 k 无穷大，则该 Petri 网是无界的。例如，图 9-1 中所示的 Petri 网是 2 有界的，但图 9-8a 所示的 Petri 网是无界的。

5. 活跃度

活跃度的概念与死锁情况密切相关，死锁情况广泛存在于实时嵌入式系统中。

无死锁系统的 Petri 网模型必须是活跃的。这意味着对于任意一个可达的标记 M，可以通过某个激发序列最终激发网络中任何一个变迁。然而，这种要求可能过于严格，无法表示某些无死锁行为的实际系统或方案。例如，系统的初始化可以建模为一个带有限次激发的变迁（或一组变迁）。初始化之后，系统可能会出现无死锁行为，尽管代表此系统的 Petri 网不再像之前指定的那样处于活跃状态。为此，需要定义不同层次的活跃度。记所有从 M_0 开始的可能的激发序列为 $L(M_0)$。Petri 网中的一个变

迁 t 称为：

- L_0 活跃（或死）：如果激发序列 $L(M_0)$ 中的任何一个都无法激发 t。
- L_1 活跃（潜在可激发）：如果激发序列 $L(M_0)$ 中的某个可以激发 t 至少 1 次。
- L_2 活跃：如果激发序列 $L(M_0)$ 中的某个可以激发 t 至少 k 次，其中 k 为任意给定的正整数。
- L_3 活跃：如果激发序列 $L(M_0)$ 中某个可以无限次激发 t。
- L_4 活跃：如果对于 $R(M_0)$ 中的任意一个标记，t 是 L_1 活跃的（潜在可激发）。

例如，图 9-1 中的三个变迁都是 L_1 活跃的，因为 t_1 和 t_3 都只能激发一次，而 t_2 可以激发两次。然而，图 9-8a 中所有的变迁都是 L_4 活跃的，因为它们对于任意一个可达的标记都是 L_1 活跃的。

9.2.2 结构属性

1. *T* 不变集和 *S* 不变集

对于一个具有 m 个库所和 n 个变迁的 Petri 网，可以定义其关联矩阵如下：

$$\boldsymbol{A}=\begin{bmatrix} a_{11} & \cdots & a_{1m} \\ \vdots & \ddots & \vdots \\ a_{n1} & \cdots & a_{nm} \end{bmatrix}$$

其中

$$a_{ij}=O(t_i, p_j)-I(t_i, p_j)$$

T 不变集为齐次方程

$$\boldsymbol{A}^{\mathrm{T}}x=0$$

的整数解 x，其中 $\boldsymbol{A}^{\mathrm{T}}$ 表示 $\boldsymbol{A}$ 的转置。T 不变集中的非零项表示从 Petri 网的 M_0 出发又回到 M_0 的激发序列所激发的变迁的次数。

Petri 网的 T 不变集通常有无限个。一个 T 不变集 x 被称为是最小的，如果对 T 中所有的 t 而言，不存在另一个 T 不变集 x' 使得 $x(t)\leqslant x'(t)$。

例 9-5 关联矩阵和 *T* 不变集

如图 9-12 所示的 Petri 网具有 8 个库所和 6 个变迁。它的关联矩阵为：

$$\boldsymbol{A}=\begin{bmatrix} -1 & 0 & -1 & 1 & 0 & 0 & 0 & 0 \\ 0 & -1 & -1 & 0 & 1 & 0 & 0 & 0 \\ 0 & 0 & 1 & -1 & 0 & 1 & 0 & 0 \\ 0 & 0 & 1 & 0 & -1 & 0 & 1 & 0 \\ 0 & 0 & 0 & 0 & 0 & -1 & -1 & 1 \\ 1 & 1 & 0 & 0 & 0 & 0 & 0 & -1 \end{bmatrix}$$

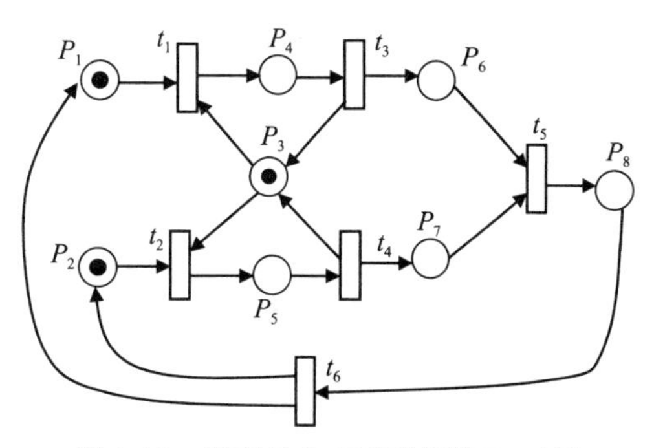

图 9-12 具有最小 T 不变集的 Petri 网

该矩阵的转置为

$$A^{\mathrm{T}}=\begin{bmatrix}-1&0&0&0&0&1\\0&-1&0&0&0&1\\-1&-1&1&1&0&0\\1&0&-1&0&0&0\\0&1&0&-1&0&0\\0&0&1&0&-1&0\\0&0&0&1&-1&0\\0&0&0&0&1&-1\end{bmatrix}$$

令 $\boldsymbol{x}$ 为一个 6×1 的向量 $(x_1, x_2, x_3, x_4, x_5, x_6)^{\mathrm{T}}$。由 $\boldsymbol{A}^{\mathrm{T}}\boldsymbol{x}=0$ 可得

$$\begin{aligned}-x_1+x_6&=0\\-x_2+x_6&=0\\-x_1-x_2+x_3+x_4&=0\\x_1-x_3&=0\\x_2-x_4&=0\\x_3-x_5&=0\\x_4-x_5&=0\\x_5-x_6&=0\end{aligned}$$

由此可得 $x_1=x_2=x_3=x_4=x_5=x_6$。由于需要找到一个非零解，因此不能将 0 赋给 x_1。令 $x_1=k$，其中 k 为任意一个非零的自然数，则有 $\boldsymbol{x}=(k,k,k,k,k,k)^{\mathrm{T}}$。因此，$\boldsymbol{x}=(1,1,1,1,1,1)^{\mathrm{T}}$ 是该问题的一个解，这意味着如果该 Petri 网中所有的变迁（按照某种顺序）激发一次，该网络将会回到初始标记。再次观察该 Petri 网，可以发现从初始标记开始的激发序列 $t_1t_3t_2t_4t_5t_6$ 或 $t_2t_4t_1t_3t_5t_6$ 可以使得网络返回 M_0。

显然，这个 Petri 网有无限个 T 不变集。然而，$\boldsymbol{x}=(1,1,1,1,1,1)^{\mathrm{T}}$ 是唯一一个最小不变集。

例 9-6　具有多个最小 T 不变集的 Petri 网

如图 9-13 所示的 Petri 网具有两个最小 T 不变集 $x_1=(1,1,1,0)^{\mathrm{T}}$ 和 $x_2=(1,1,0,1)^{\mathrm{T}}$。这点可以通过激发序列 $t_1t_2t_3$ 和 $t_1t_2t_4$ 证实。

并不是每一个 Petri 网都有 T 不变集。如图 9-1 所示的 Petri 网就是一个例子。对于该网络，满足 $\boldsymbol{A}^{\mathrm{T}}\boldsymbol{x}=0$ 的唯一向量是 $\boldsymbol{x}=(0,0,0)^{\mathrm{T}}$，但这并不是一个有效的 T 不变集。基本上，该网络并没有任何重复的行为。

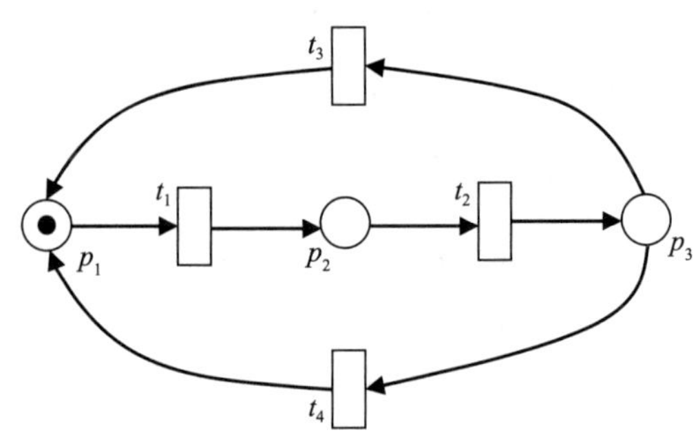

图 9-13　具有两个最小 T 不变集的 Petri 网

值得注意的是 T 不变集只给出了每个变迁的激发次数，并没有给出变迁激发的顺序。此外，T 不变集的存在并不意味着可以激发该不变集中给出的变迁，该网络的初始条件可能使得该序列不能发生。相反，T 不变集表示如果按照某个顺序激发变迁，网络的状态最

后会返回到初始条件。

S 不变集是齐次方程

$$Ay = 0$$

的整数解 y。

S 不变集中的非零项表示与相应库所有关的权重，即所有从初始标记可达的标记库所的令牌权重总和是常数。

一个 S 不变集 y 被称为是最小的，如果对 P 中所有的 p 而言，不存在其他 S 不变集 y' 使得 $y(p) \leqslant y'(p)$。

例 9-7　S 不变集

图 9-13 中所示的 Petri 网的关联矩阵为

$$\boldsymbol{A}=\begin{bmatrix} -1 & 1 & 0 \\ 0 & -1 & 1 \\ 1 & 0 & -1 \\ 1 & 0 & -1 \end{bmatrix}$$

令 $\boldsymbol{y} = (y_1, y_2, y_3)^{\mathrm{T}}$。求解 $\boldsymbol{Ay} = 0$ 可得

$$-y_1+y_2=0$$
$$-y_2+y_3=0$$
$$y_1-y_3=0$$

因此，$\boldsymbol{y} = (1,1,1)^{\mathrm{T}}$ 是一个最小 S 不变集，表示所有可达的标记中，库所 p_1、p_2 和 p_3 的令牌总和是一个常数。

不变集是分析 Petri 网的重要手段，因为它们可以不依赖于任何动态过程而研究网络结构。

2. 吸引区和陷阱区

令 ${}^{\bullet}p = \{t \mid O(t,p) > 0\}$。${}^{\bullet}p$ 称为是 p 的先集（pre-set）。令 S 为 P 的一个子集，即 $S \subseteq P$。定义

$${}^{\bullet}S = \bigcup_{p \in S} p^{\bullet}$$

${}^{\bullet}S$ 是输出令牌到 S 中库所的变迁集合。类似地，令 $p^{\bullet} = \{t \mid I(t,p) > 0\}$，$p^{\bullet}$ 称为 p 的后集（pos-set）。定义

$$S^{\bullet} = \bigcup_{p \in S} p^{\bullet}$$

$S^{\bullet}$ 是从 S 中库所取走令牌作为输入的变迁集合。

如果 ${}^{\bullet}S \subseteq S^{\bullet}$，$S$ 是一个吸引区。直观地理解，如果一个变迁将一个令牌放入吸引区 S 的一个库所，该变迁必须从 S 中移走一个令牌。如果一个吸引区没有包含任何子集，则该吸引区是最小的。

如果 $S^{\bullet} \subseteq {}^{\bullet}S$，$S$ 是一个陷阱区。直观地理解，一个陷阱区 S 表示这样一个库所的集

合，其中每个从 S 消费一个令牌的变迁必须同时放一个令牌回 S。如果一个陷阱区没有包含任何子集，该陷阱区是最小的。

吸引区和陷阱区与 Petri 网的可达性和潜在死锁联系紧密。一旦在某个标记下吸引区被清空，则它在后续的标记中会保持空状态。一旦在某个标记下陷阱区被标记，则它在后续的标记中会保持标记状态。下列示例将说明上述概念。

例 9-8　吸引区和陷阱区

考察如图 9-8b 所示的 Petri 网中库所的三个子集：

S_1={mail_w, rest_w}

S_2={mail, mailbox}

S_3={mail_r, rest_r}

由于 $^{\bullet}S_1 = \{\text{mail-w, rest-w}\} = S_1^{\bullet}$，$S_1$ 既是吸引区也是陷阱区。S_2 和 S_3 与之相同。集中考察 S_2，对于任意一个可达的标记 M，总有 $M(\text{mail}) + M(\text{mailbox}) = 3$，$S_2$ 的令牌总数并不增加也不减少，因为 S_2 既是一个吸引区也是一个陷阱区。可以推测如果在初始状态中，mailbox 中没有令牌，则将没有令牌到 S_2 中。换句话说，该标记意味着书写者的邮件是不可达的。当然，这并不是想要的。

9.3　时间 Petri 网

由于动态系统本质上是实时的，因此各种类型的动态系统的模型中需要包含时间变量。在现实世界中，几乎每个事件都和时间相关。包含了时间变量的 Petri 网就被称为时间 Petri 网（timed Petri net）。时间 Petri 网的定义包含三个规范：

- 拓扑结构
- 结构标签
- 激发规则

时间 Petri 网的拓扑结构与常规的 Petri 网相同。时间 Petri 网的标签包含了变迁、库所和有向弧的数量。激发规则的定义与常规 Petri 网的不同之处在于具有时间变量的标签。时间 Petri 网激发规则的定义控制了移动令牌的过程。

上述变化导致几种不同类型的时间 Petri 网。其中确定性时间 Petri 网（Deterministic Timed Petri Nets, DTPN）和时间 Petri 网（Time Petri Nets, TPN）是实时系统建模中广泛使用的两种模型，其时间变量与变迁相关。

9.3.1　确定性时间 Petri 网

DTPN 可以描述为一个六元组 (P, T, I, O, M_0, τ)，其中 (P, T, I, O, M_0) 描述了一个 Petri 网，τ：$T \rightarrow R^+$ 是一个将变迁与确定性时间延迟相关联的函数。

DTPN 中的一个变迁 t_i 可以在时刻 τ 激发的充分必要条件是：

- 对于变迁 t_i 的任意一个输入库所 p，在时间间隔 $[\tau - \tau_i, \tau]$ 中，p 中令牌的数量大于或等于 $I(t_i, p)$，其中 τ_i 为 t_i 的激发时间。
- 在变迁激发后，其任意一个输出库所 p 将在时刻 τ 接收到数量与 $O(t_i, p)$ 相等的令牌。

以图 9-14 中所示的 DTPN 为例，其中变迁激发的时间为

$$t_1{:}2\ \ t_2{:}1\ \ t_3{:}3\ \ t_4{:}3$$

在 0 时刻，初始标记 (1, 0, 0, 0, 0, 0) 有足够的令牌激发 t_1，但由于 t_1 的激发时间为时刻 2，因此该此激发将在时刻 2 发生。

在 2 时刻，t_1 激发，得到新标记（0，0，1，1，0，0）。在此标记中，t_2 和 t_3 都有足够的令牌激发，然而只有 t_2 可以激发，因为它的激发时间小于 t_3。

在 3 时刻，t_2 激发，得到新标记（0，0，1，1，0，0）。在此标记中，t_3 是唯一一个允许的变迁。由于 p_3 在时刻 2 被标记，因此 t_3 只需要等待两个单位时间就可以激发。

在 5 时刻，t_3 激发，得到新标记（0，0，0，1，1，0）。在此标记中，t_4 有足够的令牌激发。当然，它必须等待 3 个单位时间。

在 8 时刻，t_4 激发，新标记为（0，0，0，0，0，1），且 Petri 网到达了终点。这还意味着 Petri 网用了 8 个单位的时间从初始标记运行至最终标记。

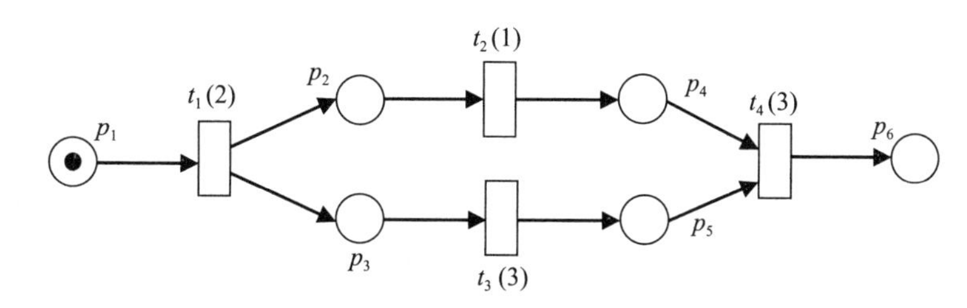

图 9-14　确定性时间 Petri 网

例 9-9　周期任务的调度

本例展示如何建模周期任务的调度。考虑在同一个处理器上运行的两个任务 T1(5, 1) 和 T2(10, 2)。首先利用 Petri 网描述上述任务的调度，如图 9-15 所示。每个变迁标签括号中的数字表示变迁激发的时间。该模型给出了两个过程：模型的左半部分描述了 T1 的活动，而模型的右半部分描述了 T2 的活动。它们共享被建模为库所 Processor 的同一个处理器。变迁 T1 job arrives、库所 T1 和 T1 job 一起描述了第一个周期任务工作的到达过程。变迁 T1 job scheduled 和 T2 job executed 与库所 In execution 和 Processor 一起描述了工作执行过程。第二个任务的模型类似。

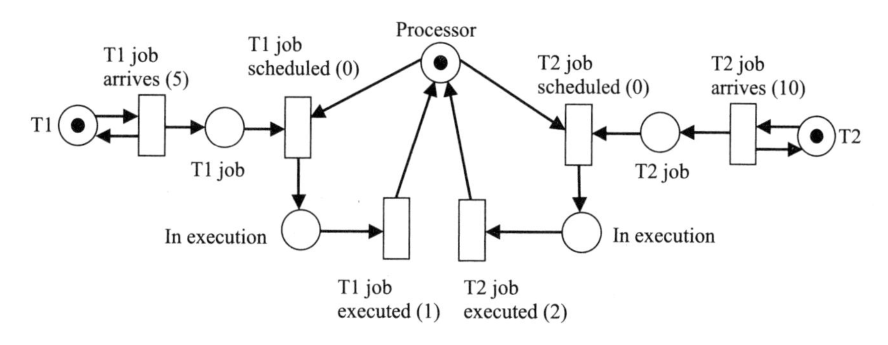

图 9-15　利用时间 Petri 网建模一个处理器上两个周期任务的调度，第一次尝试

这种模型存在一个问题：该模型仅仅表明两个周期任务共享一个处理器，但没有明确 T1 中工作的优先级高于 T2 中的工作。例如，在 10 时刻，T1 的工作和 T2 的工作同时发布，这样 T1 job 和 T2 job 同时得到一个令牌。根据此模型，T2 job Scheduled 可能被激发，这违反了优先级规定。为了修复这个问题，引入一个从 T1 job 到 T2 job scheduled 的抑制有向弧，如图 9-16 所示。这个抑制有向弧保证了在两个任务都有一个工作发布时，T1 job 先得以调度并执行。

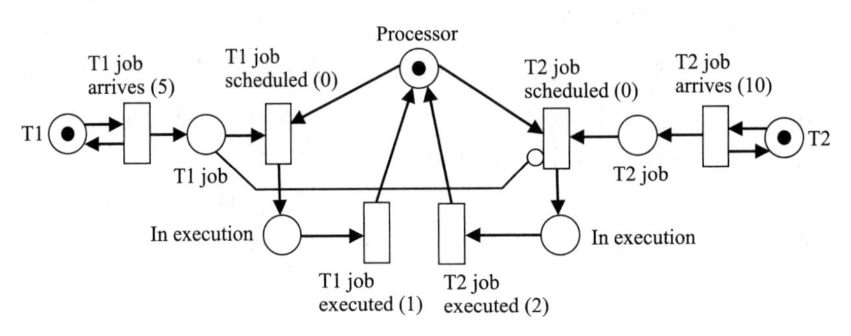

图 9-16　利用时间 Petri 网建模一个处理器上两个周期任务的调度，第二次尝试

那么更新后的模型是否还有遗漏的呢？考虑这样一种情形：当 T2 job 正在执行时，T1 的一个工作到达。根据上述模型，T1 job 必须等 T2 job 完成后才能得到处理器。换句话说，上述模型不允许高优先级的工作抢占低优先级的工作。

为解决上述问题，将必须扩展时间 Petri 网的定义。首先，引入一种连接库所和变迁的“全取”有向弧。该有向弧的工作原理为：当该有向弧连接到的变迁激发，它将取走其连接的库所内所有的令牌，不管这个库所内有没有令牌。其次，引入可变的变迁激发次数——变迁的激发时间由函数的值决定。利用这些扩展，可以给出上述周期性任务调度问题的最终模型，如图 9-17 所示。

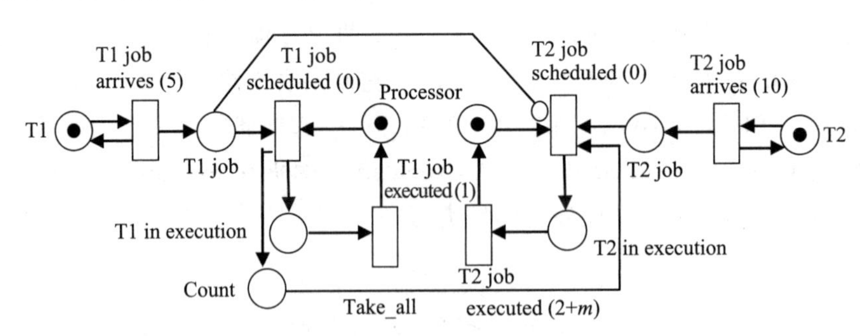

图 9-17　一个处理器上两个周期任务调度的时间 Petri 网模型（当库所 T2 正在执行时，库所 Count 有最大的令牌数量）

在这个新模型中，加入了一个库所 Count，作为 T1 job scheduled 的输出库所和 T2 job scheduled 的输入库所。有向弧（Count，T2 job scheduled）是一个全取有向弧。这样，当变迁 T2 job scheduled 激发时，Count 中所有的令牌被取走。注意 Count 中是否有令牌都无所谓。这个有向弧的目标是当变迁 T2 job scheduled 激发时，清空该库所的令牌。这样，在变迁 T2 job executed 激发前，Count 中令牌的数量表示 T2 job 执行前

T1 job 发布并执行的次数。这也是设定变迁 T2 job executed 的激发时间为 2+m 的原因，其中 2 是 T2 job 的执行时间，m 为当库所 In execution 被标记时，Count 中最大的令牌数量。如果 T1 job executed 的执行时间为 τ，且 $\tau \neq 0$，则 T2 job executed 的执行时间应设置为 $2+m\tau$。

我们也将之前两个模型中的单个库所 Processor 划分成两个，每个有一个令牌。结果导致 T1 的工作被调度并执行如同任务 T2 并不存在。T2 的工作也独立运行，除非：（1）当 T1 和 T2 同时发布工作时，T1 工作先调度；（2）当 T2 的工作被调度时，它的竞争时间可能因 T1 工作的发布和执行而延迟。这些情况和第 4 章中的讨论是一致的。

1. 基于 DTPN 的性能评估

DTPN 的一个重要应用是计算一类系统的循环时间，在分析之前已知其工作到达时间和工作服务时间。首先，介绍一些相关概念。在 Petri 网中，当变迁 t_i 同时是 p_i 的输出变迁和 p_i+1（$1 \leqslant i \leqslant k-1$）的输入变迁时，一个由库所和变迁组成的序列 $p_1 t_1 p_2 t_2 \cdots p_k$，称为 p_1 到 p_k 的有向路径（directed path）。如果 p_2 和 p_k 是同一个库所，但该有向路径中其他的库所均不相同，则该路径称为有向回路（directed circuit）。如果一个 Petri 网中，所有的库所都有一个输入变迁和一个输出变迁，则该 Petri 网称为非决策（decision-free）Petri 网或标记图（marked graph）。

非决策 Petri 网有两个特性。首先，它们是强连接的，即在该 Petri 网中任意两个节点之间都有一条有向路径。其次，在任意一个激发序列后，有向回路中令牌的总数保持不变。这是因为回路中任意一个变迁激发时，它只从其输入库所中取走一个令牌，并将其放入其输出库所。

令 $S_i(n_i)$ 为变迁 t_i 初始化第 n_i次激发的时间，则变迁 t_i 的循环时间（cycle time）C_i 定义为

$$C_i = \lim_{n_i \to \infty} \frac{S_i(n_i)}{n_i}$$

已经证明非决策 Petri 网中所有变迁的循环时间 C 是相同的。考虑一个具有 q 个有向回路的非决策 Petri 网。对于一个回路 L_k，记回路中所有变迁的激发时间之和为 T_k，回路中所有库所的令牌总量为 N_k，即

$$T_k = \sum_{t_i \in L_k} \tau_i$$

$$N_k = \sum_{p_i \in L_k} M(p_i)$$

T_k 和 N_k 都是常数。N_k 可以在初始标记时计算得到。显然，L_k 中能够同时允许的变迁数量小于等于 N_k。换句话说，回路 L_k 每个循环中所要求的处理时间 T_k 小于或等于回路每个循环能够提供的最大处理能力 CN_k。因此，有

$$T_k \leqslant CN_k$$

或

$$C \geqslant \frac{T_k}{N_k}$$

非决策 Petri 网的瓶颈回路满足 $T_k = CN_K$。因此，最小循环时间 C 为：

$$C = \max\left\{\frac{T_k}{N_k} : k = 1, 2, \cdots, q\right\}$$

上式描述了 Petri 网所建模系统的最好性能。

例 9-10　通信协议

考虑两个进程之间的通信协议：一个作为发送者另一个作为接收者。发送者发送消息至缓存，而接收者从缓存中读取消息。当接收者接收到一个消息，它发送一个 ACK 给发送者。接收到 ACK 消息后，发送者开始处理并发送一个新消息。假设发送者需要 1 个单位时间将消息发送至缓存，1 个单位时间接收 ACK，以及 3 个单位时间处理新的消息。接收者花费 1 个单位时间从缓存接收消息，1 个单位时间发送 ACK 给发送者，以及 4 个单位时间处理接收到的消息。这个协议的 DTPN 模型如图 9-18 所示。库所、变迁以及时间属性的说明列在表 9-1 中。

这个模型中有三个回路：

- 回路 $L_1: p_1 t_1 p_3 t_5 p_8 t_6 p_1$。它的循环时间为

$$C_{L1} = \frac{T_1}{N_1} = \frac{1+1+3}{1} = 5$$

- 回路 $L_2: p_1 t_1 p_2 t_2 p_4 t_3 p_7 t_5 p_8 t_6 p_1$。它的循环时间为

$$C_{L2} = \frac{T_2}{N_2} = \frac{1+1+1+1+3}{1} = 7$$

- 回路 $L_3: p_5 t_2 p_4 t_3 p_6 t_4 p_5$。它的循环时间为

$$C_{L3} = \frac{T_3}{N_3} = \frac{1+1+4}{1} = 6$$

在枚举完网络中所有的回路后，发现两个进程之间通信协议的最小循环时间为 7 个单位时间。

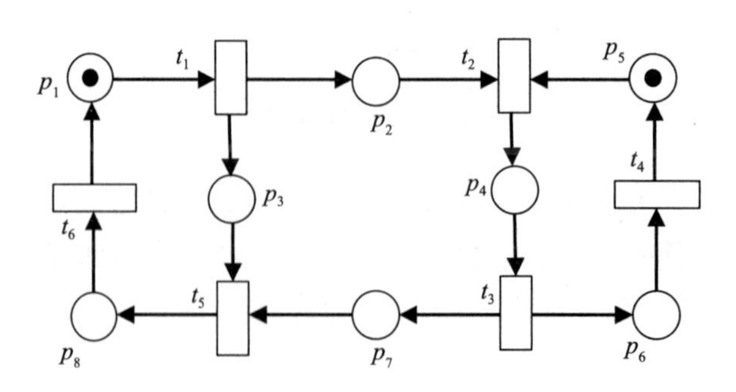

图 9-18　一个通信协议的 Petri 网模型

表 9-1　图 9-18 的说明

库所	描述	
p_1	发送者准备好	
p_2	消息在缓存中	
p_3	发送者等待 ACK	
p_4	消息接收	
p_5	接收者准备好	
p_6	ACK 已发送	
p_7	ACK 在缓存中	
p_8	ACK 已接收到	
变迁	**描述**	**时延**
t_1	发送者发送一个消息到缓存	1
t_2	接收者从缓存中接收一个消息	1
t_3	接收者发送 ACK 到缓存	1
t_4	接收者处理消息	4
t_5	发送者接收 ACK	1
t_6	发送者处理一个新消息	3

9.3.2　时间 Petri 网

TPN 最初是 Merlin 和 Farber 于 1976 年提出来的。在 TPN 中，每个变迁有两个时间值 α^s 和 β^s，其中 α^s 为该变迁被允许后等待激发的最小时间，β^s 为该变迁被允许后等待激发的最大时间。对一个变迁 t，时间 α^s 和 β^s 都是相对于该变迁被允许的时刻而言的。假设 t 在时刻 τ 被允许，则即便它是持续允许的，也不能在时刻 $\tau+\alpha^s$ 之前激发，但必须在时刻 $\tau+\beta^s$ 之前激发，除非在它被激发前由于其他变迁的激发变得不允许激发。

已经证明 TPN 可以非常方便地描述除了激发持续时间之外的难以表达的约束。使用 TPN 动作的同步性可描述成一组由与系统每个独立动作有关的前置和后置条件，而时间约束被描述为每个动作被允许和执行之间的最小和最大时间间隔。由于给出了紧凑的状态空间表示形式和用显式模型描述并发性和并行性，简化了模型规范。所以，TPN 已经在实时并发系统的建模和证明中获得了应用。

在数学上，TPN 是一个六元组 (P,T,I,O,M_0,SI)，其中：

- (P,T,I,O,M_0) 是一个 Petri 网。
- SI 称为静态间隔（static interval)，是一个映射

$$SI:T \to Q^* \times (Q^* \cup \infty)$$

其中 Q^* 是一个正有理数。

为了分析 TPN，有必要区分变迁的静态间隔和动态间隔。对于任意一个变迁 t，其

静态间隔（静态激发间隔）定义为

$$SI(t) = (\alpha^S, \beta^S)$$

其中 α^S 和 β^S 都是有理数，满足

$$0 \leqslant \alpha^S < +\infty$$
$$0 \leqslant \beta^S < +\infty$$
$$\alpha^S \leqslant \beta^S \text{ 若 } \beta^S \neq \infty$$
$$\alpha^S < \beta^S \text{ 若 } \beta^S \neq \infty$$

左边界 α^S 称为静态最早激发时间（Static Earliest Firing Time，SEFT），右边界 β^S 称为静态最晚激发时间（Static Latest Firing Time，SLFT）。

通常，在一个不是初始标记的标记中，一个变迁的动态激发间隔与它的静态激发间隔不同。动态间隔的下界称为动态最早激发时间（Dynamic Earliest Firing Time，EFT），上界称为动态最晚激发时间（Dynamic Latest Firing Time，LFT），分别用 α 和 β 表示。

对于一个变迁 t，α、β、α^S 和 β^S 与 t 被允许的时刻有关。如果 t 在绝对时间点 τ_{abs} 被允许，那么 t 在时间点 $\tau_{abs}+\alpha^s$ 或 $\tau_{abs}+\alpha$ 之前不会激发，但必须在 $\tau_{abs}+\beta^s$ 或 $\tau_{abs}+\beta$ 之前激发。t 可能因为激发了另一个变迁 t_m 而不被允许，这将导致在不同的绝对时间点 τ'_{abs} 出现一个新的标记。

在 TPN 模型中，激发一个变迁不需要时间，即在 τ 时刻激发一个变迁，就会在同一时刻产生一个新的状态。此外，如果 (α^S, β^S) 未定义变迁，则其相对应的变迁就默认为典型 Petri 网的变迁，即认为 $\alpha^S = 1, \beta^S = +\infty$。

1. 时间 Petri 网的状态

TPN 的一个状态 S 可以定义为 $S = (M, I)$。M 为标记，定义与常规的 Petri 网的标记定义相同。I 为一个不等式的集合，其中每一个不等式给出了一个允许的变迁激发时间的上界和下界。I 中元素的个数等于标记 M 中所有允许变迁的个数。由于不同的标记所具有的允许变迁的个数不同，I 的元素个数随状态而变化。

例如，图 9-19 给出了一个简单的 TPN，其中：

$$SI(t_1)=[4, 6]$$
$$SI(t_2)=[3, 5]$$
$$SI(t_3)=[2, 3]$$

对于 t_1，SEFT=4，SLFT=6。对于 t_2，SFET=3，SLFT=5。对于 t_3，SFET=2，SLFT=3。初始标记 $M_0 = (1\,1\,0\,0\,0)$，定义该 TPN 的初始状态 S_0，其中 t_1 和 t_2 是允许的。I_0 如下：

$$I_0=\{4 \leqslant \theta(t_1) \leqslant 6$$
$$3 \leqslant \theta(t_2)\} \leqslant 5\}$$

2. 变迁的允许和激发条件

如果对于任意 $p \in P$，有 $M(p) \geqslant I(t, p)$，则标记 M 中的变迁 t 是允许的。这个规则和传统的 Petri 网相同。

假设在 τ 时刻变迁 t 被允许，并在状态 $S=(M,I)$ 保持允许。它在 $\tau+\theta$ 时刻可以激发的充分必要条件是：与绝对允许时刻 τ 相关的激发时间 θ 不小于 t 的 EFT，即 EFT(t)，且不大于 M 中所有允许的变迁的最小 LFT，即

$$EFT(t) \leqslant \theta \leqslant \min\{LEF(t_k) \mid t_k \in E(M)\}$$

这个条件可以简单地表述为一个允许的变迁可以激发的时间不早于它的 EFT，但必须不晚于它的 LFT，除非另一个变迁激发并改变了标记 M 和状态 S。

例如，对于如图 9-19 中所示的 TPN 的初始状态

$$\min\{LFT(t_k) \mid t_k \in E(M_0)\} = \min\{6, 5\} = 5$$

因此，t_1 只能在 [4, 5] 之间激发，且 t_2 只能在 [3, 5] 之间激发。

延迟 θ 不是一个全局时间，它可视为由“虚拟时钟”（virtual clock）所提供的变迁的本地时间，它必须与 τ 具有相同的时间单位（例如秒）。

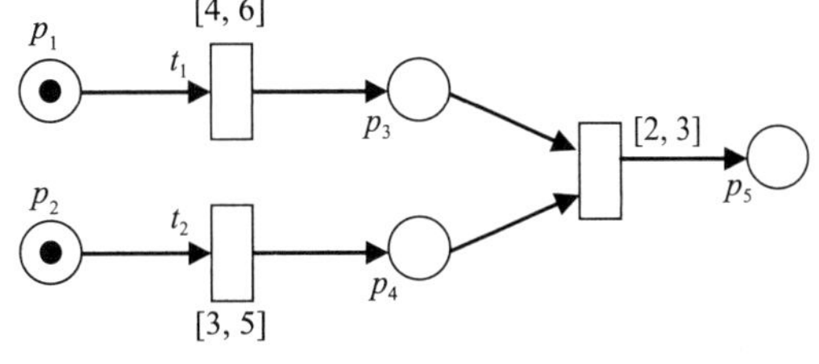

图 9-19　一个时间 Petri 网

3. 激发规则

对于一个给定的状态 $S=(M,I)$。由于变迁的激发约束（EFT 和 LFT），$E(M)$ 中部分变迁可能永远不能激发。例如，对于如图 9-19 所示的 TPN，如果将 $SI(t_2)$ 修改为 [2, 3]，则初始状态中，t_1 将不会激发，因为 $\min\{6,3\}=3$ 早于 EFT(t_1)。

假设 $S=(M,I)$ 中的一个变迁 t 在 $\tau+\theta$ 时刻允许激发，且激发 t 的结果为 $S'=(M',I')$。这个新状态可以按照如下步骤计算：

1）按照常规的 Petri 网的规则计算 M'：

$$(\forall p)M'(p) = M(p) - I(t_i, p) + O(t_i, p)$$

2）I' 计算分三步：

(a) 从 I 的表达式中删除当 t 激发后，所有与该变迁有关的变为不允许的条目，包括 t；

(b) 将 I 中所有剩余的激发间隔向时间原点平移 θ，并在必要时将它们截断为非负值；

(c) 引入新条目，每个条目对应于新允许变迁的静态间隔。

很容易理解 2（a）和 2（c）：当状态变化时，一些原来允许的变迁可能变为不允许，同时原来不允许的变迁可能变为允许。步骤 2（b）主要考虑在 S 和 S' 中同时允许的变迁。在 S' 中，它们的动态间隔与在 S 中不同，因为从 S 到 S' 已经过去了时间 θ，因此它们的下界和上界需要扣除 θ。如果下界变为负数，需要将其置为 0。考虑图 9-17 中所示的 TPN，如果 t_1 在时刻 4.5（$\theta=4.5$）激发，则在新的状态中，t_2 仍是允许的，但它的动态激发间隔变为 [0, 0.5]。

例 9-11　时间 Petri 网分析

考虑图 9-20 中所示的 TPN，其初始状态 (M_0, I_0) 为

$$M_0=(1,0,0,0,0,0)$$
$$I_0=\{2\leqslant\theta(t_1)\leqslant 4\}$$

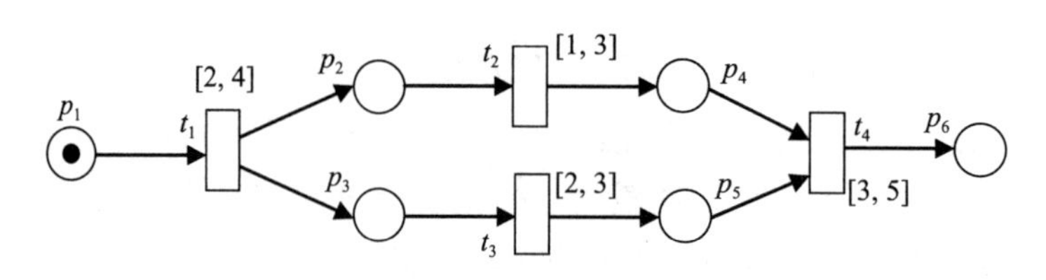

图 9-20　一个时间 Petri 网

t_1 是唯一一个允许的变迁。当 t_1 激发后，新状态 (M_1,t_1) 为

$$M_1=(0,1,1,0,0,0)$$
$$I_1=\{1\leqslant\theta(t_2)\leqslant 3$$
$$2\leqslant\theta(t_3)\leqslant 3\}$$

由于 t_1 激发后 t_2 和 t_3 都是允许的，I_1 有了两个新的条目。这两个变迁是并发的，一个激发并不会使得另一个不允许。如果在 1 和 3 之间的某个时刻 q 激发 t_2，这会产生一个新状态 (M_2,I_2)：

$$M_2=(0,0,1,1,0,0)$$
$$I_2=\left\{\max\{0,2-q\}\leqslant\theta(t_3)\leqslant 3-q\right\}$$

注意根据激发规则 2（b），将 t_3 的激发时间间隔平移了 q。

在状态 (M_2,I_2)，t_3 是唯一允许的变迁。激发 t_3 可得一个新的状态 (M_3,I_3)，其中

$$M_3=(0,0,0,1,1,0)$$
$$I_3=\left\{3\leqslant\theta(t_4)\leqslant 5\right\}$$

t_4 是一个新的允许变迁，I_3 中添加了该变迁的静态激发间隔。激发 t_4 可得状态 (M_4,I_4)，其中

$$M_4=(0,0,0,0,0,1)$$
$$I_4=\varnothing$$

TPN 提供了指明事件发生时间下界和上界的能力。对于实时系统指标而言，这点非常有用。例如，通常任务实例发布和执行的时间有抖动，即使该任务被设计为周期性的。使用时间间隔代替常数描述一个任务的周期或执行时间将更为精确，且允许设计者评估抖动对任务调度和系统性能的影响。

习题

1. 构造图 9-21 中所示三个 Petri 网的可达性树。

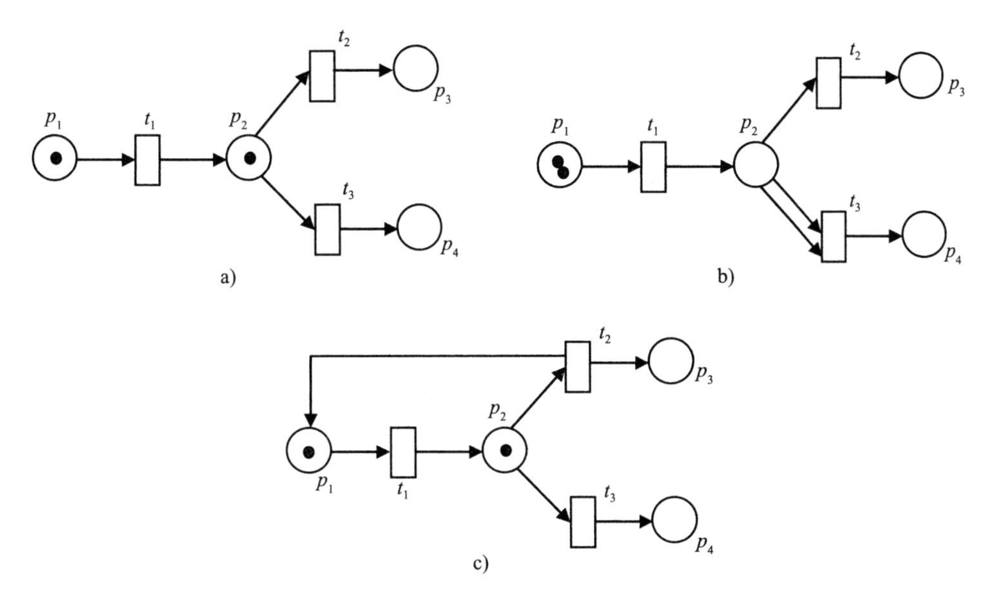

图 9-21　只有常规标记的三个 Petri 网

2. 构造图 9-22 中所示三个 Petri 网的可覆盖性图。

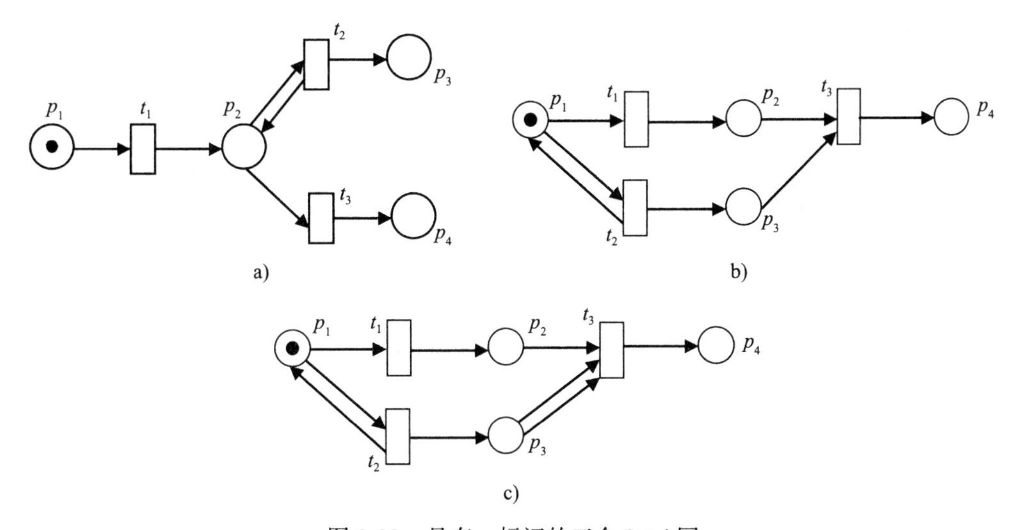

图 9-22　具有 ω 标记的三个 Petri 网

3. 利用 Petri 网对一个只有一台机器和一个缓冲区的制造系统建模。该系统包括如下事件：
   - 一个部件到达缓存。
   - 机器开始处理。
   - 机器完成处理。
   - 处理过程中，机器可能发生故障。
   - 如果机器发生故障，就需要维修。
   - 机器维修后，处理会继续。

假设缓存可以容纳三个部件。当机器开始处理一个部件时，缓存槽被释放以接收一个新的部件。

4. 考虑经典的哲学家共餐问题。如图9-23所示，五位沉默的哲学家各拿一碗意大利面坐在圆桌旁，两个相邻的哲学家之间放着一个叉子。然而，由于意大利面是那种特别滑的品种，哲学家只有同时拿到左右手边的叉子时才能吃意大利面。哲学家们已经同意按照以下协议来拿叉子：最初，他们思考哲学。当有一个人饿了，他先拿他左手边的叉子，再取右手边的叉子，然后开始进食。当他吃完时，将两把叉子同时送回餐桌，然后继续思考哲学。当然，每个叉子在任意时刻只能由一个哲学家拿着，因此当一个哲学家想取叉子时，可能有叉子，也可能没有。利用Petri网建模哲学家的行为。

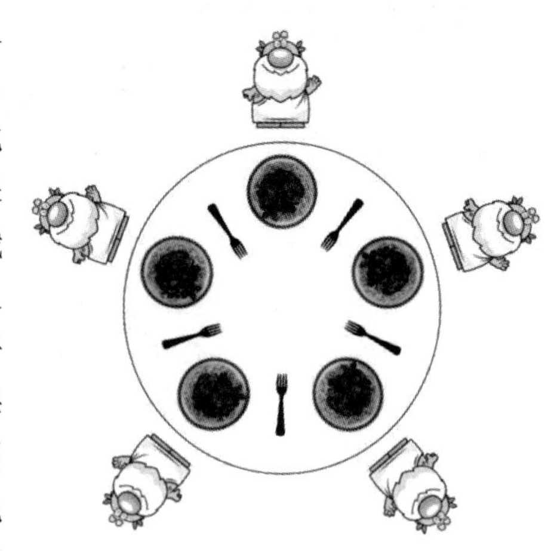

图9-23　五个就餐的哲学家

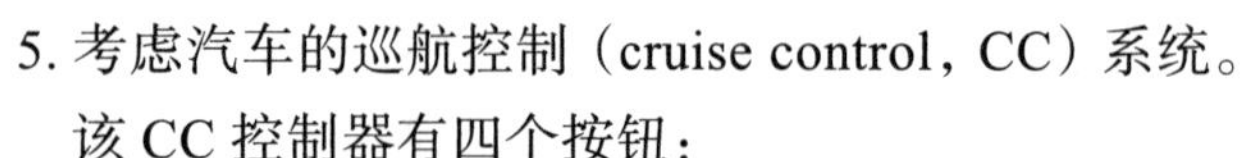

5. 考虑汽车的巡航控制（cruise control，CC）系统。该CC控制器有四个按钮：

   CC（巡航控制）、Set（设置）、Cancel（取消）和Resume（恢复）。

   启动巡航控制功能时，必须按下CC按钮，这将使得巡航控制系统从Off状态变为Armed状态。

   在Armed状态时，如果按下Set按钮，系统进入Speed Control（速度控制）状态；如果按下CC按钮，系统回到Off状态。

   在Speed Control状态时，如果按下Cancel按钮或踩下刹车板，系统变为Cancelled状态；如果踩下油门，系统变为Override状态。

   在Cancelled状态时，如果按下Resume按钮，系统回到Speed Control状态；如果按下CC按钮，系统回到Off状态。

   在Override状态时，如果按下Resume按钮，系统回到Speed Control状态；如果按下CC按钮，系统回到Off状态；如果按下Cancel按钮，系统切换到Cancelled状态。

   用Petri网建模巡航控制器的行为。

6. 考虑经典的摆渡人问题。摆渡人必须将一匹狼、一只羊和一颗卷心菜从左岸运往河的右岸。摆渡人或者独自横穿小河或带上三个中间的一个。在任意时刻，摆渡人或者和羊在同一边岸上，或者羊独自在一边。否则，羊会吃卷心菜或者狼会吃羊。在图9-24中，我们用ML、WL、GL和CL表示左岸上的摆渡人、狼、羊和卷心菜。同样，用MR、WR、GR和CR表示右岸上的摆渡人、狼、

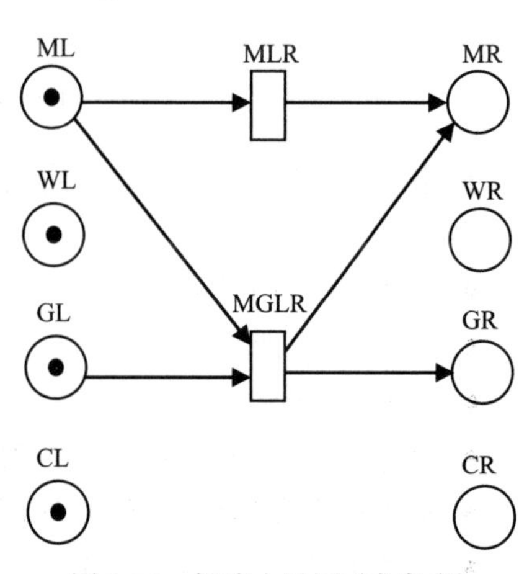

图9-24　摆渡人过河（未完成）

羊和卷心菜。MR、WR、GR 和 CR 中的令牌表示这四个最初都在左岸上。变迁 MLR 表示摆渡人独自到右岸的事件。变迁 MGLR 表示摆渡人带着羊一起到右岸的事件。

（1）建模摆渡人带着羊到右岸的事件。

（2）建模羊在左岸吃卷心菜的事件。注意描述该事件所有的先决条件和后续条件。

（3）建模狼在右岸吃羊的事件。注意描述该事件所有的先决条件和后续条件。

（4）找到一个允许摆渡人将所有乘客安全运输到右岸的变迁序列。

7. 弄清楚图 9-25 中所示的 4 个 Petri 网中所有变迁的活跃度。

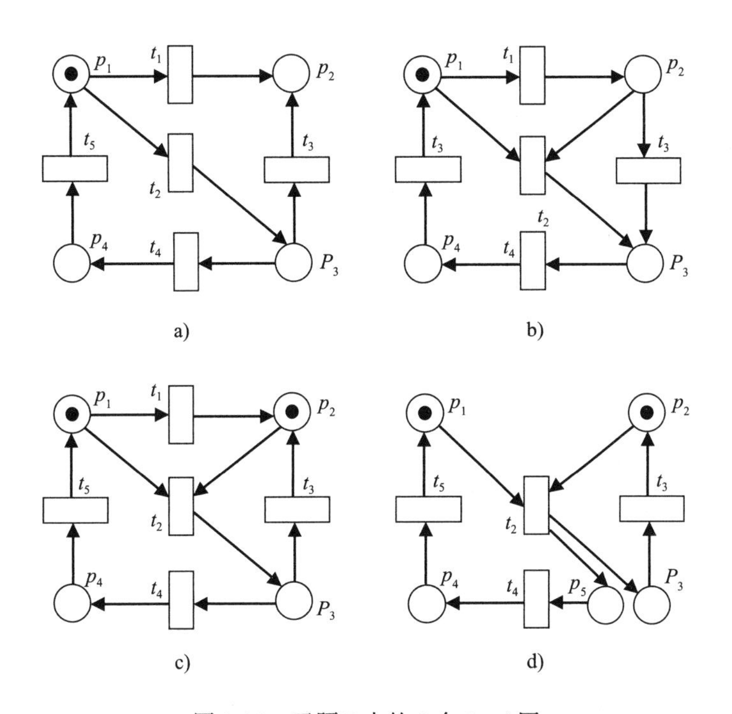

图 9-25　习题 7 中的 4 个 Petri 网

8. 找到图 9-26 中 Petri 网的最小 T 不变集和 S 不变集。注意：$I(t_2, p_5)=2$，$O(t_3, p_5)=3$。

9. 对如图 9-27 所示的 Petri 网，令

$$S_1=\{p_1, p_2, p_3\}$$
$$S_2=\{p_1, p_2, p_4\}$$
$$S_3=\{p_1, p_2, p_3, p_4\}$$
$$S_4=\{p_2, p_3\}$$
$$S_5=\{p_2, p_3, p_4\}$$

试判断其中每个集合是吸引区或陷阱？

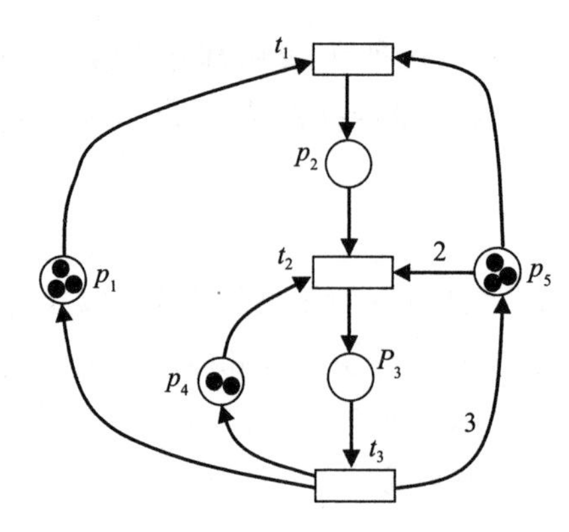

图 9-26　习题 8 中的 Petri 网

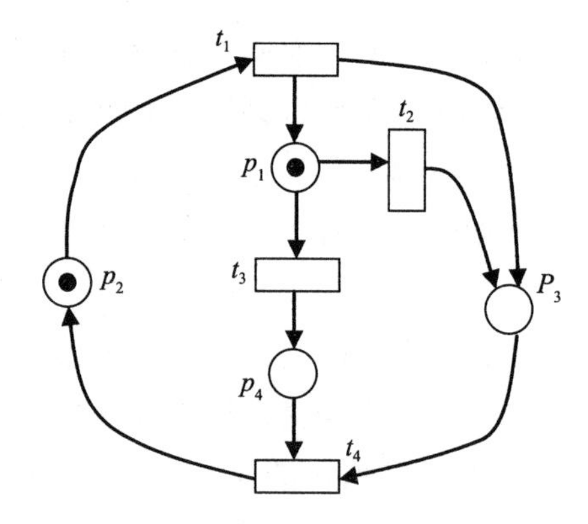

图 9-27　习题 9 中的 Petri 网

10. 再次考虑图 9-21 所示的三个 Petri 网。假设 t_1、t_2 和 t_3 的激发时间分别为 2、4 和 3。请分析每个 Petri 网的实时性。
11. 考虑三个周期性任务：$T_1(3,1)$、$T_2(5,1)$ 和 $T_3(8,1)$。它们在一个处理器中调度。
    (a) 假设它们是不可抢占的。请绘制出单调速率调度（rate-monotonic scheduling）的 DTPN 模型。
    (b) 假设它们是可抢占的。请绘制出单调速率调度（rate-monotonic scheduling）的 DTPN 模型。
12. 考虑如图 9-28 所示的非决策性 DTPN。
    (a) 列出所有的有向回路。
    (b) 计算出这个 DTPN 的最小循环周期。就所述系统的处理速率而言，哪个回路是瓶颈回路？
    (c) 加入一个令牌到 p_4，重新计算最小循环周期。

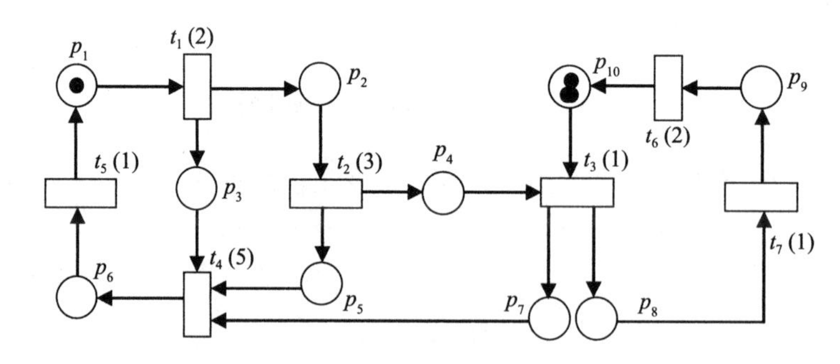

图 9-28　一个确定性时间 Petri 网

阅读建议

Petri 网的概念是由 Carl Adam Petri[1] 在 1992 年于他的论文中所提出。关于 Petri 网的第一本书出版于 1981 年，作者是 J. L. Peterson[2]。1989 年，T. Murata 博士 [3] 在 IEEE 会议上发表了一篇关于 Petri 网的综合性调查论文，这篇论文被广泛引用。DTPN 最初由文献 [4] 所提出。TPN 由参考文献 [5] 所提出。参考文献 [6] 讨论了一种基于状态类的 TPN 解决方法。参考文献 [7] 讨论了一种基于时钟标记状态类的解决方法。高层 Petri 网和有色 Petri 网的介绍可参见文献 [8-10]。指数随机分布式 Petri 网的介绍参见参考文献 [11-12]，它们的应用参见参考文献 [13-14]。时间约束 Petri 网及其在实时系统性能指标可调度性分析中的应用参见参考文献 [15]。所有不同类型的时间 Petri 网模型在参考文献 [16] 中进行了系统的介绍。

参考文献

1 Petri, C.A. (1962) Kommunikation mit Automaten. Technical Report RADC-TR-65-377, Rome Air Dev. Center, New York.
2 Peterson, J.L. (1981) *Petri Net Theory and the Modeling of Systems.* N.J.: Prentice-Hall.
3 Murata, T. (1989) Petri nets: properties, analysis and applications. *Proceedings of the IEEE*, **77**(4): 541–580.
4 Ramamoorthy, C. and Ho, G. (1980) Performance evaluation of asynchronous concurrent systems using Petri nets. *IEEE Transaction on Software Engineering*, **SE-6** (5), 440–449.
5 Merlin, P. and Farber, D. (1976) Recoverability of communication protocols - implication of a theoretical study. *IEEE Transactions on Communications.* **24**(9):1036–1043.
6 Berthomieu, B. and Diaz, M. (1991) Modeling and verification of time dependent systems using time Petri nets. *IEEE Transactions on Software Engineering*, **17** (3), 259–273.
7 Wang, J., Deng, Y., and Xu, G. (2000) Reachability analysis of real-time systems using time Petri nets. *IEEE Transactions on Systems, Man, and Cybernetics*, **B30** (5), 725–736.
8 Genrich, J.H. and Lautenbach, K. (1981) System modeling with high-level Petri nets. *Theoretical Computer Science*, **13**, 109–136.
9 Jensen, K. (1981) Colored Petri nets and the invariant-method. *Theoretical Computer Science*, **14**, 317–336.
10 Jensen, K. (1997) Coloured Petri Nets: Basic Concepts, Analysis Methods and Practical Use *(3 volumes)*, Springer-Verlag, London.
11 Molloy, M. (1981) On the integration of delay and throughput measures in distributed processing models. Ph.D. Thesis, UCLA.
12 Natkin, S. (1980) Les Reseaux de Petri Stochastiques et Leur Application a l'evaluation des Systemes Informatiques. These de Docteur Ingegneur, Cnam, Paris, France.
13 Ajmone Marsan, M. (1990) Stochastic Petri nets: an elementary introduction. *Advances in Petri Nets*, LNCS, **424**, 1–29.
14 Molloy, M. (1982) Performance analysis using stochastic Petri nets. *IEEE Transactions on Computers*, **31** (9), 913–917.
15 Tsai, J., Yang, S., and Chang, Y. (1995) Timing constraint Petri nets and their application to schedulability analysis of real-time system specifications. *IEEE Transactions on Software Engineering*, **21**(1): 32–49.
16 Wang, J. (1998) *Timed Petri Nets: Theory and Application*, Kluwer Academic Publishers, Boston.

模型检查

模型检查是有限状态并发和反应系统的一项自动验证技术，用于验证一个系统的推断正确与否。通过程序测试与仿真之间的比较，发现系统中是否存在错误。本章将介绍模型检查技术。由于模型检查是基于时序逻辑，本章也将介绍线性时序逻辑（LTL）、计算树逻辑（CTL）和实时计算树逻辑（RTCTL）。同时，模型检查工具 NuSMV 及其系统描述语言也将在本章中介绍。

10.1 模型检查简介

第 1 章讨论了实时嵌入式系统可靠性和正确性的重要意义。测试与仿真是保证软件正确性的两种最常用方法。软件测试指执行一个软件组件或系统组件以评估一个或多个特性。这种方法在实践中非常有用，但如果实际部署前测试数据在出错时可能损害系统，这种方法显然就不能使用于高度关键的系统。仿真基于一个实际系统的数学模型。这实际上是一个让用户不需要对实际系统进行操作就能够通过仿真观察到系统运行的程序。仿真并不直接在实际系统上运行，这对于测试而言是很大的优势。

测试和仿真广泛应用于工业系统。然而，软件测试或仿真只能显示错误的存在，但发现不了未出现过的错误。通常，不可能仿真或测试到一个给定系统所有可能的流程和行为。换句话说，由于需要考虑大量可能的情况，这些技术并非详尽无遗，并且故障情况可能在这些未经测试或模拟的情况中。

模型检查是有限状态并发系统的一种自动验证技术，源于 E. M. Clake、E. A. Emerson、J. P. Queille 和 J. Sifakis 在 20 世纪 80 年代早期的开创性工作。模型检查中，数字电路或软件设计被建模为状态转移系统，期望的性能指标描述为时序逻辑形式。验证的目标是弄清楚有限状态模型是否满足指标的要求。验证的过程就是运行模型检查工具，该工具称为模型检查器。

模型检查技术基于数学，逻辑和计算机科学，是一种正式的验证方法，可以描述如下：给定一个由一个时序逻辑公式 φ 和结构 M 描述的期望特性，确定是否 $M, s \vDash \varphi$，即对于一个给定的状态 s，M 是否满足公式 φ。如果满足，则模型检查工具或模型检查器将输出“yes”；如果不满足，则该工具将输出一个执行反例，表明该特性不能满足。该过程如图 10-1 所示。

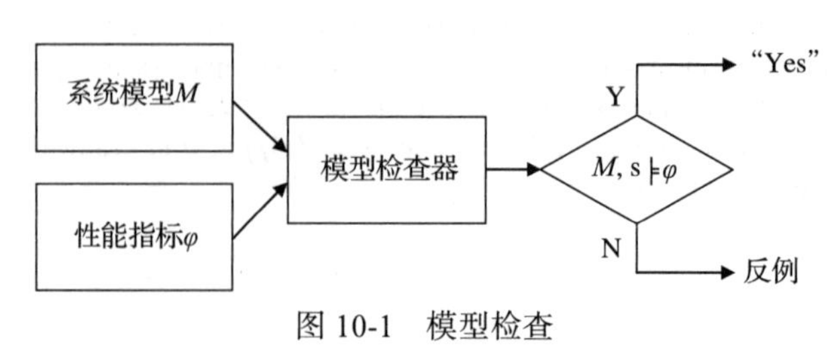

图 10-1 模型检查

10.2 时序逻辑

计算机科学中逻辑是一种基本要素，它考虑了语法上良好的语句并研究它们在语义上是否正确。典型的命题逻辑处理陈述句或命题。命题可以由使用逻辑运算符的其他命题描述。一个不可分的命题称为原子（atom）。命题逻辑关注的是对命题的真值的研究，以及它们的值如何依赖于其组成部分的真值。命题在一个固定状态下进行评估。命题的例子有：

地球是宇宙的中心。

5 加 5 等于 10，5 减 5 等于 0。

如果下雨，那么地面是湿的。

时序逻辑是规则和符号的系统，用于表示和推理关于时间限定的命题。它描述事件按时间发生的顺序，但又不明显地表述时间。时序逻辑中，我们可以这样表述：

电梯在门关闭后才能移动。

软件处于它的临界区内。

当软件进入其临界区，它必然会离开临界区。

基本上，在一个模型中的时序逻辑表达式或公式并非始终是正确或错误的。一个时序逻辑模型包含状态和一个在某个状态中正确而在其他状态中错误的公式。状态集对应于时刻。我们如何在这些状态之间转变（navigate）取决于我们对时间的特定看法。

时间有两种模型。其一将时间视为一条由时间点组成的线；在线上任意两点间，我们可以发现其中一点早于其他点。在数学上，可以用结构（T, $<$）表示时间，其中 $<$ 表示 T 的优先关系。T 的元素都是时间点。如果 (s, t) 属于 $<$，表示 s 早于 t 或 $s<t$。对于一个时间点 t，集合 $\{s \in T \mid t < s\}$ 称为 t 的未来（future）；t 的过去（past）定义类似。这种模型称为线性时间模型（linear-time model），因为所有的时间点均线性排序。线性时间模型如图 10-2a 所示。

第二种模型基于分支时间结构（branching-time structure）。在这种结构中，一个时间点 r 可能有两个或更多的互不相关的未来时间点。换句话说，对于任意两个未来的时间点 s 和 t，不能说 s 是 t 的未来，或者 t 是 s 的未来。这还意味着 r 的未来并不确定，或 r 的未来是分支的。分支时间结构是一种树形结构，根部为当前时刻，如图 10-2b 所示。

本节将介绍两种主流的时序逻辑模型。其一是 LTL，将时间建模为状态序列，另一个为 CTL，将时间建模为树形结构。

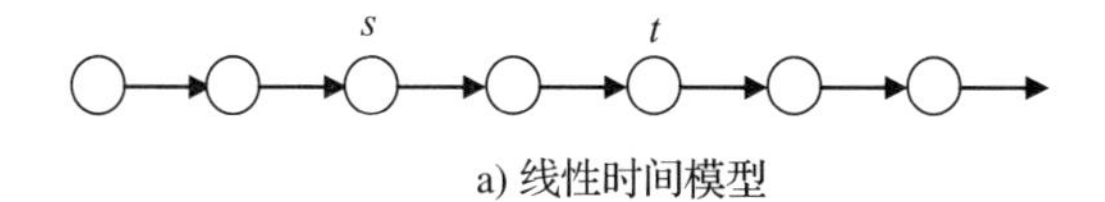

a) 线性时间模型

图 10-2 时间模型

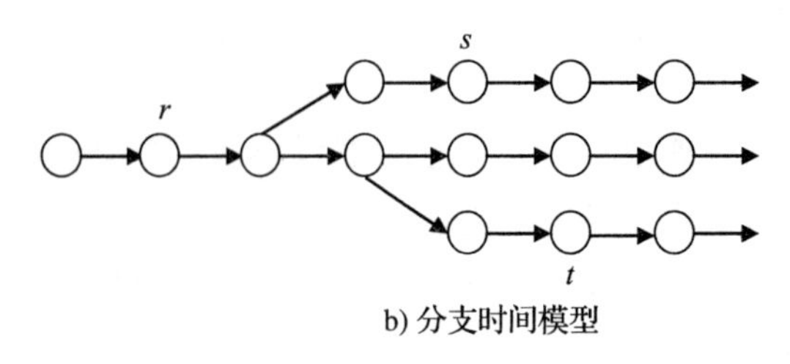

b) 分支时间模型

图 10-2 （续）

10.2.1 线性时序逻辑

LTL 将时间建模为状态序列，从最初推衍到无限未来。状态序列也称为计算路径（computation path）或路径（path）。未来是不确定的，因此可能有多条路径，表示不同的可能未来。

1. LTL 的语法

首先，回顾逻辑的四种运算符：

- ¬表示否定，或“非（not）”
- ∧表示交，或“与（and）”
- ∨表示并，或“或（or）”
- →表示推理，或“如果 – 那么（if-then）”

令 φ 和 ψ 为两个命题公式。表 10-1 给出了上述运算符的真值表。

表 10-1　命题逻辑运算符的真值表

φ	ψ	$\neg\varphi$	$\varphi\wedge\psi$	$\varphi\vee\psi$	$\varphi\rightarrow\psi$
T	T	F	T	T	T
T	F	F	F	T	F
F	T	T	F	T	T
F	F	T	F	F	T

时序逻辑扩展了经典的命题逻辑，并引入了状态之间的时序运算符。这些运算符包含如下：

- **X** 表示下一个状态。如果在下一个状态中 p 为真，**X** p 为真。
- **F** 表示某个未来状态。如果在某个可达的未来状态中 p 为真，**F** p 为真。
- **G** 表示所有未来状态（全局的）。如果未来所有的状态中 p 都为真，**G** p 为真。
- **U** 表示直到。如果 p 为真，直到 q 在某个未来状态中为真，p **U** q 为真。
- **R** 表示发布。如果 q 为真，直到 p 第一次为真，p **R** q 为真。

假设存在一个由原子命题公式组成的固定集合 Σ，且 $p\in\Sigma$。LTL 公式可以归纳定义为如下 Backus-Naur 形式：

$$\varphi ::= \top \mid \bot \mid p \mid (\neg\varphi) \mid (\varphi\wedge\psi) \mid (\varphi\vee\psi) \mid (\varphi\rightarrow\psi)$$
$$\mid (\mathbf{X}\varphi) \mid (\mathbf{F}\varphi) \mid (\mathbf{G}\varphi) \mid (\varphi\mathbf{U}\psi) \mid (\varphi\mathbf{R}\psi) \tag{10-1}$$

其中⊤表示真（true），⊥表示假（false）。公式（10-1）表示两个逻辑常量真和假，以及任意原子命题公式都是 LTL 公式；任意 LTL 公式的否定式也是 LTL 公式；任意两个 LTL 公式的交也是 LTL 公式，以此类推。

LTL 的定义还意味着 $\neg$、**X**、**F** 和 **G** 都是一元运算符，而其他的运算符都是二元的。一元运算符具有最高的结合优先级，运算结合顺序首先是时序运算符 **X**、**F** 和 **G**，然后是 $\wedge$ 和 $\vee$，最后是→。因此，表达式

$$((\neg p)\wedge((\mathbf{G}q)\vee(\neg q)))\rightarrow(p\ \mathbf{U}\ q)$$

等于

$$\neg p\wedge(\mathbf{G}\ q\vee\neg q)\rightarrow p\ \mathbf{U}\ q$$

当且仅当它遵循定义中给出的归纳构造规则时，LTL 公式在语法上是正确的或格式良好的。例如，如下公式是格式良好的：

- $p\vee\neg(p\vee\mathbf{G}\ q)\rightarrow p$
- $\mathbf{F}(p\rightarrow\mathbf{X}\ r)\rightarrow q$
- $\mathbf{GF}(q\ \mathbf{R}\ r)$

而下列公式并非格式良好的：

- $\mathbf{F}\ p\wedge\mathbf{G}\ q\rightarrow\mathbf{U}\ r$
- $\mathbf{G}(p\rightarrow q\ \mathbf{X}\ r)$
- $p\ \mathbf{U}(\wedge\ \mathbf{r})$

2. LTL 公式的解析树

LTL 公式的解析树是一个嵌套列表，任意一个分支或者是单个原子命题，或者是由两个命题及二元运算符或一个命题及一元运算符组成的公式。解析树有助于计算 LTL 公式的真值。一个 LTL 公式解析树的根是一个运算符，这个运算符一般最后计算，而树上所有的叶节点都是原子命题。如果公式只有一个原子命题，那么该命题就是根和唯一的节点。解析树的计算由底而上。

例 10-1　解析树

考虑公式 $\neg p\wedge(\mathbf{G}\ q\vee\neg q)\rightarrow p\ \mathbf{U}\ q$。其中运算符→的结合优先级最低，因此最后计算。因此，这就是该解析树的根。该树的左分支是子树 $\neg p\wedge(\mathbf{G}\ q\vee\neg q)$，其中 $\wedge$ 运算符的结合优先级最低，因此 $\wedge$ 为该子树的根。而→右分支为子树 $p\ \mathbf{U}\ q$，其中 **U** 是唯一的运算符，而 p 和 q 为原子命题，因此该子树的根为 **U**。继续采用上述方法进行解析，我们可以最终分解到如图 10-3 所示的解析树。

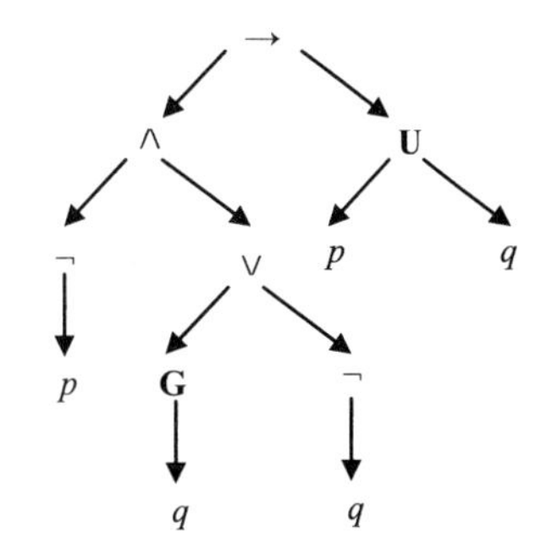

图 10-3　公式 $\neg p\wedge(\mathbf{G}\ q\vee\neg q)\rightarrow p\ \mathbf{U}\ q$ 的解析树

3. LTL 的语义

LTL 将时间建模为一个无限的状态序列，其中每一个时间点都有唯一一个基于线性时间视角的后续者。假设由原子命题组成的固定集合 Σ。对于一个状态集 S，令 L 为一个从 S 映射到 Σ 能量集的标签函数

（labeling function）。Σ的能量集记为2^Σ，是Σ所有的子集组成的集合。例如，若$\Sigma=\{p,q,r\}$，则

$$2^\Sigma=\{\varnothing,p,q,r,\{p,q\},\{q,r\},\{p,r\},\{p,q,r\}\}$$

对任意一个独立的状态s，$L(s)$是所有待计算的原子命题的集合。

为讨论LTL的语义，考虑如下路径

$$\pi=s_1\to s_2\to\cdots$$

并记π_i为如下路径：

$$\pi_i=s_i\to s_{i+1}\to\cdots$$

我们现在为LTL公式定义二进制满意度关系，用$\vDash$表示。

满意度是关于计算路径π的。总有：

- $\pi\vDash\top$
- $\pi\vDash\bot$

对于任意一个原子命题$p\in\Sigma$，当且仅当（iff）$p\in L(s)$时，$\pi\vDash p$成立。对于一个LTL公式φ，当且仅当在s_1中φ为真有$\pi\vDash\varphi$。这样可以在路径的第一个状态s_1中计算状态φ和ψ与命题逻辑运算符（$\neg$，$\wedge$，$\vee$和$\to$）的任何组合。特别地，如：

- $\pi\vDash\varphi$ iff $\pi\not\vDash\varphi$
- $\pi\vDash\varphi\wedge\psi$ iff $\pi\vDash\varphi$且$\pi\vDash\psi$
- $\pi\vDash\varphi\vee\psi$ iff $\pi\vDash\varphi$或$\pi\vDash\psi$
- $\pi\vDash\varphi\to\psi$ iff $\pi\vDash\psi$，只要$\pi\vDash\varphi$

所有由时序运算符组成的LTL公式需要通过状态来计算。运算符**X**的正式定义如下：

$$\pi\vDash\mathbf{X}\varphi \text{ iff } \pi_2\vDash\varphi$$

即当且仅当在下一个状态S_2中φ是真的，那么有$\pi\vDash\mathbf{X}\varphi$。

运算符**G**的正式定义如下：

$$\pi\vDash\mathbf{G}\varphi \text{ iff } \pi_i\vDash\varphi \text{ 对所有 } i\geqslant 1$$

即当且仅当在沿着路径π的所有状态中φ均为真，那么有$\pi\vDash\mathbf{G}\varphi$。

运算符F的正式定义如下：

$$\pi\vDash\mathbf{F}\varphi \text{ iff } \pi_i\vDash\varphi \text{ 对某个 } i\geqslant 1$$

即当且仅当在沿着路径π的部分状态中φ为真，那么有$\pi\vDash\mathbf{F}\varphi$。

运算符**U**的正式定义如下：

$$\pi\vDash\varphi\mathbf{U}\psi \text{ iff } \pi_i\vDash\psi \text{ 对某个 } i\geqslant 1,\ \pi_j\vDash\varphi \text{ 对所有 } j=1,2,\cdots,i-1$$

即当且仅当在沿着路径π的全部状态中φ为真，直到在某个状态中ψ为真，那么有$\pi\vDash\varphi\mathbf{U}\psi$。进一步，可以将$\mathbf{F}\varphi$视为$\top\mathbf{U}\varphi$的缩写。

运算符**R**的正式定义如下：

$$\pi\vDash\varphi\mathbf{R}\psi \text{ iff } \pi_i\vDash\varphi \text{ 对某个 } i\geqslant 1,\ \pi_j\vDash\psi \text{ 对所有 } j=1,2,\cdots,i$$

即当且仅当在沿着路径 π 的全部状态中 ψ 为真，直到某个状态中的 φ 和 ψ 均为真，那么有 $\pi \vDash \varphi \mathbf{R} \psi$。

图 10-4 给出了所有时序运算符的语义。每条路径中的第一个圆圈表示该路径的第一个状态。

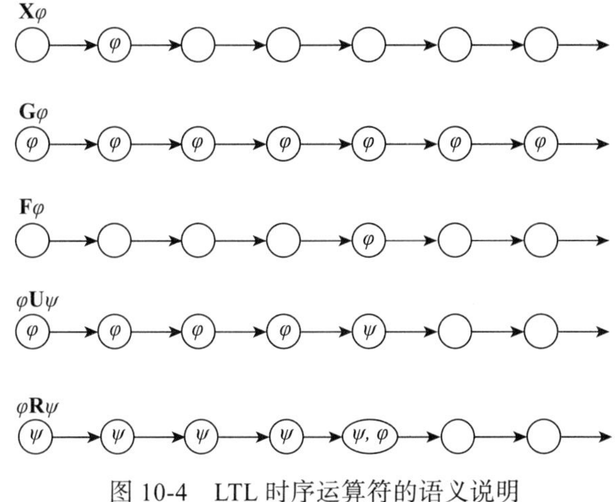

图 10-4　LTL 时序运算符的语义说明

我们使用转移系统（transition system）建模需要验证的系统。转移系统定义为一个 Kripke 结构 $M = (S, I, R, L)$，其中

- S 为状态集。
- I 为初始状态 $I \subseteq S$ 的集合。
- $R \subseteq S \times S$ 描述了状态转移关系。对于任意一个 $s \in S$，存在 s' 使得 $s \to s'$，且该关系标记为 $(s, s') \in R$。
- L 为一个将 S 映射到 Σ 能量集的函数，其中 Σ 为原子命题集。

一个转移系统可以更直观地表示为有向图，其中每个节点是一个状态，状态转移用有向箭头来表示，并且每个状态的标记标识在节点上。

例 10-2　转移系统

如图 10-5 所示的转移系统中，$\Sigma = \{p, q, r\}$，且 Kripke 结构为

$S = \{s_1, s_2, s_3, s_4\}$

$I = \{s_1\}$

$R = \{(s_1, s_2), (s_1, s_3), (s_2, s_1), (s_2, s_4), (s_3, s_4), (s_4, s_3)\}$

$L(s_1) = \{p, q\}$

$L(s_2) = \{p, r\}$

$L(s_3) = \{q\}$

$L(s_4) = \{r\}$

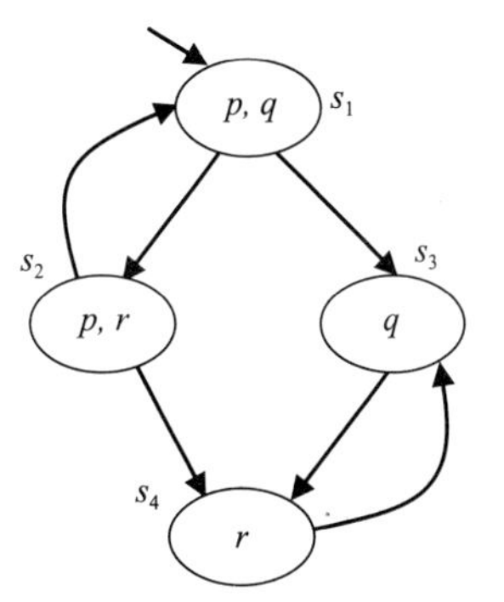

图 10-5　一个转移系统的有向图表示

展开该系统可得所有可能的计算路径的无限树，如图 10-6 所示。

由例 10-2 可得，一个系统可能有很多甚至无限个计算路

径。当利用 LTL 公式，从一个状态（一般为初始状态）验证一个系统时，需要检查该公式是否能满足从该状态出发的所有路径。可以得到对于从 s 开始的任意一个计算路径 π，如果 $\pi \vDash \varphi$ 成立，则 $M, s \vDash \varphi$。

注意：为提高可读性，有时需要列出转移系统图中状态的非真变量。

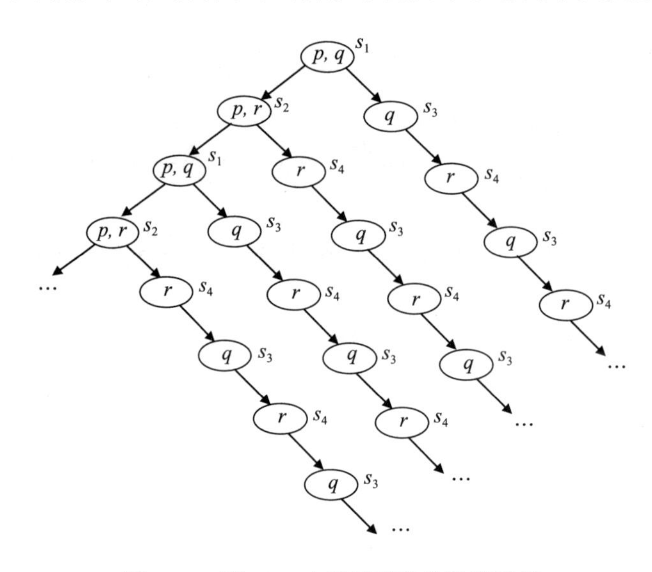

图 10-6　图 10-5 中所示系统的计算路径

例 10-3　LTL 公式验证

现要根据从初始状态 s_1 出发的一些 LTL 指标验证例 10-2 中所给的系统模型。

（1）$\varphi = p \wedge q$

由于 φ 是一个命题公式，$M, s_1 \vDash \varphi$ 只能在 s_1 中评估。由于 $L(s_1)=\{p, q\}$，$M, s_1 \vDash p \wedge q$ 成立。

（2）$\varphi = p \wedge r$

由于 s_1 并不满足 r，M，$s_1 \vDash p \wedge r$ 不成立。

（3）$\varphi = \mathbf{X}\, q$

检查沿着任意一条路径，下一个状态是否是 q。由于 s_2 没有 q，$M, s_1 \vDash \mathbf{X}\, q$ 不成立。

（4）$\varphi = \mathbf{F}\, q$

检查沿着部分途径，r 是否为真。这是显而易见的，因此 $M, s_1 \vDash \mathbf{F}\, q$ 成立。

（5）$\varphi = \mathbf{G}(q \vee r)$

在每个状态中，或者 q 为真，或者 r 为真。所以，$M, s_1 \vDash \mathbf{G}(q \vee r)$ 成立。

（6）$\varphi = \mathbf{G}(\neg p \rightarrow q \vee r)$

检查任意一个状态满足 $\neg p$ 时，是否也满足 $q \vee r$。这是正确的，因为所有满足 $\neg p$ 的状态或者有 q 或有 r。因此，$M, s_1 \vDash \mathbf{G}(\neg p \rightarrow q \vee r)$ 成立。

（7）$\varphi = \mathbf{FG}\, r$

检查是否在每一个路径中都存在一个状态使得从该状态出发的 $\mathbf{G}\, r$ 为真。显然，从该点出发的路径中没有路径满足 $\mathbf{G}\, r$。因此，$M, s_1 \vDash \mathbf{FG}\, r$ 不成立。

（8）$\varphi = \mathbf{GF}\ r$

检查沿着任意一条路径的每个状态中，$\mathbf{F}r$ 是否为真，或者 r 是否满足无限经常（infinitely often）。这显然是正确的，因为状态 s_2 或 s_4 频繁地出现在每条路径中。因此，$M, s_1 \vDash \mathbf{GF}\ r$ 成立。

（9）$\varphi = q\ \mathbf{U}\ r$

对于所有从 $s_1 \to s_2$ 出发的路径，在第一个状态中 q 为真，而在第二个状态中 r 为真，满足 $q\ \mathbf{U}\ r$。其他路径均出发自 $s_1 \to s_3 \to s_4$，且满足 $q\ \mathbf{U}\ r$，因此 $M, s_1 \vDash q\ \mathbf{U}\ r$ 成立。

（10）$\varphi = (p \wedge q)\mathbf{U}(p \wedge r)$

注意 $p \wedge r$ 只有在沿着大部分左侧路径的状态中为真。在其他的路径中，它均不为真。考虑大部分的右侧路径，$p \wedge q$ 只有在第一个状态为真。在第二个状态中，$p \wedge q$ 与 $p \wedge r$ 均不为真。因此，$M, s_1 \vDash (p \wedge q)\mathbf{U}(p \wedge r)$ 不成立。

（11）$\varphi = \mathbf{F}\ q \to \mathbf{F}(p \wedge r)$

这个公式表示如果任意一条从 s_1 出发的路径满足 $\mathbf{F}\ q$，则该路径也满足 $\mathbf{F}(p \wedge r)$。大部分的右侧路径，它满足 $\mathbf{F}\ q$，但不满足 $\mathbf{F}(p \wedge r)$。因此，$\varphi = \mathbf{F}\ q \to \mathbf{F}(p \wedge r)$ 不成立。

（12）$\varphi = \mathbf{GF}\ q \to \mathbf{GF}\ r$

这个公式表示如果任意一条从 s_1 出发的路径满足 $\mathbf{GF}\ q$，则该路径也满足 $\mathbf{GF}\ r$。有向图表明任意一个出发自 s_1 的路径满足 $\mathbf{GF}\ q$，同时，这些路径也满足 $\mathbf{GF}\ r$。因此，$M, s_1 \vDash \mathbf{GF}\ q \to \mathbf{GF}\ r$ 成立。

4. LTL 公式的等价性

两个语义等价的（semantically equivalent）LTL 公式记为 $\varphi \equiv \psi$。若对于所有的模型 M 及 M 中所有的状态 s：

$$M, s \vDash \varphi \text{ iff } M, s \vDash \psi$$

简单地说，如果两个公式从任何 Kripke 结构的任何计算路径的任何状态计算得到相同的真值，则这两个公式是等价的。如下为一些等价公式。

$$\mathbf{X}(\varphi \wedge \psi) \equiv \mathbf{X}\varphi \wedge \mathbf{X}\psi$$
$$\mathbf{X}\ (\varphi \vee \psi) \equiv \mathbf{X}\varphi \vee \mathbf{X}\psi$$
$$\mathbf{X}\ (\varphi\ \mathbf{U}\ \psi) \equiv \mathbf{X}\varphi\ \mathbf{U}\ \mathbf{X}\psi$$
$$\neg\ \mathbf{X}\varphi \equiv \mathbf{X}\neg\varphi$$
$$\mathbf{F}(\varphi \vee \psi) \equiv \mathbf{F}\varphi \vee \mathbf{F}\psi$$
$$\mathbf{G}(\varphi \wedge \psi) \equiv \mathbf{G}\varphi \wedge \mathbf{G}\psi$$
$$\neg\mathbf{F}\varphi \equiv \mathbf{G}\neg\varphi$$
$$\mathbf{F}\ \mathbf{F}\varphi \equiv \mathbf{F}\varphi$$
$$\mathbf{G}\ \mathbf{G}\varphi \equiv \mathbf{G}\varphi$$

5. 系统属性指标

为便于理解，以五层楼的电梯为例，说明如何使用 LTL 公式来编码现实世界系统的属性。

1）电梯在门开的时候并不移动。

```
G(¬door_closed → ¬(direction_up ∨ direction_down))
```

2）只要电梯门打开，它必定会关闭。

```
G(¬door_closed → F door_closed)
```

3）类似的，只要电梯门关闭，它必定会打开。

```
G(door_closed → F ¬door_closed)
```

4）只要不是停在最高层，电梯就可以向上移动。

```
G(direction_up → ¬floor_5)
```

5）类似地，电梯只要不是停在最底层，它就可以向下移动。

```
G(direction_down → ¬floor_1)
```

6）当楼层按钮被按下，电梯必定会停在该层。例如：

```
G(button_3 → F floor_3)
```

7）当电梯正在向上移动的时候，它不会在更高的楼层有乘客等待时改变运动方向。例如：

```
G ((floor_1 ∨ floor_2 ∨ floor_3) ∧ direction_up ∧
    button_4
   → direction_up U floor_4)
```

8）类似地，当电梯正在向下移动时，它也不会在更低的楼层有乘客等待时改变运动方向。例如：

```
G ((floor_4 ∨ floor_5 ∨ floor_3) ∧ direction_down ∧
    button_2
   → direction_down U floor_2)
```

10.2.2　计算树逻辑

LTL公式沿着路径计算。如果从系统的一个状态出发的路径都满足一个LTL公式，称该系统的这个状态满足该LTL公式。如果想证明存在一个路径满足属性φ，可以证明是否所有的路径满足$\neg\varphi$。这个新问题的正面答案是原始问题的反面答案，反之亦然。

分支时间逻辑具有明确量化路径的能力，可以解决这个问题。CTL就是一个分支时间逻辑，它将时间建模为树形结构，其未来是不确定的。

1. CTL的语法

CTL公式由命题运算符和CTL时序运算符组成。如图10-7所示，每个CTL时序运算符是一对符号。第一个符号是路径量化器（path quantifier），它或者是**A**（所有路径），或者是**E**（存在一条路径）。第二个符号是时序运算符，可以是**X**（下一个状态）、**F**（未来状态）、**G**（未来全部的）或**U**（直到），和LTL中的定义相同。

用Σ表示原子命题公式的集合，$p\in\Sigma$。CTL公式Backus-Naur形式的归纳定义为：

$$\varphi ::= \top \mid \bot \mid p \mid (\neg\varphi) \mid (\varphi \wedge \psi) \mid (\varphi \vee \psi) \mid (\varphi \to y) \mid$$
$$\mid (\mathbf{AX}\varphi) \mid (\mathbf{EX}\varphi) \mid (\mathbf{AG}\varphi) \mid (\mathbf{EG}\varphi) \mid (\mathbf{AF}\varphi) \mid (\mathbf{EF}\varphi) \mid$$
$$\mid \mathbf{A}(\varphi \mathbf{U} \psi) \mid \mathbf{E}(\varphi \mathbf{U} \psi) \tag{10-2}$$

在 CTL 公式中，运算符$\neg$、**AG**、**EG**、**AF**、**EF**、**AX** 和 **EX** 具有最高结合优先级，然后是$\wedge$和$\vee$，再然后是$\to$、**AU** 和 **EU**。如下公式是格式良好的 CTL 公式：

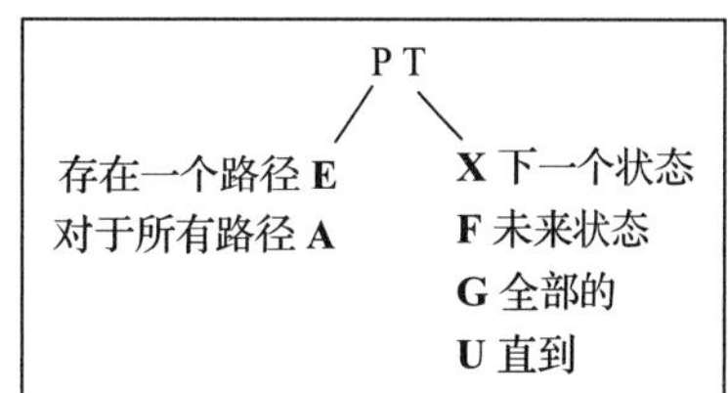

图 10-7　CTL 运算符（P：路径数量；T：时序运算符）

- $\mathbf{AG}(p \wedge q \to \mathbf{EF}\, r)$
- $\mathbf{A}((p \vee q)\mathbf{U}(\mathbf{ED}\, r))$
- $\mathbf{EF}\, \mathbf{E}(p\, \mathbf{U}\, q)$
- $\mathbf{AG}(\mathbf{EF}\, p \to \mathbf{EF}(q \to r))$
- $\neg p \wedge r \to \mathbf{EF}(q \to \mathbf{E}(p\, \mathbf{U}\, q))$

以下公式为格式不好的 CTL 公式：

- $\mathbf{AG}(p \wedge q \to \mathbf{F}\, r)$
- $(p \vee q)\mathbf{U}(\mathbf{EF}\, r)$
- $\mathbf{EF}(p\, \mathbf{U}\, q)$
- $\mathbf{AG}(\mathbf{EF}\, p \to \mathbf{G}(q \to r))$
- $\neg p \wedge r \to \mathbf{EF}(q \to \mathbf{E}(p \to q))$

2. CTL 的语义

CTL 公式在状态转移系统上进行评估。令 $M = (S, I, R, L)$ 为一个转移系统，$s \in S$，φ和ψ为 CTL 公式。满足关系 $M, s \vDash \varphi$ 定义如下：

- $M,\ s \vDash \top$且 $M, s \nvDash \bot$
- $M,\ s \vDash p$ 当且仅当 $p \in L(s)$
- $M,\ s \vDash \varphi$ 当且仅当 $M, s \nvDash \varphi$
- $M,\ s \vDash \varphi \wedge \psi$ 当且仅当 $M,\ s \vDash \varphi$ 且 $M,\ s \vDash \psi$
- $M,\ s \vDash \varphi \vee \psi$ 当且仅当 $M,\ s \vDash \varphi$ 或 $M,\ s \vDash \psi$
- $M,\ s \vDash \varphi \to \psi$ 当且仅当无论何时 $M,\ s \vDash \varphi$，有 $M,\ s \vDash \psi$
- $M,\ s \vDash \mathbf{AX}\, \varphi$ 当且仅当对于所有 s' 使得 $(s, s') \in R$，有 $M, s' \vDash \varphi$
- $M,\ s \vDash \mathbf{EX}\, \varphi$ 当且仅当对于部分 s' 使得 $(s, s') \in R$，有 $M, s' \vDash \varphi$
- $M,\ s \vDash \mathbf{AG}\, \varphi$ 当且仅当对于沿着任意路径的任意状态 s_i，均有 $M,\ s_i \vDash \varphi$
- $M,\ s \vDash \mathbf{EG}\, \varphi$ 当且仅当存在一个路径，对于沿着这个路径的任意状态 s_i 均有 $M, s_i \vDash \varphi$
- $M,\ s \vDash \mathbf{AF}\, \varphi$ 当且仅当有一个沿着所有路径的状态 s_i，使得 $M,\ s_i \vDash \varphi$
- $M,\ s \vDash \mathbf{EF}\, \varphi$ 当且仅当存在一个路径，对沿着该路径的部分状态 s_i，使得 $M,\ s_i \vDash \varphi$
- $M,\ s \vDash \mathbf{A}(\varphi\, \mathbf{U}\, \psi)$ 当且仅当对于所有路径都满足 $\varphi\, \mathbf{U}\, \psi$
- $M,\ s \vDash \mathbf{E}(\varphi\, \mathbf{U}\, \psi)$ 存在一条路径满足 $\varphi\, \mathbf{U}\, \psi$

图 10-8～图 10-11 直观地说明了 **AX** 和 **EX**、**AG** 和 **EG**、**AF** 和 **EF**，以及 **AU** 和 **EU** 的语义，图中 **AF** φ 是 $\mathbf{A}(\ \ \mathbf{U}\, \varphi)$ 的缩写，$\mathbf{EF}\varphi$ 是 $\mathbf{E}(\ \ \mathbf{U}\, \varphi)$ 的缩写。

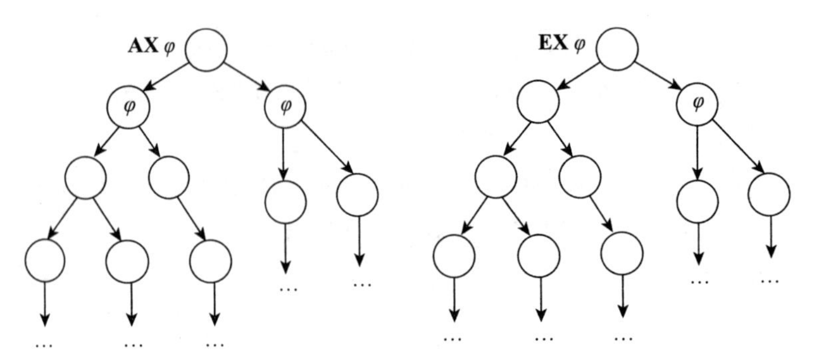

图 10-8　AX 和 EX 语义的说明

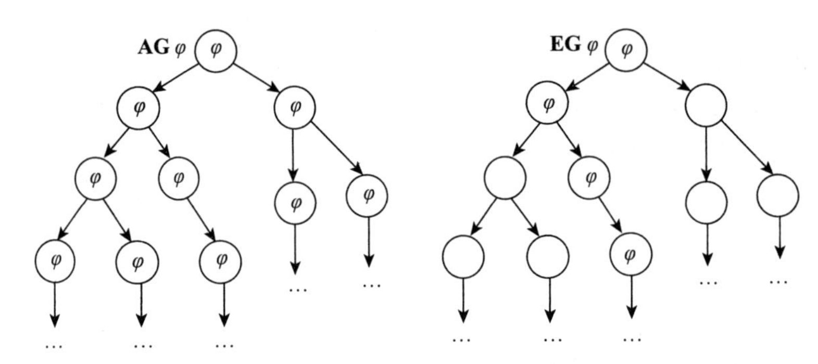

图 10-9　AG 和 EG 语义的说明

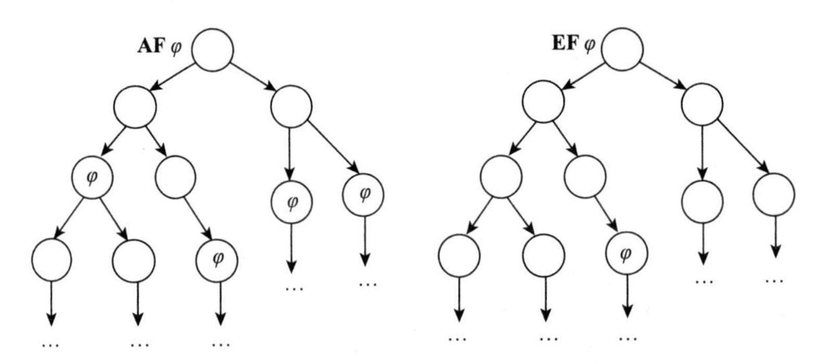

图 10-10　AF 和 EF 语义的说明

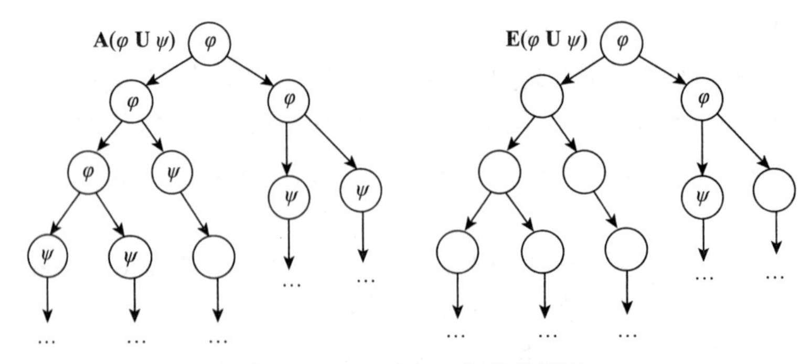

图 10-11　AU 和 EU 语义的说明

例 10-4　CTL 公式证明

本例中，利用初始状态 s_1 的几个 CTL 指标验证例 10-2 中所示的系统 M。

（1）$\varphi = \mathbf{EX}\ p$

因为 s_2 含有 p，$M, s_1 \vDash \mathbf{EX}\ p$ 成立。

（2）$\varphi = \mathbf{AF}\ q$

由于在所有的路径中，$\mathbf{F}\ q$ 均为真，因此 $M, s_1 \vDash \mathbf{EX}\ q$ 成立。

（3）$\varphi = \mathbf{EG}(\neg p \wedge q)$

由于在任意一个单路径中 $\mathbf{G}(\neg p \wedge q)$ 均不成立，因此 $M, s_1 \vDash \mathbf{EG}(\neg p \wedge q)$ 不成立。

（4）$\varphi = \mathbf{A}(q\ \mathbf{U}\ r)$

现在检查是否沿着每个路径均有 $q\ \mathbf{U}\ r$，答案为是。因此，$M, s_1 \vDash \mathbf{A}(q\ \mathbf{U}\ r)$ 成立。

（5）$\varphi = \mathbf{AF}\ p \rightarrow \mathbf{AF}\ q$

通常，为了验证公式 $\mathbf{AF}\psi \rightarrow \mathbf{AF}\psi'$ 是否满足，首先应检查 $\mathbf{AF}\psi$ 是否满足。如果 $\mathbf{AF}\psi$ 并不满足，那么 $\mathbf{AF}\psi \rightarrow \mathbf{AF}\psi'$ 是可以满足的（回顾推理运算符的真值表）。如果 $\mathbf{AF}\psi$ 满足，那么需要进一步检查 $\mathbf{AF}\psi'$ 是否满足。如果 $\mathbf{AF}\psi'$ 是满足的，那么 $\mathbf{AF}\psi \rightarrow \mathbf{AF}\psi'$ 也满足。否则，$\mathbf{AF}\psi \rightarrow \mathbf{AF}\psi'$ 并不满足。因为如图 10-5 所示的系统并不满足 $\mathbf{AF}\ p$，因此 $M, s_1 \vDash \mathbf{AF}\ p \rightarrow \mathbf{AF}\ q$ 成立。

（6）$\varphi = \mathbf{AG}\ \mathbf{AF}\ q$

通常，为验证公式 $\mathbf{AG}\ \mathbf{AF}\ \psi$ 是否被系统满足，首先检查 $\mathbf{AF}\ \psi$ 是否满足。如果 $\mathbf{AF}\ \psi$ 不满足，则 $\mathbf{AG}\ \mathbf{AF}\ \psi$ 也不满足。如果 $\mathbf{AF}\ \psi$ 是满足的，那么需要检查任意一个路径的任意一个状态是否均满足 $\mathbf{AF}\ \psi$。如果是，那么 $\mathbf{AG}\ \mathbf{AF}\ \psi$ 也满足。本例中，$\mathbf{AF}\ q$ 满足，因为在每条路径中，$\mathbf{F}\ q$ 都是满足的。此外，由于对于每条路径的任意状态，$\mathbf{AF}\ q$ 都满足，因此 $M, s_1 \vDash \mathbf{AG}\ \mathbf{AF}\ q$ 成立。

（7）$\varphi = \mathbf{AX}\ \mathbf{EX}\ q$

通常，为了验证公式 $\mathbf{AX}\ \mathbf{EX}\ \psi$ 是否被系统满足，首先考虑所有满足 $(s, s') \in R$ 的状态 s'，对于任意一个状态 s'，检查 $\mathbf{EX}\ \psi$ 是否满足。如果对于所有的 s'，$\mathbf{EX}\ \psi$ 均满足，则 $\mathbf{AX}\ \mathbf{EX}\ \psi$ 成立。本例中，s_2 和 s_3 为状态 s_1 的下两个状态，$\mathbf{EX}\ q$ 被 s_2 满足，但并不被 s_3 满足，因此 $M, s_1 \vDash \mathbf{AX}\ \mathbf{EX}\ q$ 并不成立。

（8）$\varphi = \mathbf{EX}\ \mathbf{AX}\ q$

为了验证公式 $\mathbf{EX}\ \mathbf{EX}\ \psi$ 是否被系统满足，首先考虑所有满足 $(s, s') \in R$ 的状态 s'，对于任意一个状态 s'，检查 $\mathbf{AX}\ \psi$ 是否满足。只要任意一个 s' 满足 $\mathbf{AX}\ \psi$，$\mathbf{EX}\ \mathbf{EX}\ \psi$ 成立。本例中，s_2 和 s_3 为状态 s_1 的下两个状态，两者都不能使 $\mathbf{AX}\ q$ 满足，因此 $M, s_1 \vDash \mathbf{EX}\ \mathbf{AX}\ q$ 不成立。

3. CTL 公式的等价性

如果对于所有的模型 M 和 M 中所有的状态 s 有

$$M, s \vDash \varphi \text{ iff } M, s \vDash \psi$$

则称两个 CTL 公式 φ 和 ψ 是语义等价的（semantically equivalent），记为 $\varphi \equiv \psi$。

换句话说，如果这两个公式都满足或都不满足任何 Kripke 结构的任何状态，则这两个 CTL 公式是等价的。以下是一些等价的公式：

$$\mathbf{AX}(\varphi \wedge \psi) \equiv \mathbf{AX}\,\varphi \wedge \mathbf{AX}\,\psi$$
$$\mathbf{EX}(\varphi \vee \psi) \equiv \mathbf{EX}\,\varphi \vee \mathbf{EX}\,\psi$$
$$\mathbf{AG}(\varphi \wedge \psi) \equiv \mathbf{AG}\,\varphi \wedge \mathbf{AG}\,\psi$$
$$\mathbf{EF}(\varphi \vee \psi) \equiv \mathbf{EF}\,\varphi \vee \mathbf{EF}\,\psi$$
$$\neg\mathbf{AX}\,\varphi \equiv \mathbf{EX}\,\neg\varphi$$
$$\neg\mathbf{AF}\,\varphi \equiv \mathbf{EG}\,\neg\varphi$$
$$\neg\mathbf{EF}\,\varphi \equiv \mathbf{AG}\,\neg\varphi$$
$$\mathbf{AF}\,\mathbf{AF}\varphi \equiv \mathbf{AF}\,\varphi$$
$$\mathbf{EF}\,\mathbf{EF}\,\varphi \equiv \mathbf{EF}\,\varphi$$
$$\mathbf{AG}\,\mathbf{AG}\,\varphi \equiv \mathbf{AG}\,\varphi$$
$$\mathbf{EG}\,\mathbf{EG}\,\varphi \equiv \mathbf{EG}\,\varphi$$

10.2.3 LTL与CTL的比较

LTL和CTL是两种最为常用的时序逻辑公式。LTL将时间视为一条向未来衍生的线性路径，而CTL将时间视为一种分支结构。通常，LTL公式更直观更易于理解。由于使用了路径量化器和时序运算符的组合，CTL公式没有那么直观，因此在系统属性指标的分析中更容易出错。

在表达能力上，它们有重叠的地方。CTL允许对路径进行明确的量化，这使得它在这方面比LTL更具表现力。实际上，任何需要运算符**E**的CTL公式都不能用LTL表示。

在另一个方面，有些LTL公式也不能用CTL表示。例如，公式$\mathbf{F}\,\varphi \to \mathbf{F}\,\psi$就是一个例子。它表示“对于都有一个状态沿着其路径满足φ的所有路径，它们都有一个状态沿着该路径满足ψ。”这个公式看起来等价于一个CTL公式$\mathbf{AF}\,\varphi \to \mathbf{AF}\,\psi$。但实际并非如此，因为这个CTL公式表示“如果所有的路径都有一个状态沿着路径满足φ，那么所有的路径都有一个状态沿着路径满足ψ”。令$\varphi = p \wedge r$及$\psi = p \wedge q$，则如图10-5所示的模型并不满足LTL公式$\mathbf{F}\,\varphi \to \mathbf{F}\,\psi$，因为在从初始状态出发的左侧子节点中，$\varphi$是满足的，但沿着从左侧子节点出发的所有路径，$\mathbf{F}\,\psi$并不满足。然而，这个模型满足CTL公式$\mathbf{AF}\,\varphi \to \mathbf{AF}\,\psi$，因为$\mathbf{AF}\,\varphi$并不满足。

有一个称为CTL*的时序逻辑将LTL和CTL的表达组合起来。但这不在本书讨论范围之内。

10.3 模型检查工具NuSMV

现已经开发了很多种支持系统属性验证模型检查工具，如SPIN、NuSMV、FDR2、CADP和ProB等。这些模型检查工具在特性指标语言和建模语言方面有所不同。本书中，仅介绍模型检查器NuSMV。

NuSMV是一种新符号模型检查器（New Symbolic Model Verifier）的缩写，是一个由ITC-IRSR、Trento、Italy、Carnegie Mello大学、Genoa大学和Trento大学联合开发的开源产品。NuSMV支持以CTL和LTL公式描述的指标分析。NuSMV是SMV的重

新实现和扩展，是第一个基于二元决策图（BDD）的模型检查器。

10.3.1 描述语言

SMV 程序被分解为可以组合和重用的模块。模块描述变量的初始值以及它们在每一步中的变化。变量可以是布尔类型、枚举类型、有界整型，或者有限数组。例如，以下代码段定义了：一个布尔变量 cond；一个枚举变量 status，其值可以是 {ready, busy, waiting, stopped}；一个整型变量 num，其取值范围为 1 到 10；一个索引为 0 到 10 的布尔型数组 arr。

```
VAR
   cond : Boolean;
   status : {ready, busy, waiting, stopped};
   num : 1..10;
   arr : array 0..10 of Boolean;
```

1. 单模块 SMV 程序

图 10-12 给出了一个单模块程序，从中可以看到一个模块包括：变量声明区域，该区域起始于关键字 VAR；一个任务区域，该区域起始于关键字 ASSIGN。在这个例子中，变量有一个布尔变量 request 及一个枚举变量 state。状态变量决定了模型的状态空间。

```
MODULE main
   VAR
      request : boolean;
      state : {ready, busy};
   ASSIGN
      init(state) := ready;
      next(state) :=
         case
            state = ready & request     : busy;
            TRUE                        : {ready, busy};
         esac;
```

图 10-12 单模块 SMV 程序

任务区域的第一部分分配了每个变量的初始值。关键字 init 用于描述变量的初始值。语法是：

```
init(<variable>) := <simple_expression>;
```

其中 <simple_expression> 必须求 <variable> 域中的值。如果没有对一个变量的初始值赋值，那么该变量必须在这个域中取得任意一个值作为其初始值。在这个例子中，变量 state 被初始化为 ready。变量 request 并没有初始化，因此它的初始值可能是 TRUE，也可能是 FALSE。因此，这个模型有两个初始状态：

```
Initial state 1: request = TRUE, state = ready;
Initial state 2: request = FALSE, state = ready.
```

任务区域的第二部分关键字为 next，其功能为分配值，描述了一步中给变量赋予的值是如何变化的。next 语句的语法是：

```
next(<variable>) := <next_expression>;
```

其中，<next_expression>必须估算<variable>域中的值。<next_expression>依赖于“当前”和“下一个”变量。例如，

```
next(x) := x xor TRUE;
next(y) := y & next(x);
```

如果下一个值没有确定，下一步该变量将取该域中的任意一个值。在这个例子中，state的变化由一个case语句指定，但request并不是。case语句在某case条件为真时，指定与该条件关联的变量的值；TRUE是所有情况的默认值。通常，case语句这样写：

```
case
     c1 : e1;
     c2 : e2;
     ...
     TRUE :en;
esac;
```

考虑从第一个初始状态出发的所有可能转移。基于case语句的第一个条件，state的下一个值应该是busy。request的下一个值并未指定，这样它可能是TRUE或FALSE。因此，这个系统可以从初始状态（request=TRUE,state=ready）转移到（request=TRUE，state=busy）或（request=FALSE，state=busy）。

现在考虑第二个初始状态。state并没有满足case语句的第一个条件，因此它的下一个值可能是ready或busy，按照定义，由默认状态确定具体的值。request的下一个值可能是TRUE或FALSE。因此，系统可以从初始状态（request=TRUE,state=ready）变换到一个由request和state的任意组合而成的状态。图10-13给出了这个程序状态变换模型。

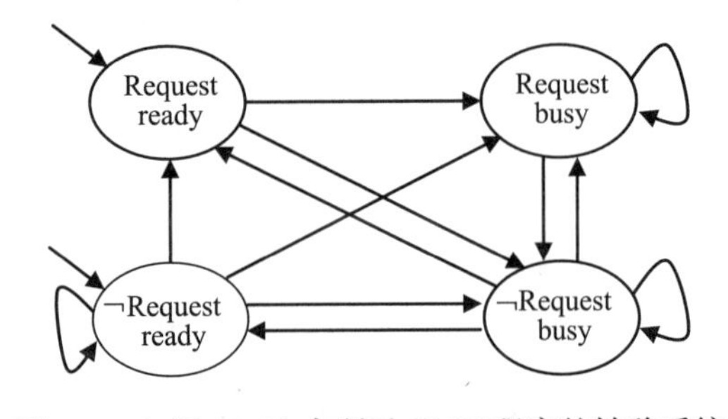

图10-13　图10-12中所示SMV程序的转移系统

在SMV表述中有四组运算符：

- 算术运算符：+，-，*，/，mod
- 比较运算符：=，！ =，>，<，<=，>=
- 逻辑运算符：&（和），|（或），xor（异或），！（非），→（推理）
- 设置运算符：in（集包含），union（集合并）

2. 多模块SMV程序

SMV程序可以包含多个模块。SMV规定，程序必须有一个main模块，这是最顶层的模块。所有其他模块都在main或其他父模块中实例化。实例化在父模块的VAR声明内执行。模块实例中声明的所有变量在通过点表示法实例化的模块中可见。

图10-14给出了有两个模块的程序：main和counter_cell。这是一个三位二进制计数电路的模型。该程序的入口模块是main。main模块仅仅初始化了counter_cell模块的三个实例，命名为bit0、bit1和bit2。counter_cell有一个参数

carry_in。例如，bit1 的 carry_in 为 bit0.carry_out。注意 a.b 表达式表示模块 a 的元素 b，如同模块 a 是一个标准编程语言中的数据结构一样。因为模块 bit1 的 carry_in 是模块 bit0 的 carry_out。DEFINE 的用法类似于 C 语言中的 “macros”；已定义的变量并不是真正的变量，它们并没有增加状态空间。运算符 xor 表示 “异或”，这是一个布尔运算符，只有在两个变量都为 1 的时候等于 0，其他情况下都为 1。

```
MODULE counter_cell(carry_in)
   VAR
      value : boolean;
   ASSIGN
      init(value) := FALSE;
      next(value) := value xor carry_in;
   DEFINE carry_out := value & carry_in;

MODULE main
   VAR
      bit0 : counter_cell(TRUE);
      bit1 : counter_cell(bit0.carry_out);
      bit2 : counter_cell(bit1.carry_out);
```

图 10-14　三位计数器的 SMV 程序

该模型的初始化状态为：

```
(bit0.value = FALSE, bit0.value = FALSE,
   bit0.value = FALSE)
```

或者简单地描述为 000。它转移至 001，010，…直到 111，然后重复。表 10-2 给出了最开始两个转移的细节。每次转移的结果都记录在 next (value)。

表 10-2　图 10-14 中程序的最初两个状态变换

	Transition1			Transition2		
	bit0	bit1	bit2	bit0	bit1	bit2
carry_in	T	F	F	T	T	F
value	F	F	F	T	F	F
next(vale)	T	F	F	F	T	F
carry_out	F	F	F	T	F	F

3. 异步系统

上述两个程序都是同步系统，其中分配语句在任意模块或模块实例的任意 “时钟节拍” 都被并行或同步地考虑。NuSMV 允许对异步系统建模。可以按照异步并发模型定义具有交错操作的同步进程集合。

图 10-15 给出了一个 SMV 程序，该程序描述了三个异步反转门组成的环。这里，关键字 process 指明了一个异步模块的实例。每当全局时钟节拍到来，三个 inverter 实例中随机执行一个，其他实例的变量值保持不变。因为系统并没有强制执行那个指定的进程，一个给定的门电路的输出可能永远保持常数，无论输入怎么变化。这样，语句

```
FAIRNESS
   running
```

将会被添加到 inverter 模块的结尾，强制每个 inverter 实例无穷多次执行。

```
MODULE inverter(input)
   VAR
      output : boolean;
   ASSIGN
      init(output) := FALSE;
      next(output) := !input;

MODULE main
VAR
      gate1 : process inverter(gate3.output);
      gate2 : process inverter(gate1.output);
      gate3 : process inverter(gate2.output);
   FAIRNESS
      running
```

图 10-15　反转环的 SMV 程序

10.3.2　格式

格式（specification）可以添加到 SMV 程序的任意一个模块。每个特性可以分别证明。NuSMV 支持 LTL 和 CTL 的格式。LTL 中的特性用关键字 LTLSPEC 指明：

```
LTLSPEC <ltl_expr>
```

其中 <ltl_expr> 为 NuSMV 的 LTL 公式代码：

```
ltl_expr ::
   simple_expr ;; a simple boolean expression
   | "(" ltl_expr ")"
   | "!" ltl_expr ;; logical not
   | ltl_expr "&" ltl_expr ;; logical and
   | ltl_expr "|" ltl_expr ;; logical or
   | ltl_expr "xor" ltl_expr ;; logical exclusive or
   | ltl_expr "->" ltl_expr ;; logical implies
   | ltl_expr "<->" ltl_expr ;; logical equivalence ;;
   | "X" ltl_expr ;; next state
   | "G" ltl_expr ;; globally
   | "F" ltl_expr ;; finally
   | ltl_expr "U" ltl_expr ;; until
   | ltl_expr "V" ltl_expr ;; releases
```

例如，我们可以添加语句

```
LTLSPEC F (bit0.value & bit1.value & bit2.value)
```

到图 10-14 中列出的程序尾部。这个格式检查计数器输出 111 这个特性是否成立。对于同样的程序，还可以添加语句

```
LTLSPEC G F bit2.value
```

该语句将检查第三个位是否无穷多次为真。

CTL 中特性用关键字 SPEC 指明：

```
SPEC <ctl_expr>
```

其中 <ctl_expr> 为 NuSMV 中 CTL 公式代码：

```
ctl_expr ::
   simple_expr ;; a simple boolean expression
   | "(" ctl_expr ")"
   | "!" ctl_expr ;; logical not
   | ctl_expr "&" ctl_expr ;; logical and
   | ctl_expr "|" ctl_expr ;; logical or
   | ctl_expr "xor" ctl_expr ;; logical exclusive or
   | ctl_expr "->" ctl_expr ;; logical implies
   | ctl_expr "<->" ctl_expr ;; logical equivalence
   | "EG" ctl_expr ;; exists globally
   | "EX" ctl_expr ;; exists next state
   | "EF" ctl_expr ;; exists finally
   | "AG" ctl_expr ;; forall globally
   | "AX" ctl_expr ;; forall next state
   | "AF" ctl_expr ;; forall finally
   | "E" "[" ctl_expr "U" ctl_expr "]" ;; exists until
   | "A" "[" ctl_expr "U" ctl_expr "]" ;; forall until
```

例如，可以添加语句

```
SPEC EX gate3.output
SPEC EX gate1.output -> EX gate2.output
SPEC EF ((!gate1.output) & (!gate2.output) &
   gate3.output)
```

到图 10-15 所列出的程序尾部。

除了 LTL 或 CTL 公式中指明的特性外，NuSMV 可证明不变性（invariant property）。不变性是一个命题特性，表明该命题一直成立，其关键字为 INVARSPEC：

```
INVARSPEC <simple_expression>
```

例如，在图 10-12 所示的程序中，可以添加如下格式语句：

```
INVARSPEC state in {ready, busy}
```

用于检查变量 state 是否一直有一个合法的值。

10.3.3　运行 NuSMV

NuSMV 可以工作在交互模式或批处理模式。为检查模型是否满足指标要求，首先将指标和系统描述编写成 .smv 结尾的文件，然后输入命令：

```
NuSMV <file_name>.smv
```

NuSMV 将自动检查每条语句，并给出是否满足规范的信息，或者（在可能的情况下）给出违反规范的信息。例如，我们将之前介绍过的具有两个 LTL 公式的计数器程序保存为 counter.smv 文件，然后运行命令：

```
NuSMV counter.smv
```

我们将得到如下结果：

```
*** This version of NuSMV is linked to the MiniSat
    SAT solver.
*** See http://minisat.se/MiniSat.html
*** Copyright (c) 2003-2006, Niklas Een,
```

```
    Niklas Sorensson
*** Copyright (c) 2007-2010, Niklas Sorensson
-- specification  F ((bit0.carry_out & bit1.carry_out)
    & bit2.carry_out)  is true
-- specification  G ( F bit2.value)  is true
```

如果我们将第二条规范修改为

```
LTLSPEC G X bit2.value
```

然后再运行上述命令，将得到

```
*** This version of NuSMV is linked to the MiniSat
    SAT solver.
*** See http://minisat.se/MiniSat.html
*** Copyright (c) 2003-2006, Niklas Een,
    Niklas Sorensson
*** Copyright (c) 2007-2010, Niklas Sorensson
-- specification  F ((bit0.value&bit1.value)
   &bit2.value)  is true
-- specification  G ( X bit2.carry_out)  is false
-- as demonstrated by the following execution sequence
Trace Description: LTL Counterexample
Trace Type: Counterexample
  -- Loop starts here
  -> State: 1.1 <-
    bit0.value = FALSE
    bit1.value = FALSE
    bit2.value = FALSE
    bit0.carry_out = FALSE
    bit1.carry_out = FALSE
    bit2.carry_out = FALSE
  -> State: 1.2 <-
    bit0.value = TRUE
    bit0.carry_out = TRUE
  -> State: 1.3 <-
    bit0.value = FALSE
    bit1.value = TRUE
    bit0.carry_out = FALSE
  -> State: 1.4 <-
    bit0.value = TRUE
    bit0.carry_out = TRUE
    bit1.carry_out = TRUE
  -> State: 1.5 <-
    bit0.value = FALSE
    bit1.value = FALSE
    bit2.value = TRUE
    bit0.carry_out = FALSE
    bit1.carry_out = FALSE
  -> State: 1.6 <-
    bit0.value = TRUE
    bit0.carry_out = TRUE
  -> State: 1.7 <-
    bit0.value = FALSE
    bit1.value = TRUE
    bit0.carry_out = FALSE
  -> State: 1.8 <-
    bit0.value = TRUE
    bit0.carry_out = TRUE
    bit1.carry_out = TRUE
    bit2.carry_out = TRUE
  -> State: 1.9 <-
    bit0.value = FALSE
```

```
      bit1.value = FALSE
      bit2.value = FALSE
      bit0.carry_out = FALSE
      bit1.carry_out = FALSE
      bit2.carry_out = FALSE
NuSMV >
```

上述结果表明第二个规范不成立，并给出了一个违反规范的计数器运行实例。该计数器实例按步骤列出了所有的状态，直到出现重复状态为止。

NuSMV 支持仿真，允许用户探索 SMV 模型（从当前开始）可能的执行过程。仿真以交互方式启动，可以在出现系统提示符后输入如下命令：

```
system_prompt> NuSMV -int <file>.smv
NuSMV> go
NuSMV>
```

下一步工作是从初始状态中选择一个状态，以开始一个新的轨迹。若想随机选择一个状态，可以输入如下命令：

```
NuSMV> pick_state -r
```

使用 simulate 命令可选择仿真中的子序列状态。例如，可以输入如下命令：

```
NuSMV> simulate -r -k 5
```

以随机地按照某个轨迹仿真 5 步。为显示该轨迹中的状态，可以使用命令：

```
NuSMV> show_trace -t
NuSMV> show_trace -v
```

以下是 NuSMV 仿真的屏幕截图：

```
C:\...\NuSMV-2.6.0-win64\bin>nusmv -int counter.smv
...
NuSMV > go
NuSMV > pick_state -r
NuSMV > simulate -r -k 3
********  Simulation Starting From State 2.1   ********
NuSMV > show_traces -t
There are 2 traces currently available.
NuSMV > show_traces -v
    <!-- ################# Trace number: 2
         ################# -->
Trace Description: Simulation Trace
Trace Type: Simulation
  -> State: 2.1 <-
    bit0.value = FALSE
    bit1.value = FALSE
    bit2.value = FALSE
    bit0.carry_out = FALSE
    bit1.carry_out = FALSE
    bit2.carry_out = FALSE
  -> State: 2.2 <-
    bit0.value = TRUE
    bit1.value = FALSE
    bit2.value = FALSE
    bit0.carry_out = TRUE
    bit1.carry_out = FALSE
    bit2.carry_out = FALSE
```

```
  -> State: 2.3 <-
    bit0.value = FALSE
    bit1.value = TRUE
    bit2.value = FALSE
    bit0.carry_out = FALSE
    bit1.carry_out = FALSE
    bit2.carry_out = FALSE
  -> State: 2.4 <-
    bit0.value = TRUE
    bit1.value = TRUE
    bit2.value = FALSE
    bit0.carry_out = TRUE
    bit1.carry_out = TRUE
    bit2.carry_out = FALSE
    bit2.carry_out = FALSE
NuSMV >
```

如需进一步了解 NuSMV 工具的使用，请阅读最新版的 NuSMV 指导手册，该手册可以从 NuSMV 官网上下载。

10.4　实时计算树逻辑

RTCTL 是 CTL 的实时扩展包，其中运算符 **G**、**F** 和 **U** 是有界的。RTCTL 不仅可以定性的分析时间特性，还可以进行定量的分析。

记 $\boldsymbol{\Sigma}$ 为原子命题公式的集合，且 $p\in\boldsymbol{\Sigma}$。此外，令 k 为一个自然数。RTCTL 公式可以 Backus-Naur 形式归纳定义为

$$\begin{aligned}\varphi ::= & \top|\bot|\, p\,|\,(\neg\varphi)\,|\,(\varphi\wedge\psi)\,|\,(\varphi\vee\psi)\,|\,(\varphi\to\psi)\\ & |\,(\mathbf{AX}\varphi)\,|\,(\mathbf{EX}\varphi)\,|\,(\mathbf{AG}\varphi)\,|\,(\mathbf{EG}\varphi)\,|\,(\mathbf{AF}\varphi)\,|\,(\mathbf{EF}\varphi)\,|\,\mathbf{A}(\varphi\mathbf{U}\psi)\,|\,\mathbf{E}(\varphi\mathbf{U}\psi)\\ & |\,(\mathbf{AG}^{\leqslant k}\varphi)\,|\,(\mathbf{EG}^{\leqslant k}\varphi)\,|\,(\mathbf{AF}^{\leqslant k}\varphi)\,|\,(\mathbf{EF}^{\leqslant k}\varphi)\,|\,\mathbf{A}(\varphi\mathbf{U}^{\leqslant k}\psi)\,|\,\mathbf{E}(\varphi\mathbf{U}^{\leqslant k}\psi)\,|\end{aligned} \tag{10-3}$$

令 $M=(S,I,R,L)$ 为一个转移系统，$s\in S$，φ 和 ψ 均为 RTCTL 公式。路径 π 记为

$$\pi = s_1 \to s_2 \to \cdots$$

在 CTL 定义中所有运算符的满足关系 $M,\ s\vDash\varphi$ 在 RTCTL 中同样成立。对于新加入的运算符，相关定义如下：

- $M,s_1\vDash\mathbf{AG}^{\leqslant k}\varphi$ 当且仅当对于任意状态 s_i, $i\leqslant k+1$，沿着任意一个路径 π 均有 $M,s_i\vDash\varphi$。
- $M,s_1\vDash\mathbf{EG}^{\leqslant k}\varphi$ 当且仅当存在一个路径 π 使得对于任意状态 s_i，$i\leqslant k+1$，沿着该路径均有 $M,s_i\vDash\varphi$。
- $M,s_1\vDash\mathbf{AF}^{\leqslant k}\varphi$ 当且仅当沿着任意一个路径 π，存在一个状态 s_i，$i\leqslant k+1$ 均使得 $M,s_i\vDash\varphi$。
- $M,s_1\vDash\mathbf{EF}^{\leqslant k}\varphi$ 当且仅当存在一个路径 π 以及一个状态 s_i，$i\leqslant k+1$，沿着该路径有 $M,s_i\vDash\varphi$。
- $M,s_1\vDash\mathbf{A}(\varphi\,\mathbf{U}^{\leqslant k}\psi)$ 当且仅当对于任意一个路径 π，存在一个状态 s_i，$0\leqslant i\leqslant k$，使得 $M,s_i\vDash\psi$ 且对于任意 j, $0\leqslant j<i$，均有 $M,s_j\vDash\varphi$。
- $M,s_1\vDash\mathbf{E}(\varphi\,\mathbf{U}^{\leqslant k}\psi)$ 当且仅当对于一些路径 π，存在一个 i，$0\leqslant i\leqslant k$ 使得 $M,\ s_i\vDash\psi$

且对于任意 j，$0 \leqslant j < i$，均有 $M, s_j \vDash \varphi$。

RTCTL 对于分析实时系统的特性十分有效。例如，可以利用下式分析两个事件 A 和 B 之间的最大时间间隔：

$$\mathbf{AG}(\mathbf{A} \rightarrow \mathbf{AF}^{\leqslant k}\ \mathrm{B})$$

如果 $k=3$，上述 RTCTL 公式等价于如下 CTL 公式：

$$\mathbf{AG}(\mathbf{A} \rightarrow (\mathrm{B} \vee \mathbf{AX}(\mathrm{B} \vee \mathbf{AX}(\mathrm{B} \vee \mathbf{AX}\ \mathrm{B}))))$$

当然，如果 k 比较大，这样一个转换可能导致 CTL 公式数量指数增长。这两个事件之间准确的时间间隔可以描述为

$$\mathbf{AG}(\mathbf{A} \rightarrow (\mathbf{AG}^{\leqslant k-1} \neg \mathrm{B} \wedge \mathbf{AF}^{\leqslant k}\ \mathrm{B}))$$

两个连续出现的事件的最小时间间隔可以描述为

$$\mathbf{AG}(\mathbf{E} \rightarrow (\mathbf{AG}^{\leqslant k} \neg \mathrm{E})$$

为描述一个任务的周期，可以使用如下公式：

$$\mathbf{AG}(\mathrm{E} \rightarrow (\mathbf{AG}^{\leqslant k-1} \neg \mathrm{E} \wedge \mathbf{AF}^{\leqslant k}\ \mathrm{E}))$$

NuSMV 支持 RTCTL 规范。RTCTL 使用以下有界模态扩展 CTL 路径表达式的语法：

```
rtctl_expr :: ctl_expr
      | EBF range rtctl_expr
      | ABF range rtctl_expr
      | EBG range rtctl_expr
      | ABG range rtctl_expr
      | A [ rtctl_expr BU range rtctl_expr ]
      | E [ rtctl_expr BU range rtctl_expr ]
range :: integer_number .. integer_number
```

如想进一步了解 NuSMV 的 RTCTL 表达和 RTCTL 规范，请自行阅读 NuSMV 最新版本的用户手册。

例 10-5 摆渡人问题

在第 9 章的习题中，我们提到一个摆渡人问题。这个问题可以利用 NuSMV 模型检查器解决。

为了利用 NuSMV 程序建模该系统，首先忽略渡船，因为它始终和摆渡人在一起。而四个对象，摆渡人、狼、羊和卷心菜，可以描述为四个布尔型变量，因为它们都有两个值：false（在最初的岸边）和 true（到达对岸）。我们在程序中建模所有可能的行为，且探索是否存在一条轨迹使得摆渡人能将三个乘客都安全的运输到对岸。该程序在图 10-16 中给出。在此程序中，使用变量 carry 表示摆渡人携带哪个乘客横穿河流。如果摆渡人独自渡河，carry 的值为 0。

在程序的 ASSIGN 段内，语句

```
next(ferryman) := !ferryman;
```

表示摆渡人在每个步骤中必须横穿河流。next(carry) 语句表示如果摆渡人没有带任何东

西，他可以带上在与他同岸的任意一个乘客（该语句的结尾为 union 0）。next(goat) 语句表示如果羊和摆渡人在同一个岸上，且摆渡人携带羊渡河，则在下一个状态，羊会出现在另一个岸上。否则，羊还会在原来的岸上。next(cabbage) 和 next(wolf) 语句表示的意思和 next(goat) 类似。

```
MODULE main
   VAR
      ferryman : boolean;
      goat     : boolean;
      cabbage  : boolean;
      wolf     : boolean;
      carry    : {g, c, w, 0};
   ASSIGN
      init(ferryman)  := FALSE;
      init(goat)      := FALSE;
      init(cabbage)   := FALSE;
      init(wolf)      := FALSE;
      init(carry)     := 0;

      next(ferryman)  := !ferryman;

      next(carry) :=
         case
             (ferryman = goat)  : g;
             TRUE               : 0;
         esac union
         case
             (ferryman = cabbage): c;
             TRUE                : 0;
         esac union
         case
             (ferryman = wolf)   : w;
             TRUE                : 0;
         esac union 0;

      next(goat) :=
         case
             (ferryman = goat) & (next(carry) = g)
                                  : next(ferryman);
             TRUE                 : goat;
         esac;

      next(cabbage) :=
         case
             (ferryman = cabbage) & (next(carry) = c)
                                  : next(ferryman);
             TRUE                 : cabbage;
         esac;
      next(wolf) :=
         case
             (ferryman = wolf) & (next(carry) = w)
                                  : next(ferryman);
             TRUE                      : wolf;
         esac;

LTLSPEC
((goat=cabbage |goat = wolf) -> goat = ferryman)
        U (cabbage & goat & wolf & ferryman)
```

图 10-16　摆渡人问题的 SMV 程序

LTL 规范中，对于所有执行的路径，如果羊和卷心菜在同一个岸上，或者羊和狼在同一个岸上，则羊必须和摆渡人在一起，直到摆渡人和所有的乘客都到达对岸。程序的输出如下：

```
C:\...\NuSMV-2.6.0-win64\bin>nusmv ferryman.smv
...
-- specification (((goat = cabbage | goat = wolf) ->
   goat = ferryman) U (((cabbage & goat) & wolf) &
   ferryman))  is false
-- as demonstrated by the following execution sequence
Trace Description: LTL Counterexample
Trace Type: Counterexample
  -- Loop starts here
  -> State: 1.1 <-
    ferryman = FALSE
    goat = FALSE
    cabbage = FALSE
    wolf = FALSE
    carry = 0
  -> State: 1.2 <-
    ferryman = TRUE
  -> State: 1.3 <-
    ferryman = FALSE
```

结果显示该属性为 false，这是正确的，因为有许多违反此属性的“执行路径”。程序给出了一个示例，其中摆渡人首先独自渡河（状态 1.2），然后返回（状态 1.3），且他一直保持这种状态渡河。

由于我们的目的是寻找一个使得 LTL 规范为 true 的执行路径，因此可以证明一个与其相反的规范：

```
LTLSPEC
!(((goat=cabbage |goat = wolf) -> goat = ferryman)
       U (cabbage & goat & wolf & ferryman))
```

如果摆渡人问题有一个解决方案，则这个规范对于所有执行路径而言都不成立。这种情况下，反例的轨迹将在运行本例后被输出，且这就是我们想要的解决方案。使用新规范的程序运行结果如下所示，其中状态 1.1 到 1.8 是解决方案的轨迹，而状态 1.9 到 1.15 是摆渡人安全将所有乘客从目标河岸运回最初河岸的轨迹。

```
C:\...\NuSMV-2.6.0-win64\bin>nusmv ferryman.smv
...
-- specification !(((goat = cabbage | goat = wolf) ->
   goat = ferryman) U (((cabbage & goat) & wolf) &
   ferryman))  is false
-- as demonstrated by the following execution sequence
Trace Description: LTL Counterexample
Trace Type: Counterexample
  -- Loop starts here
  -> State: 1.1 <-
    ferryman = FALSE
    goat = FALSE
    cabbage = FALSE
    wolf = FALSE
    carry = 0
  -> State: 1.2 <-
    ferryman = TRUE
    goat = TRUE
```

```
  carry = g
-> State: 1.3 <-
  ferryman = FALSE
  carry = 0
-> State: 1.4 <-
  ferryman = TRUE
  wolf = TRUE
  carry = w
-> State: 1.5 <-
  ferryman = FALSE
  goat = FALSE
  carry = g
-> State: 1.6 <-
  ferryman = TRUE
  cabbage = TRUE
  carry = c
-> State: 1.7 <-
  ferryman = FALSE
  carry = 0
-> State: 1.8 <-
  ferryman = TRUE
  goat = TRUE
  carry = g
-> State: 1.9 <-
  ferryman = FALSE
  wolf = FALSE
  carry = w
-> State: 1.10 <-
  ferryman = TRUE
  carry = 0
-> State: 1.11 <-
  ferryman = FALSE
  cabbage = FALSE
  carry = c
-> State: 1.12 <-
  ferryman = TRUE
  carry = 0
-> State: 1.13 <-
  ferryman = FALSE
  goat = FALSE
  carry = g
-> State: 1.14 <-
  ferryman = TRUE
  carry = 0
-> State: 1.15 <-
  ferryman = FALSE
```

习题

1. 什么是模型检查？我们为什么需要模型检查？
2. 在对时间的建模方面，LTL 和 CTL 不同在何处？
3. 是否任意一个 LTL 公式都可由等价的 CTL 描述？类似的，是否任意一个 CTL 公式都可以由等价的 LTL 描述？
4. CTL 和 RTCTL 之间的区别是什么？
5. 画出如下 LTL 公式的解析树：

   (a) $\neg p \wedge \mathbf{X}p \to \mathbf{F}q$

   (b) $(p \vee \neg q) \vee \mathbf{X}r \to \mathbf{GF}q$

   (c) $(p\ \mathbf{U}\ q) \vee (\mathbf{F}q \wedge \mathbf{G}r)$

   (d) $\mathbf{X}(p \vee q)\ \mathbf{U}\ (\mathbf{F}q \wedge \neg r)$

6. 画出如下 CTL 公式的解析树：

（a） $\mathbf{EG}((\neg p \wedge \mathbf{EX}p) \to \mathbf{AG}q)$

（b） $\mathbf{A}(\neg p\ \mathbf{U}\ q) \vee (\mathbf{AF}q \wedge \mathbf{EG}(p \vee r))$

（c） $\mathbf{E}(\neg p\ \mathbf{U}\ (\mathbf{AG}\ q)) \to \mathbf{AG}(q \to r)$

（d） $\mathbf{AG}\ \mathbf{AF}(\neg p\ \mathbf{U}\ (q \vee r))$

7. 针对如图 10-17 所示的状态转移系统 M。对于下列 LTL 公式 φ，验证 $M, s_1 \vDash \varphi$ 是否成立。

（a） $p \wedge q$

（b） $(p \vee q) \wedge \mathbf{X}q$

（c） $\mathbf{X}\ \mathbf{X}q$

（d） $\mathbf{X}\ \mathbf{X}(q \vee r)$

（e） $\mathbf{F}\ q$

（f） $\mathbf{F}(p \wedge q)$

（g） $\mathbf{F}(q \wedge r)$

（h） $\mathbf{G}(p \vee q)$

（i） $\mathbf{G}(p \wedge q)$

（j） $p\ \mathbf{U}\ q$

（k） $p\ \mathbf{U}\ r$

（l） $p\ \mathbf{U}(q \wedge r)$

（m） $\mathbf{G}(p\ \mathbf{U}\ (q \wedge r))$

（n） $p \to \neg q$

（o） $\mathbf{G}(p \to \neg q)$

（p） $\mathbf{GF}\ r$

（q） $\mathbf{G}(p \to \mathbf{X}\ r)$

（r） $\mathbf{F}(q \to \neg\ r)$

（s） $\mathbf{GF}(q \to r)$

（t） $\mathbf{F}(p \wedge q) \to \mathbf{F}(q \wedge r)$

（u） $\mathbf{GF}(p \wedge q) \to \mathbf{GF}\neg(q \vee r)$

（v） $\mathbf{G}(p \to \mathbf{X}\ r)$

（w） $\mathbf{F}(q \to \neg r)$

（x） $\mathbf{GF}(q \to r)$

8. 针对如图 10-17 所示的状态转移系统 M。对于下列 CTL 公式 φ，验证 $M, s_1 = \varphi$ 是否成立。

（a） $\mathbf{AF}(p \wedge q)$

（b） $\mathbf{AG}(p \vee r)$

（c） $\mathbf{AX}\ \mathbf{AX}q$

（d） $\mathbf{AX}\ \mathbf{EX}q$

（e） $\mathbf{AF}(q \wedge r)$

（f） $\mathbf{EF}(q \wedge r)$

（g） $\mathbf{AG}(p \wedge \neg(q \vee r))$

（h） $\mathbf{EG}(p \wedge \neg(q \vee r))$

（i） $\mathbf{E}(p\ \mathbf{U}\ (q \wedge r))$

（j） $\mathbf{A}(p\ \mathbf{U}(q \wedge r))$

（k） $\mathbf{A}(p\ \mathbf{U}\ \mathbf{AG}\ q)$

（l） $\mathbf{E}(p\ \mathbf{U}\ \mathbf{EG}\ q)$

（m） $\mathbf{EG}(p \to \neg q)$

（n） $\mathbf{EG}\ \mathbf{AF}\ r$

（o） $\mathbf{AG}\ \mathbf{EF}\ r$

（p） $\mathbf{EG}(p \to \mathbf{X}\ r)$

（q） $\mathbf{EF}(q \to \neg r)$

（r） $\mathbf{GF}(q \to r)$

9. 针对如图 10-18 所示的状态转移系统 M。

（1）写出模型的 SMV 程序。

（2）对于以下 LTL 公式或 CTL 公式，运行程序验证 $M, s_1 \vDash \varphi$ 是否成立。

（a） $(p \vee q) \wedge \mathbf{X}\ q$

（b） $\mathbf{F}(p \vee q)$

（c） $\mathbf{F}\ \mathbf{G}\ q$

（d） $\mathbf{G}\ \mathbf{F}\ q$

（e） $\mathbf{X}\ q \to (p \vee q)\mathbf{U}\ r$

（f） $\mathbf{AX}\ r$

（g） $\mathbf{EX}\ q$

（h） $\mathbf{EG}\ r$

（i） $\mathbf{EF}\ \mathbf{AG}\ r$

（j） $\mathbf{A}(p\ \mathbf{U}\ r)$

（k） $\mathbf{EX}\ q \to \mathbf{E}((p \vee q)\ \mathbf{U}\ r)$

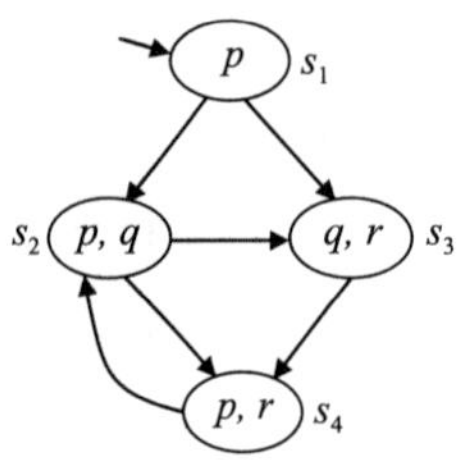

图 10-17　习题 7 和 8 中的状态转移模型

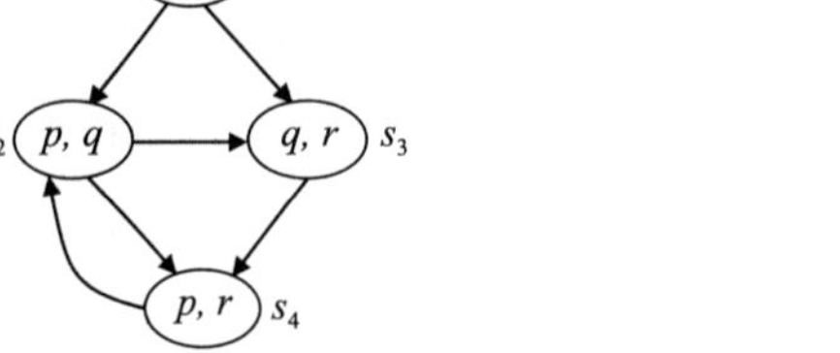

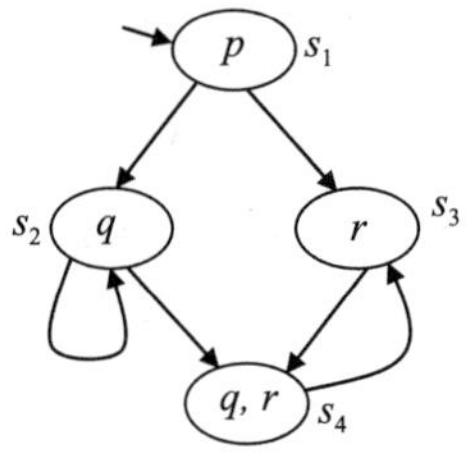

图 10-18　习题 9 的状态转移模型

10. 图 10-19 中列出的 SMV 代码描述了两个进程的互斥特性。每个过程可以处于三种状态之一：idle、ready（准备进入临界区）或临界（在临界区）。所关注的属性如下：

安全性：任意时刻，最多有一个任务可以在它的临界区。

活跃度：只要一个任务请求进入它的临界区（这样可以访问共享资源），该请求必然会得到准许。

公平性: 如果一个任务无穷多次请求进入它的临界区，它会无穷多次地进入它的临界区。

（1）运行程序并验证安全性和活跃性是否满足。

（2）利用 LTL 编写验证公平性的代码并验证。

```
MODULE main
   VAR
      turn: {0, 1};
      pr0: process prc(pr1.control, turn, 0);
      pr1: process prc(pr0.control, turn, 1);

   ASSIGN
      init(turn) := 0;

      -- safety
   SPEC AG !((pr0.control = critical)&(pr1.control = critical))
      -- liveness
   SPEC AG ((pr0.control = ready) -> AF(pr0.control = critical))
   SPEC AG ((pr1.control = ready) -> AF(pr1.control = critical))


MODULE prc(other_control, turn, ID)
   VAR
      control: {idle, ready, critical};

   ASSIGN
      init(control) := idle;

      next(control) :=
         case
            (control = idle) : {ready, idle};
            (control = ready)&(other_control = idle): critical;
            (control = ready)&(other_control = ready)
                    &(turn = ID)         : critical;
            (control = critical)     : {critical, idle};
            TRUE                           : control;
         esac;

      next(turn) :=
         case
            (turn = ID)&(control = critical) : (turn + 1) mod 2;
            TRUE : turn;
         esac;

FAIRNESS running;
FAIRNESS !(control = critical);
```

图 10-19　两个互斥的 SMV 程序

（3）绘制该程序的状态转移图。

（4）若增加第三个进程 pr2，请修改程序并验证上述三个特性是否满足。

11. 图 10-20 给出了微波烤箱的控制状态图。

（1）编写该系统的 SMV 程序。

（2）烤箱控制的基本要求如下：

(a) 烤箱只能在门关闭后开始加热。

(b) 无论烤箱处于何种状态，它最终必定会加热。

利用 CTL 公式编写验证上述特性的 SMV 程序。

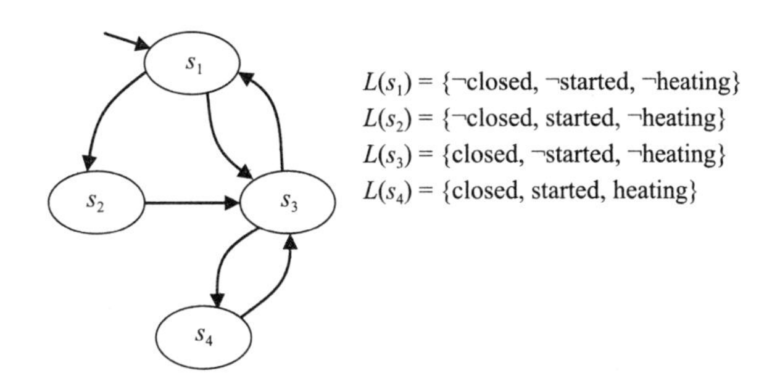

图 10-20　微波烤箱的状态转移系统

阅读建议

Burstall [1]、Kroger [2] 和 Pnueli [3] 都提出使用时序逻辑来推演计算机程序。Lamport 是第一个研究各种时序逻辑的表达能力进行验证的人。他讨论了两个逻辑：简单的线性时序逻辑和简单的分支时间逻辑（参考文献 [4]），并揭示了每个逻辑都可以表达某些其他方法无法表达的属性。验证程序的模型检查方法首先由 Clarke 和 Emerson [5-7] 提出。RTCTL 由 Emerson、Mok、Sistla 和 Srinivasan 在参考文献 [8] 中提出。

在参考文献 [9] 中 Bobbio 和 Horvath 提出了一种检查时间 Petri 网（TPN）是否满足 RTCTL 中表达的时间属性的技术。TPN 的转移图是基于激发间隔的离散化以组合方式构建的。组成描述可以自动转换为 NuSMV 的模型描述语言，NuSMV 是一种根据 RTCTL 中的规范检查有限状态系统的工具。

时序逻辑的另一个时间扩展，称为定时计算树逻辑（TCTL），在参考文献 [10] 中有相关介绍。Virbitskaite 和 Pokozy [11] 提出了一种在 TPN 上对 TCTL 特性进行模型检查的方法。

参考文献

1 Burstall, R.M. (1974) Program proving as hand simulation with a little induction. *IFIP Congress 74*, North Holland, pp. 308–312.

2 Kroger, F. (1977) Lar: A logic of algorithmic reasoning. *Acta Informatica*, **8**, 243–266.

3 Pnueli, A. (1977) The temporal semantics of concurrent programs. *18th Annual Symposium on Foundations of Computer Science.*
4 Lamport, L. (1980) "Sometimes" is sometimes "Not Never". Annual ACM Symposium on Principles of Programming Languages, pp. 174–185.
5 Clarke, E.M. and Emerson, E.A. (1981) Design and synthesis of synchronization skeletons using branching-time temporal logic. *Logic of Programs,* **131**, 52–71.
6 Clarke, E.M., Emerson, E.A., and Sistla, A.P. (1986) Automatic verification of finite-state concurrent systems using temporal logic specifications. *ACM Transactions on Programming Languages and Systems,* **8** (2), 244.
7 Emerson, E.A. and Clarke, E.A. (1980) Characterizing correctness properties of parallel programs using fixpoints. *Proceedings of the 7th Colloquium on Automata, Languages and Programming,* Noordwijkerhout, The Netherlands, 169–181.
8 Emerson, E.A., Mok, A.K., Sistla, A.P., and Srinivasan, J. (1992) Quantitative temporal reasoning. *Real-Time Systems,* **4** (4), 331–352.
9 Bobbio, A. and Horvath, A. (2001) Modeling checking time Petri nets using NuSMV. *Proceedings of the 5th International Workshop on Performability Modeling of Computer and Communication Systems,* pp. 100–104.
10 Alur, R., Courcoubetis, C. and Dill, D. (1990) Model-checking for real-time systems. *Proceedings of the 5th Annual Symposium on Logic in Computer Science,* pp. 414–425.
11 Virbitskaite, I. and Pokozy, E. (1999) A partial order method for the verification of time Petri nets, in *Fundamentals of Computation Theory* (eds G. Ciobanu and G. Paum), LNCS 1684, Springer-Verlag.

第 11 章

Real-Time Embedded Systems

实际问题

本章简要介绍实时嵌入式系统设计与开发中设计人员需要注意的一些实际问题。这些问题包括软件的可靠性、软件老化和重启、软件信息安全性、嵌入式系统安全性和能效。

11.1 软件可靠性

可靠性是在特定环境和特定目的下，系统无故障运行时间一种统计性衡量。软件可能失效。用户可以观察到失效导致的非期望的运行行为。软件失效可能是由于错误、含糊不清、疏忽或误解软件应该满足的规范，如编写代码时的疏忽或不完整、测试不充分、软件的错误或意外使用，或其他无法预料的问题。失效也可能由代码中的错误（或缺陷）引起。

11.1.1 软件错误

软件错误可能是玻尔缺陷（Bohrbug）也可能是曼德博缺陷（Mandelbug）。

玻尔缺陷。玻尔缺陷是固定的软件错误，可以比较容易的检测和修补，且该缺陷引起的错误可以复现。玻尔缺陷本质上是永久性的设计缺陷，几乎是确定的。在软件生命周期的测试和调试阶段（或早期部署阶段）可以识别并移除它们。

曼德博缺陷。造成曼德博缺陷的原因比较复杂和模糊，该缺陷导致的行为也比较混乱甚至是不确定的。它们基本上是永久性的故障，其激活条件很少发生，不易复现。这种复杂性体现在两个方面：

（i）这种激发条件和 / 或错误的产生依赖于软件及其运行环境的条件组合，例如系统与环境的交互、输入时序，和操作顺序。（ii）错误激发到故障出现之间存在延时。通常，曼德博缺陷难以定位，因为故障和错误可能与实际激发故障的代码、操作点或时间有一定的距离。

曼德博缺陷有两种比较特殊的类型：海森堡缺陷（Heisenbug）和与老化相关的缺陷（aging-related bug）。

海森堡缺陷。当一个人试图探测或隔离海森堡缺陷时，它会停止导致的故障或表现的不同。例如，某些故障与初始化不正确有关。当打开初始化未使用内存的调试器时，这些故障可能会消失。

与老化相关的缺陷。与老化相关的缺陷会在运行的应用程序内或其系统内部环境中累积错误，从而导致故障率增加和性能降低。软件老化将在下一节中详细讨论。

绝大多数已发表的关于故障数据的研究表明在实际中大部分的软件故障是瞬时的。也不是每一个错误都会导致故障。有一个广为人知的 90-10 规则，说一个软件 90% 的时间在运行其中的 10% 代码。因此，许多错误只是驻留在软件中，并且在很长的一段时间内不会造成麻烦。这同样也意味着在软件中修复一定比例的错误不一定会使得软件可靠性提高相同的比例。一个研究成果显示移除 60% 的软件故障只提高了 3% 的可靠性。

11.1.2　可靠性测量

软件的可靠性通常用平均无故障时间（Mean Time between Failures，MTBF）来衡量。例如，如果软件的 MTBF=5000 小时，那么在理想的情况下，这个软件可以连续运行 5000 小时。

对于安全性有严格要求的实时嵌入式系统，可靠性也可以用要求时故障概率（Probability of Failure on Demand，POFOD）来衡量。POFOD 定义为当一个需求产生时，软件故障的可能性。例如，0.000 01 POFOD 表示每 100 000 次请求可能导致一次故障。

另一种常用的衡量方法为故障出现率（Rate of Occurrence of Failure，ROCOF），定义为故障出现的频率。例如 0.0001 的 ROCOF 表示可能每 10 000 个单位时间会出现一次故障。对于不停运行的实时嵌入式系统而言，这里的时间单位可以是小时或分钟，而对于转换处理系统而言，时间单位可以是一次转换。

11.1.3　提高软件的可靠性

通常，实时嵌入式系统对可靠性的要求比较高。软件可靠性提高技术主要应对错误的存在和表现。故障避免、故障移除以及故障容忍是提高软件可靠性的三种主要方法。

1. 故障避免

故障避免涉及软件设计和开发中的一系列实用技术或经验法则。面向对象设计和编程、正规建模和验证、模块化、使用软件组件已经被证明可避免故障，低耦合和高内聚等技术都是避免故障的技术案例。此外，撰写软件设计文档是避免故障的一个重要因素，它经常被许多开发人员忽略。软件设计文档包括需求、设计、分析、整合历史、测试案例、测试结果、修改记录等。软件设计文档在系统设计和研发过程中的每一步都需要回顾。

2. 故障移除

故障移除指检测故障的存在，然后定位故障，并在研发阶段完成时移除故障。它通过对最终应用的详尽和严格测试来实现。

3. 故障容忍

软件是复杂的。想实现 100% 的无故障是不现实的，更不用说绝大多数的应用产品都是严格的时间 – 市场驱动的（time-to-market-driven）。因此，故障避免和故障移除不足以保证高可靠性。故障容忍是一种允许软件在出现故障时仍能够继续运行的方法。它的实现有三个步骤：故障检测、危害评估及故障恢复或故障修复。常见的故障容忍实现方法有 N- 版本编程（N-Version Programming，NVP）与异常处理。

NVP 是软件工程中的一种方法或过程，其中多个功能相同的程序是从相同的初始规范独立生成的。在运行时，所有功能相同的程序同时对相同的输入进行并行处理，并产生输出。然后用一个投票器按照指定的投票算法生成一个正确的输出。NVP 已经被应用于列车扳道（switching train）、现代客机的飞行控制计算的软件中。

异常处理是在计算中，切换程序执行的正常流程以响应异常事件的过程。在异常处理中，异常事件将打断正常的执行流程，转而执行一个预先标记过的异常处理程序，该程序通常用于及时处理异常，然后恢复被中断的应用程序的执行。

4. 故障恢复

故障恢复过程是将错误状态恢复到无错状态的过程。故障恢复的成功依赖于故障检测的正确性和及时性。故障恢复的处理流程有三类：

- 完全恢复。这需要容错计算的所有方面。
- 部分恢复。在这类恢复中，有缺陷的组件将被停止。
- 安全关闭。

故障恢复的实现方法有正向恢复方法（forward recovery approach）和后向恢复方法（backward recovery approach）。在正向恢复方法中，程序通过继续正常处理来纠错。在后向恢复方法中，计算的进程中会记录一些冗余进程和状态信息。然后通过将中断的进程回滚到可获得正确信息的点来进行恢复。

11.2 软件老化和重启

随着使用时间的增长，由于错误的累积，软件经常表现出故障率变高和/或性能下降。这种现象称为软件老化（software aging）。

导致软件老化的一个主要因素是内存泄漏。内存泄漏是一种类资源泄漏现象，出现在计算机程序不能正确的管理内存分配，导致不再需要的内存没有及时释放。内存泄漏难以检测。内存泄漏是编程中常见的错误，特别在使用的编程语言没有内建自动垃圾回收机制的情况下，如 C 和 C++。

内存碎片是导致软件老化的另一个因素。内存碎片出现在绝大多数内存被分配为大量的非连续块时，这时虽然看起来还有很大一部分内存未分配，但实际上这部分内存大多数情况下都无法使用。这导致内存溢出异常（out-of-memory exceptions）或分配错误（即分配内存时返回空指针（NULL））。

文件描述符泄漏也会导致软件老化。因此保证已经打开的文件正确关闭十分重要。文件关闭失败会导致 I/O 异常，即试图打开属性文件、套接字等失败。文件描述符泄漏可以通过错误日志文件的错误管理来检测。

软件老化是不可避免的。处理该问题的主动方法是进行软件重启。软件重启指终止应用程序的运行并立即重启。系统重启可以消除累积的错误条件、释放系统资源、清除软件的内部状态、刷新操作系统内核表，并重新初始化内部数据结构。

许多用户选择等到应用系统出现错误后再重启它们。尽管这看起来并不是一个坏主意，但对连续运行的应用程序进行提前复位，可以防止将来发生故障并最大限度地减少任何附带损害。软件预先重启有两种。一种是基于时间的或周期性的重启。商业软件将经常性的重启作为调度维护的一部分，以帮助防止出现与老化相关的曼德博缺陷。例如，数据库服务器可能每个星期都要在空闲时重启，以降低在繁忙时段出现错误的概率。据报道，通信巨头 AT&T 在美国绝大多数的电话交易实时账单系统中实施了周期性的软件重启。第二种重启是基于预测的。这种方法中，下一次软件故障的日期可以利用上一次故障数据和数学模型进行预测。这样可以在预测的时间到来前重启系统。

重启将使得应用软件在系统重启期间不可用的。在某些场合，这可以包含在系统的计划停机时间表中。而其他时候，它是不为人知的，无须关注。

11.3　信息安全性

与传统的桌面和网络化计算系统类似，实时嵌入式系统也面临着同样的信息安全威胁。实际上，许多实时嵌入式系统通常需要在常规操作期间存储、访问或传送敏感的数据，这使得信息安全性（security）成为一个严重的问题。常见的信息系统安全服务，如可用性、机密性、身份验证、数据完整性和不可否认性对嵌入式系统也很重要。信息安全性目标是保护敏感数据和资源，以抵御不同的攻击和恶意的威胁。

11.3.1　挑战

嵌入式系统信息安全的挑战来自于有限的处理能力和存储容量、严格的能源预算、成本敏感性，以及开放和特定的运行环境。嵌入式系统有限的处理和存储能力使得系统架构无法应对信息安全机制持续增长的复杂性。传统的信息安全机制在安全保障方面趋于保守，其增加了大量的消息和计算开销，这不仅给实时任务的执行带来了挑战，还提高了能耗。面对这种挑战，急需高效节能的信息安全协议。一种解决方案是通过结合新的硬件和软件优化技术使得所使用的加密原语的执行具有更好的效率。

成本也是嵌入式系统信息安全性需要考虑的一个问题。嵌入式系统经常对成本高度敏感；当一个工厂需要生成数以百万计的产品时，即使单个产品增加少许成本，其总和也十分可观。因此，对于嵌入式系统而言，整合顶级的信息安全措施并不总是合算的，因为这需要更昂贵的硬件和软件。因而，在设计嵌入式系统时，有必要在信息安全性需求和成本之间折中。

11.3.2　常见漏洞

世界上没有 100% 信息安全的系统。只要有足够的时间和资源，攻击者可以攻破任何系统。因此，设计者的责任在于根据系统所提供的服务和所需要遵循的约束条件，为系统设定一个合理的信息安全目标。为此，第一步工作是识别该系统的潜在漏洞和攻击，然后提供适当的服务以应对潜在的攻击。

嵌入式系统常见的漏洞如下：

编程错误。缓存溢出、无效输入、竞争条件以及不安全的文件操作是最常见的编程错误，可能导致控制流攻击。

内存溢出出现在应用程序试图向缓存边界外写入数据。缓存溢出可以导致应用程序崩溃、泄露数据，并可以为进一步的权限提升提供攻击途径，以破坏正在运行的应用系统。从技术上讲，这是利用基于堆栈和基于堆的缓存溢出的攻击手段。

输入验证是保护应用程序的基本衡量标准。对于基于 web 的应用程序尤为如此。应用程序从不受信任的来源处收到的任意一个输入都是潜在的攻击目标。来自不受信任来源的输入包括文本输入字段、命令输入行、通过网络从不可信服务器读取的数据、用户提供的音频、视频或图形文件等。

竞争条件问题已经在第 6 章中讨论过了。ATM 这个例子说明当两个人按照某些特殊的顺序访问共享账户时会导致不希望的结果。如果没有处理竞争条件问题的机制，攻击者也可以利用这个漏洞。

在某些情况下，以不安全的方式打开或写入文件可以给攻击者机会以创建竞争条件。例如，创建了一个有写入权限的文件。在写入文件之前，攻击者将权限更改为只读。当写入文件时，如果不检查返回代码，则不会检测到文件已被篡改的事实。

访问控制问题。信息系统安全中的访问控制指控制谁能做什么。访问控制包括授权、身份验证、访问批准和审核。授权是指定对资源的访问权限或特权。身份验证是确认由一个实体声明的单个数据的属性是真。访问批准基于成功的身份验证。由于粗心或不正当使用访问控制会导致许多信息安全漏洞，这会导致攻击者获得更多不应有的权限。攻击者最感兴趣的是获得 root 权限，这样可以不受限制地对系统进行任何操作。通常，访问控制的实现应该足够精细以满足最小权限原则（the principle of least privilege），它将正常运行的访问限制在最低级别。

顺便说一下，在设备中使用弱密码或硬编码密码显然是一个坏主意，因为这样的漏洞使攻击者只需要很少的努力就可以轻松地绕过访问控制机制。

不正确的数据加密。加密是保护计算系统中存储的数据、Internet 或其他网络中传输的数据机密性最基本的机制。现在加密算法在信息安全保障中扮演着重要的角色。除了保证机密性外，加密算法还可以确保数据的完整性。然而，不正确的数据加密也可能产生安全漏洞。这样的案例包括使用弱随机数生成器产生加密密钥、建立自己专用的加密算法，以及使用一个已经公开的加密算法。

11.3.3 信息安全软件设计

保护实时嵌入式系统需要良好的软件工程实践，并涉及软件开发生命周期的各个阶段需要解决的信息安全问题。将验证信息安全相关的行为仅仅作为测试的一部分并不是一个好主意，因为事后技术常会导致大量问题发现过晚或根本未发现。整合软件开发生命周期的活动是提高信息安全性的非常有效的方法。

危险评估和漏洞标记必须进行，且在软件需求分析和设计阶段就需要建立一个具有成本效益的信息安全目标。然后，在实现阶段应评估并实施服务于特定系统或产品的信息安全的技术。之后，信息安全代码必须全部审阅并完全测试。除了旨在消除错误的常规测试之外，还必须进行信息安全渗透测试。

渗透测试（penetration testing），又称笔测试（pen testing），是测试计算机系统、网络或 web 应用程序以查找攻击者可能利用的漏洞。笔测试的主要目标是检测信息安全弱点。笔测试可以手动进行也可以自动进行。测试过程包括测试前收集目标的信息，定位可能的入口点，利用虚拟的或真实的错误注入尝试中断软件运行，并报告所发现的漏洞。

11.4 安全性

许多实时嵌入式系统都是安全关键系统。安全性（safety）指系统不会对人身安全或环境带来危害。它衡量系统不会因环境造成死亡、伤害、职业病、设备或财产损坏，或环境破坏的程度。

安全性和可靠性是系统两个不同的特性。可靠性衡量导致系统不可用的故障的发生率，而安全性则衡量会导致系统危险的故障和条件。安全性是风险概率和影响严重程度的组合。可靠性可以降低风险事件发生的概率，但并非消除影响。一个可靠的系统可能是不安全的，当然一个安全的系统也许并不可靠。假如一辆汽车的速度不能超过每小时16.1千米，它是安全的，但它的传输系统是不可靠的。如果该汽车的功能完全符合所有的性能指标，但它的两个车轮在汽车高速行进在小幅度凹凸路面时掉落了，那么它的可靠性很好但安全性不行。因此，安全性应该得到保障，这样可以将一些意外导致的影响控制到最低。

安全性的衡量标准包括危险的频率和严重程度。风险概率可以分为极端不可能、不可能和可能。风险严重程度通常来自系统安全评估，这是识别并控制危险后果在可接受风险范围内的一种手段。

所有安全措施的基本目标是降低或减轻尽可能多的危险，保证产品不对用户产生危害。在开发具有关键的嵌入式产品的设备时，例如医疗设备、铁路、汽车和航空电子行业产品等，开发人员需要制定策略以确保产品的安全性。安全关键部分的标准和规定必须严格遵守。在软件研发中，有一些完善的质量保障方法可以帮助开发人员实现功能安全。在整个软件开发生命周期中，解决嵌入式产品的安全问题至关重要，要从正确、准确理解安全要求，并做好记录开始。应有一个成熟的流程跟踪和管理需求、风险及所有质量保证活动。

11.5 节电

许多实时嵌入式系统采用电池供电，受到有限电力预算的限制。传统系统设计准则，例如性能、外形尺寸、重量、一次性工程费用、正确性和可测试性当然十分重要。然而，能耗对于嵌入式系统而言更是一个重要的设计约束。低能耗意味着更长的电池寿命和运行时间。

能耗有两种类型：静态的（static）（也指待机）和活跃的（active）。静态能耗主要是因为泄漏。泄漏会导致温度和供电电压升高。因为泄漏是当代集成电路系统的一种自然现象，消除的唯一方法就是关闭该组件。

活跃的能耗取决于芯片的活跃程度。这种能耗会随着供电电压而不是随着温度升高。现在已经有了一些节能技术。动态电压调节（Dynamic Voltage Scaling，DVS）指动态调整计算部件的电压，在实时嵌入式系统的电源管理中很常用。DVS升高电压称为过压，DVS 降低电压称为欠压。欠压的目的是降低能耗。

DVS 经常与动态频率调节（Dynamic Frequency Scaling，DFS）一起使用，DFS 是自动调节微处理器频率的技术，既可以节能又可以降低芯片产生的热量。通过 DVS 和 DFS，可以以失去线性性能为代价实现二次节能。这样，只要不违反截止期约束，就可以降低任务的运行速度以实现节能。

其他的节能技术包括动态电源切换（Dynamic Power Switching，DPS）和自适应电压调节（Adaptive Voltage Scaling，AVS）。DPS 根据系统的活跃程度，利用软件在不同的电源模式之间进行切换；而 AVS 是一种软硬件协同策略，在维持性能的同时根据硅片工艺和温度的需要闭环调节最低电压。

能耗也受到软件设计方式的影响。显示、无线外设、USB、CPU 利用率和内存是软件可以影响的关键区域。如今，许多片上系统（System-on-Chip，SoC）通过提供低功耗状态，例如睡眠、间歇性休眠和休眠，支持电源管理，并向软件开发者提供了调节机制。通常，只要系统可以完成所需进行的工作，可以降低算法执行所需时钟周期数和时钟频率的任何事情都可以做以降低功耗。另一个可以降低能耗的设备是 I/O。由于芯片引脚的 I/O 缓存需要驱动电流，应使得流过主要外设（例如内存控制器）的电流最小，并消除 SoC 与其他电路之间非必要的数据传输。

阅读建议

玻尔缺陷和海森堡缺陷及其在软件系统中的特性首先在参考文献 [1] 中讨论。参考文献 [2] 提供了更全面的软件故障的分类和精确定义。参考文献 [3] 介绍了 NVD 技术，参考文献 [4] 对此进行了实验评估。参考文献 [5] 讨论了软件老化和重启。Khelladi 等人的 [6] 和 Kocher 等人的 [7] 是关于嵌入式系统安全性的两篇好文章。DVS 最初是在参考文献 [8] 中介绍的。AbouGhazaleh 等 [9] 提出了一种新颖的混合方案，使用 DVS 和编译器支持来调整嵌入式应用程序的性能以降低能耗。

参考文献

1 Gray, J. (1985) Why do computers stop and what can be done about it? *Technical Report* 85.7, PN87614, Tandem Computers, Cupertino.

2 Grottke, M. and Trivedi, K.S. (2005) A classification of software faults. *Proceedings of the 16th International IEEE Symposium on Software Reliability Engineering*, pp. 4.19–4.20.

3 Chen, L. and Avizienis,A. (1978) N-Version Programming: A Fault-Tolerance Approach to Reliability of Software Operation. *Proceedings of the 8th IEEE International Fault-Tolerant Computing*.

4 Knight, J.C. and Leveson, N.G. (1986) An experimental evaluation of the assumption of independence in multi-version programming. *IEEE Transactions on Software Engineering*, **SE-12** (1), 96–109.

5 Castelli, V., Harper, R.E., Heidelberger, P. *et al.* (2001) Proactive management of software aging. *IBM Journal of Research and Development*, **45** (2), 311–332.

6 Khelladi, L., Challal, Y., Bouabdallah, A., and Badache, N. (2008) On security issues in embedded systems: challenges and solutions. *International Journal of Information and Computer Security*, **2** (2), 140–174.
7 Kocher, P., Lee,R., McGraw, G., Raghunathan,A. and Ravi, S. (2004) Security as a new dimension in embedded system design. *The 41st Design and Automation Conference*, San Diego, California, USA, June 7–11, 2004.
8 Pering, T. and Brodersen,R. (1998) Energy efficient voltage scheduling for real-time operating systems. *Proceedings of the 4th IEEE Real-Time Technology and Applications Symposium*, Denver, CO, June 1998.
9 AbouGhazaleh, N., Childers, B., Mosse, D., Melhem, R. and Craven, M. (2003) Energy management for real-time embedded applications with compiler support. *LCTES'03*, San Diego, California, USA, June 11–13 2003.